세상을 보는 방식을
획기적으로 바꾼
10명의 물리학자

세상을 보는
방식을
획기적으로
바꾼
10명의
물리학자

로드리 에번스·브라이언 클레그 지음
김소정 옮김 l 유민기 감수

푸른
지식

이 도서의 국립중앙도서관 출판시도서목록(CIP)은 e-CIP홈페이지(http://www.nl.go.kr/ecip)와
국가자료공동목록시스템(http://www.nl.go.kr/kolisnet)에서 이용하실 수 있습니다.(CIP제어번호 : CIP2016019128)

세상을 보는 방식을 획기적으로 바꾼 10명의 물리학자

초판 1쇄 발행 2016년 9월 1일

지은이 로드리 에번스, 브라이언 클레그
옮긴이 김소정
감수자 유민기
펴낸이 윤미정

책임편집 차언조
책임교정 김계영
홍보 마케팅 이민영

펴낸곳 푸른지식 출판등록 제2011-000056호 2010년 3월 10일
주소 서울특별시 마포구 월드컵북로 16길 41 2층
전화 02)312-2656 팩스 02)312-2654
이메일 dreams@greenknowledge.co.kr
블로그 greenknow.blog.me

ISBN 978-89-98282-83-7 03400

인류의 사고방식을 뒤엎은 특별한 물리학자들

정말 좋은 목록이다.

물론 너무 영미인 중심이라고 생각하는 사람이 있을지도 모르겠다. 하지만 가장 위대한 물리학자 목록을 작성하면서 감히 '뉴턴이나 맥스웰은 빼야지.'라고 생각하는 사람은 없을 것이다. 나는 러더퍼드와 패러데이도 이 목록에 들어가야 한다고 생각한다. 하지만 왜 베르너 하이젠베르크Werner Heisenberg나 에어빈 슈뢰딩거Erwin Schrödinger가 아니라 폴 디랙일까? 나는 하이젠베르크와 슈뢰딩거를 넣으려고 이 목록에서 다른 두 사람을 빼는 한이 있어도 디랙은 포함할 것이다(아니, 그 둘이 누군지는 말하지 않겠다). 나는 또한 크리스티안 하위헌스Christiaan Huygens와 루트비히 볼츠만Ludwig Boltzmann을 넣어야 한다고 생각한다. 맞다. 그러면 열 명이 아니라 모두 열두 명이 된다. 하지만 물리학이라는 학문 자체가 톱10에 열두 명을 넣어도 좋을 정도로 중요한 학문이 아닌가? 나는 아내와 함께 가끔 지금까지 발표된 모든 영화 가운데 가장 뛰어난 영화 열 편을 골라보고는 하는데, 일단 목록을 쓰기 시작하면 그 수는 100편에 달할 때가 잦다.

최고 물리학자 목록을 작성하다 보면 과학과 예술 사이에 존재하는 차이점이 분명하게 드러난다. 과학은 업적이 누적되는 분야라서, 초기 개척자에게는 최고의 자리를 내어주지 않는다. 과거에 살았던 과학자들은 그 과학자가 이룬 업적이 현대인이 사고하는 방식에 어느 정도 영향을 미치는지로 그 중요성을 평가한다. 1000년이 넘는 시간 동안 자연철학자들이 '물리학'을 언급할 때, 그 물리학은 아리스토텔레스의 물리학이었다. 하지만 현대물리학은 아리스토텔레스에게 빚진 것이 하나도 없다(오히려 그 반대다). 따라서 물리학자 톱10에 아리스토텔레스를 넣는 건 미친 짓이다. 하지만 예술은 다르다. 현대인이 윌리엄 터너(Joseph Mallord William Turner, 1775~1851년)를 존경하는 이유는 터너가 인상주의가 탄생할 수 있는 토대를 마련했기 때문이 아니라 아름다운 그림을 남겼기 때문이다. 그와 마찬가지로 가장 위대한 시인 목록에 호머와 사포를 포함해도 전혀 이상하지 않다. 하지만 위대한 물리학자 열 명(혹은 열두 명) 목록에는 세상을 설명하는 방법이 발전해온 과정이 들어 있어야 한다.

스티븐 와인버그 Steven Weinberg
미국 이론물리학자로 셀던 글래쇼(Sheldon Glashow, 1932년~)와 압두스 살람(Abdus Salam, 1926~1996년)과 함께 '소립자 간에 작용하는 전자기력과 통일장 이론'을 연구한 공로로 1979년에 노벨 물리학상을 받았다. 코넬대학을 졸업하고 프린스턴대학에서 박사 학위를 받았다. 지금까지 컬럼비아대학, 버클리대학, 매사추세츠공과대학MIT, 하버드대학교에서 근무했으며, 가장 최근에는 오스틴에 있는 텍사스대학교에서 일했다.

세계의 본질을 이해하는 방식을 바꾼 사람들

사람은 무엇보다도 목록을 좋아한다. 신문과 텔레비전은 언제든지 흥미를 불러
일으킬 수 있는 근사하고도 값싼 목록들을 만들어낸다. 대중매체는 최고의 클래
식 100곡을, 죽기 전에 읽어야 할 책 스무 권을, 가장 멋진 식당 열 곳을 끊임없이
제시하고, 독자와 시청자 들은 그런 정보를 사랑한다. 추천하되, 논쟁할 가능성
을 언제나 열어두는 것은 쉽게 저항하기 어려운 매력이다. 그런 목록을 읽는 사
람들은 이런 궁금증이 생긴다. 이건 왜 뽑혔고, 저건 왜 뽑히지 않았을까?

　　목록을 작성하는 대상이 물품이라면 다른 대안을 살펴보고 선택해
도 되는지 생각해보는 것이 어렵지 않지만, 그 대상이 사람이라면 훨씬
어려울 수도 있습니다. 돈이 많은 사람을 목록으로 작성하기는 어렵지
않습니다. 하지만 지적 성취를 이룬 사람들을 선택하는 일은 몹시 어렵
습니다. 2013년에 《옵저버Observer》가 위대한 물리학자 목록을 작성할
때도 그랬습니다. 어떻게 해야 인류 역사에서 가장 위대한 것이 분명한
물리학자를 열 명 뽑을 수 있을까요? 물리학자 중에는 굳이 생각하지
않으려고 해도 결국 생각나는 사람도 있지만(그러니까 뉴턴이나 아인슈타

7

인처럼 마음속에서 '뿅' 하고 나타나는 사람들 말입니다), 대부분은 약간 덜 유명해서 유명한 사람들이 차지하고 남은 자리를 두고 경쟁해야 합니다.

더구나 상황을 더욱 곤란하게 하는 이유는 또 있습니다. 위대한 물리학자가 반드시 유명한 사람은 아니라는 것입니다. 분명히 물리학자 톱10 목록에 스티븐 호킹이 없다는 이유로 깜짝 놀라는 사람도 있을 것입니다. 스티븐 호킹은 살아 있는 물리학자 가운데 가장 유명한 사람임은 틀림없습니다. 일반인 투표로 물리학자 톱10을 뽑았다면, 호킹은 당연히 목록에 들어갔을 겁니다. 하지만 우리가 살펴볼 목록에는 들어가지 않았습니다. 호킹이 중요한 업적을 세우지 않았기 때문이 아닙니다. 물리학을 잘 아는 사람이 보기에는 호킹보다 훨씬 더 유력한 후보가 아주 많기 때문입니다.

위대한 물리학자 목록을 작성할 때 그 기준이 되는 것은 무엇일까요? 이 책을 쓰는 동안 우리가 들었던 질문이, 그리고 그에 대한 답이 목록을 작성할 때 세워야 하는 기준을 효과적으로 설명해줄 수 있을 것 같습니다. 우리가 받은 질문은 이렇습니다. '목록에 테슬라를 넣을 건가요?' 그 대답은 쉽게 할 수 있었습니다. '아닙니다.'라고요. 니콜라 테슬라(Nikola Tesla, 1856~1943년)는 처음부터 목록에 없었고, 앞으로도 들어갈 수는 없을 것입니다. 왜냐하면, 테슬라는 물리학자가 아니기 때문입니다. 테슬라는 걸출한 전기공학자로 시작해 교류전류를 개발하고, 뛰어난 교류전동기를 발명하고, 고전압 발전기를 만들고, 무선조종 장치를 비롯한 수많은 장치를 개발했습니다. 하지만 20세기 물리학은 거의 아는 것이 없었습니다. 우리가 하고 싶은 말은 대중에게 인기가 있는 것이 반드시 명예의 전당에 들어갈 자격일 수는 없다는 뜻입니다.

그렇다면 자격을 갖춘 인물은 어떤 사람들일까요? 일단 2013년 5월 12일 자 《옵저버》에 실린 목록을 다시 한 번 살펴봅시다. 이 목록은 《옵저버》의 과학 및 기술 담당 편집자인 로빈 매키Robin McKie가 작성했습니다.

1. 아이작 뉴턴(1643~1727년)

2. 닐스 보어(1885~1962년)

3. 갈릴레오 갈릴레이(1564~1642년)

4. 알베르트 아인슈타인(1879~1955년)

5. 제임스 클라크 맥스웰(1831~1879년)

6. 마이클 패러데이(1791~1867년)

7. 마리 퀴리(1867~1934년)

8. 리처드 파인먼(1918~1988년)

9. 어니스트 러더퍼드(1871~1937년)

10. 폴 디랙(1902~1984년)

이 인물들이 목록에 들어간 이유를 제대로 이해하려면 먼저 물리학이 어떤 학문이며, 전체 과학계에서 어떤 역할을 하는지부터 알아야 합니다. 과학은 피라미드에 빗대어 생각해볼 수 있습니다. 그중에서도 물리학은(수학과 손을 잡고) 피라미드의 가장 아랫변을 이룹니다. 물리학과 수학은 가장 본질적입니다. 이 두 학문은 나머지 다른 모든 학문을 만들어갈 기본 건축자재입니다. 화학은 물리학에서 원자와 분자를 택해 커다란 규모에서 나타나는 물질의 행동을 연구하며, 생물학은 화학과 물리학을 실용적으로 이용해 생명이라는 아주 특이하고 복잡한 현상을 연구합니다.

최고 물리학자 목록에 이름을 올린 사람들은 가장 본질적인 것들을 이해하는 방식을 실제로 바꾼 사람들입니다. 물리학이 없었다면, 목록에 올라간 물리학자(와 그 밖에 많은 물리학자)가 없었다면, 우리가 아는 과학은 존재하지 않았을 것이며, 현대 세계를 지탱하는 기술도 발전하지 못했을 것입니다. 19세기가 되기 전까지 과학이 산업에서 차지하는 역할은 미비했습니다. 하지만 산업이 기계화하면서 물리학은 아주 중요한 역할을 하게 되었고, 지금도 스마트폰처럼 정교한 전자 제품부터 냉장고처럼 단순한 기계에 이르기까지 모든 분야에서 핵심 역할을 하고 있습니다.

추천사에서 스티븐 와인버그가 말한 것처럼 최고 과학자 목록은 다른 인물로 채울 수도 있습니다. 그런데 《옵저버》의 편집자 매키가 내린 결정은 다소 흥미롭습니다. 매키가 작성한 목록에서 가장 논란이 되는 부분은 닐스 보어를 2위 자리에 놓은 것입니다. 갈릴레오, 뉴턴, 아인슈타인이 물리학에 지대한 공헌을 했다는 사실에 이의를 제기할 사람은 거의 없습니다. 하지만 닐스 보어의 역할은 단정 짓기 어렵습니다. 보어는 처음으로 실제로 눈으로 보고 손으로 만질 수 있는 모형을 제작할 수 있는 원자모형을 제시했고(양자론에 가장 크게 공헌한 사람은 아니라고 해도) 양자론을 설계하고 주도적으로 발전시킨 사람입니다. 하지만 그렇다고 해도 보어가 전체 물리학의 역사에서 두 번째 자리를 차지하는 게 옳은 일일까요? 정말로요?

《옵저버》가 목록을 발표했을 때 나온 논평들이 흥미롭습니다. 테슬라가 빠졌다는 사실에 놀랐다는 것 외에도 많은 사람이 20세기의 유명한 물리학자들, 특히 양자역학의 창시자들이 빠졌다는 사실을 지적했습니다. 또한, 나름의 근거를 들어, 아르키메데스를 목록에 넣어야한다고 간청하는 사람도 있었습니다. 우리는 이 책의 마지막 장에서 다시 목록으로 돌아가 순위의 타당성을 따져볼 것이며, 목록에 들어가야할 사람과 그렇지 않은 사람을 살펴볼 것입니다.

20세기 초가 되면 노벨상이 최고 물리학자를 뽑는 한 기준이 됩니다. 스웨덴에서 태어난 발명가이자 다이너마이트로 거금을 모은 알프레드 노벨(Alfred Bernhard Nobel, 1833~1896년)은 거의 모든 재산을 '그 전 해에 인류에게 가장 큰 공헌을 한 사람'에게 줄 상을 만들 재단을 설립하는 데 써버림으로써 가족을 충격에 빠트리고 그들에게 상처를 주었을 뿐 아니라 다양한 분야, 특히 물리학에서, 우리를 위해 진행되는 중요한 발전에 사람들이 관심을 기울이게 할 새로운 장치가 돌아가게 했습니다.

목록을 설정할 때 과거에 태어난 인물들은 노벨상 수상 여부를 고려할 이유가 없지만, 1901년에 첫 수상자를 낸 뒤로 노벨 물리학상은 물리학자의 탁월함을 나타내는 증표가 되었습니다(첫 노벨 물리학상은 엑스선X-ray을 발견한 공로로 빌헬름 콘라트 뢴트겐(Wilhelm Konrad Röntgen, 1845~1923년)이 받았습니다). 물론 노벨상을 기준으로 삼을 때 발생하는 문제도 있습니다. 노벨상은 한 분야에서 한 해에 세 명 이상 받을 수 없고, 상을 받는 시점에 살아 있는 사람만이 받을 수 있습니다. 그런데 이제는 많은 사람이 팀을 결성해 연구하는 경우가 점점 더 늘고 있어서 이 규정은 문제가 될 수밖에 없습니다. 또한, 업적을 이룬 시기와 수상 시기에 엄청난 간극이 있어서 수상자로 선정될 무렵에는 이미 세상을 떠난 경우가 있다는 것도 문제입니다.

더구나 노벨 물리학상을 받은 사람 가운데는 유명한 사람도 많지만, 분명히 너무나도 생소한 사람도 많습니다. 물리학자이건 아니건 간에 누구든지 아무나 붙잡고 지금 당장 닐스 구스타프 달렌(Nils Gustaf Dalén, 1869~1937년)이 어떤 중요한 일을 했는지 물어보세요. 아마도 질문을 받은 사람은 대부분 멍하니 눈만 껌벅일 것입니다. 그도 그럴 것이 달렌이 '부표를 띄우고 등대를 밝히는 가스 용기를 자동으로 조절하는 장치를 개발한 공로'로 1912년에 노벨 물리학상을 받았다는 사실을 아는 사람은 거의 없습니다. 달렌보다는 테슬라가 노벨상을 받을 자격을 더 갖추고 있다는 것은 의심의 여지가 없는 사실이지만, 노벨물리학상위원회가 기술을 노벨상 수상 선정 이유로 선택할 때는 항상 논란의 여지가 있습니다('원자나 분자의 고유한 진동을 이용하여 전자파를 방출하는 레이저'의 경우에는 수상자가 세 명이었는데, 그 가운데 특허를 소유한 사람은 없었고, 최초로 상용 레이저를 개발한 사람도 노벨상을 받지 못했습니다). 순수 물리학자가 수상자일 때도 마찬가지입니다. 예를 들어 펄서(pulsar, 짧고 규칙적인 신호를 내보내는 전파천체. 강한 자기장이 있으면 빠른 속도로 회전하는 중성자별이다—옮긴이)를 발견한 공로로 노벨상을 받은 사람은 조셀린 벨(Jocelyn Bell, 1943년~)이 아니라 벨의 지도교수였습니다. 하지만 최고 물리학자 톱10 목록에 이름을 올릴 현대물리학자를 찾을 때는 노벨상 수상 여부가 좋은 출발점이 될 수 있다는 데는 거의 모든 사람이 동의할 것입니다.

애초에 우리의 의도는 《옵저버》에 실린 목록을 역순으로 살펴보고, 아이작 뉴턴에게 금메달을 바치는 것이었습니다. 그런데 그러면 한 가지 문제가 생깁니다. 폴 디랙부터 시작해야 한다는 문제 말입니다. 폴 디랙의 업적은 그 앞에 존재했던 모든 사람이 세운 업적을 토대로 이루어졌습니다. 따라서 최고 물리학자 목록을 구성하는 사람들이 목록에 들어간 이유를 제대로 탐구하려면 물리학자 열 명을 연대순으로 살펴보는 것이 더욱 타당하다고 생각했습니다.

따라서 우리는 뉴턴만큼이나 유명한 사람부터 살펴볼 수밖에 없었습니다. 그 이름을 떠올릴 때마다 정말로 피사의 사탑에서 공을 떨어뜨렸는지, 지구가 우주의 중심이라는 교회의 주장에 맞섰는지가 정말 궁금해지는 사람 말입니다. 그 사람은 당연히 갈릴레오 갈릴레이입니다.

차 례

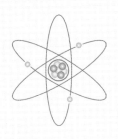

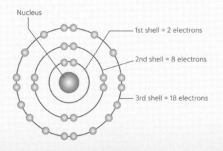

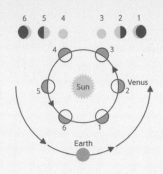

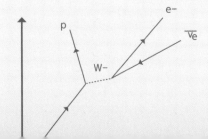

1장

갈릴레오 갈릴레이

실험과 관측을 통해
현대 물리학의 시초가 된 남자

Galileo Galilei

갈릴레오가 현대물리학을 창시했다고 해도, 혹은 현대 과학을 창시했다고 해도 전혀 과언이 아니다. 갈릴레오가 태어났을 때 '자연철학자(과학자를 그렇게 불렀다)'들은 고대 그리스인인 아리스토텔레스의 가르침을 따르고 있었다. 이탈리아 시인 단테는 아리스토텔레스를 '가장 지혜로운 사람'이라고 했다. 아리스토텔레스는 과도하게 존경을 받았으므로 사실상 아리스토텔레스의 주장에 세세하게 의문을 품는 사람은 없었다. 갈릴레오가 등장하기 전까지는 말이다.

아리스토텔레스 철학에서 가장 중요한 과제는 사물이 우리가 발견한 방식대로 존재하는 이유를 밝히는 것입니다. 아리스토텔레스는 그 목적을 달성하려면 반드시 자연에서 벌어지는 사건 너머에 있는 궁극적인 목적을 알아내야 한다고 했습니다. 아리스토텔레스는 그보다 앞서 살았던 엠페도클레스Empedocles처럼 세상은 흙·공기·물·불이라는 4원소로 되어 있고, 우리가 사는 세상 너머에는 달·태양·행성·항성이 있는 천구天球가 존재한다고 믿었습니다. 그는 천구는 '제5원소 quintessence'로 이루어져 있으므로 천국은 변하지 않으며 완벽하다고 가르쳤습니다.

아리스토텔레스에 따르면 지상 세계를 구성하는 4원소는 뜨거움과 차가움, 습함과 건조함이라는 대립하는 두 쌍의 '속성quality'으로 이루어져 있습니다. 4원소에는 저마다 자연이 정한 자리가 있습니다. 무겁거나 가벼운 정도에 따라 네 원소마다 자신의 정해진 자리로 돌아가려는 특성이 있다는 것입니다. 무거움은 위로 올라가려는 경향과 반대로 작용하는 자연의 성향입니다. 아리스토텔레스는 자연현상을 결정하는 원인을 논리적으로 설명했는데, 그 원인을 제시한 근거는 실제로 실험한 결과가 아니라 머릿속으로 사유한 귀결이었습니다. 아리스토텔레스가 실험하지 않은 이유는 실험은 틀리기 쉬운 감각에 의지한다고 생각했기 때문입니다. 아리스토텔레스는 자연을 지배하는 법칙은 오직 생각을 통해서만 알아낼 수 있다고 믿었습니다. 하지만 갈릴레오는 그때까지 많은 사람이 받아들였던 지식에 반대하는 증거들을 발견했고, 그 증거들을 바탕으로 세계를 다스리는 기존 질서에 도전했습니다.

갈릴레오 갈릴레이는 1564년 2월 15일에 피사에서 태어났습니다. 갈릴레오의 아버지 빈첸초Vincenzo는 전문 류트 연주가이자 음악 이론가였는데, 1962년에 어머니 줄리아 암만나티Giulia Ammannati와 결혼했습니다. 의사였던 먼 친척 갈릴레오 보냐우티Galileo Bonaiuti의 이름을 따서 갈릴레오라고 이름 지은 아이는 일곱 (어쩌면 여덟일 수도 있는) 아이 가운데 맏이로 태어나서, 당시 여느 중산층 아이처럼 집에서 교육을 받았습니다. 갈릴레오가 열 살이 되었을 때 가족은 피사를 떠나 피렌체로 이주했습니다. 가정에서 교육을 마친 갈릴레오는 발롬브로사Vallombrosa에 있는 카말돌리Camaldolese 수도원에 들어갔고, 가족에게 성직자가 되겠다고 말합니다. 하지만 갈릴레오의 아버지는 갈릴레오가 이름을 따온 조상의 업적을 이어받아 의사가 되기를 바랐습니다. 갈릴레오는 아버지의 뜻을 좇아 다시 피렌체로 돌아오지만 통신교육으로 신학을 계속 공부했습니다.

1581년에 열일곱 살이 된 갈릴레오는 피사에 있는 대학에 입학합니다. 당시 대학 입학 연령이 열세 살에서 열네 살 정도였음을 생각해보면 갈릴레오는 상당히 늦은 나이에 대학 신입생이 된 것입니다. 그리고 얼마 지나지 않아 갈릴레오는 자신이 신학보다는 과학에 훨씬 흥미가 많다는 사실을 깨닫는데, 아주 저명한 이탈리아 자연철학자 안드레아 체살피노(Andrea Cesalpino, 1519~1603년)에게 배웠다는 것도 그런 깨달음에 영향을 주었습니다. 체살피노의 강의를 들으면서, 의학을 전공하겠다던 갈릴레오의 마음은 수학 쪽으로 기울어졌습니다.

갈릴레오는 관찰력이 아주 뛰어났으므로 당연히 주변에서 벌어지는 현상에 관심이 많았습니다. 갈릴레오의 생애와 업적에 관해 전해지는 이야기는 아주 많은데, 그 가운데 얼마나 많은 일이 실제로 일어났는지는 알기 어렵습니다. 생이 끝나갈 무렵에는 갈릴레오가 아주 대단한 사람이 되어 버려서 그 명성을 드높이고 영원히 지속할 이야기가 많이 만들어집니다. 예를 들어, 공은 무게가 달라도 땅에 떨어지는 속도가 같다는 주장을 입증하려고 피사의 사탑에서 공을 두 개 떨어뜨렸다는 이야기는 사실일 가능성이 희박합니다. 피사의 성당에서 흔들리는 샹들리에를 관찰했다는 이야기도 출처가 불분명합니다. 갈릴레오가 특히나 지루했던 미사에 참석해 신도석에 앉아 있다가 성당 천장에 매달린 샹들리에를 보고 문득 '샹들리에가 좌우로 움직이는 시간은 샹들리에를 매단 줄의 길이가 결정한다.'라는 사실을 깨달았다는 이야기 말입니다. 긴 줄에 매달린 샹들리에는 짧은 줄에 매달린 샹들리에보다 좌우로 움직이는(진동하는) 시간이 더 깁니다.

하지만 대학에 들어간 갈릴레오가 첫 번째 여름방학 때 진자(추)의 특성을 밝히는 실험에 몰두했다는 이야기는 분명한 사실입니다. 어렸을 때부터 악기의 성능을 실험하는 아버지를 보고 배운 대로 갈릴레오는 자신이 진행한 실험 내용을 꼼꼼하게 기록했고, 한 번에 단 한 가지 조건만을 바꾸면서 실험했습니다. 그는 무게가 다른 진자 여러 개와 길이가 다른 줄 여러 개를 준비해 각기 다른 진동 폭을 만들어내고, 자기 맥박을 재는 방법으로 진자가 움직이는 데 걸리는 시간을 측정했습니다. 그리고 진자가 한 번 왔다 갔다 하는 데 걸리는 시간(진자의 주기)은 진폭의 크기나 진자의 무게가 아니라 오직 진자를 매단 줄의 길이가 결정한다는 결론을 내렸습니다(사실 진폭의 크기와 진자의 주기는 상관없다는 갈릴레오의 결론은 틀렸습니다. 갈릴레오의 결론은 진동의 크기가 작을 때만 성립합니다).

갈릴레오는 무게가 다른 물체는 떨어지는 속도가 다르다는 아리스토텔레스의 주장이 틀렸음을 입증하는 데 자신이 관측한 결과를 이용했을지는 모르겠지만, 진자 실험에서 발견한 지식을 직접 활용하지는 않았습니다. 하지만 갈릴레오가 발견한 진자에 관한 지식은 17세기에 살았던 네덜란드 과학자 크리스티안 하위헌스(1629~1695년)에게 진자

시계를 만들 기반을 마련해주었습니다.

갈릴레오는 분명히 아주 뛰어난 학생이었지만 따지기 좋아하는 성격 때문에 수학을 제외한 거의 모든 과목에서 낙제했습니다. 그런데도 갈릴레오는 의학을 계속 공부해야 했습니다. 갈릴레오의 아버지 빈첸초가 아들은 의학이 아니라 수학을 공부하는 것이 좋겠다는 교사들의 권고를 받아들이기 전까지는 말입니다. 빈첸초는 수학자의 수입이 류트 연주자의 수입과 별반 다르지 않다는 것을 잘 알았지만, 의학은 아들이 진정으로 재능을 발휘할 분야가 아니라는 사실도 역시 알았습니다.

갈릴레오는 그 뒤로도 얼마 동안은 피사에 있었지만, 1585년이 되면 학위를 마치지 않은 채 피사를 떠납니다. 갈릴레오가 피사를 떠나야 했던 가장 큰 이유는 분명히 집안 재정 상태가 나빠졌기 때문일 겁니다. 갈릴레오에게는 집으로 돌아와 가족을 부양할 의무가 있었습니다. 당시에는 중산층 가문의 자제가 학위를 받지 않고 대학을 그만두는 일이 드물지 않았습니다. 중산층 사람들에게 대학은 그저 교육을 마무리하는 의미였지, 졸업 자체는 그다지 중요하지 않았습니다. 중요한 것은 대학을 다녀본 경험과 그곳에서 쌓은 인맥이었습니다.

갈릴레오는 수학 교수가 될 준비를 해나갔습니다. 피렌체와 시에나에서 가정교사로 일했고, 1587년이 끝날 무렵에는 몇 가지 입체도형의 무게중심을 찾는 기발한 방법을 발견했습니다. 그 결과, 갈릴레오라는 이름은 이탈리아를 넘어 해외에까지 알려졌습니다. 그에 용기를 얻어 갈릴레오는 1588년에 공석이 생긴 저명한 볼로냐대학University of Bologna의 교수직에 지원하지만, 임용되지는 못했습니다.

비록 교수는 될 수 없었지만 갈릴레오가 한 연구 결과는 막강한 세력가였던 구이도발도 델 몬테Guidobaldo del Monte 후작의 관심을 끌었고, 후작은 갈릴레오가 죽는 1607년까지 갈릴레오의 후원자가 되어주었습니다. 로마 예수회대학교 수학자이자 천문학자였던 크리스토퍼 클라비우스Christopher Clavius도 갈릴레오에게 관심을 보였습니다. 갈릴레오는 델 몬테 후작과 클라비우스의 후원을 받아 1589년에 피사대학교 University of Pisa에 강사로 부임할 수 있었습니다. 학생 신분으로 피사를 떠난 지 4년 만에 말입니다. 피사대학의 강사라는 직업은 수입이 보잘것없었습니다. 하지만 갈릴레오가 학계에 적을 두고 있으면 훨씬 좋은 조건으로 파도바Padova대학으로 옮겨 갈 수 있도록 후원자들이 힘을 쓸 수 있었으므로, 아주 중요한 자리였습니다. 파도바대학은 수학을 아주 중요하게 생각하는 곳이었습니다.

1590년에 갈릴레오는 『물체의 운동에 관하여De Motu』를 썼습니다. 이 책에서 갈릴레오는 자신의 영웅인 아르키메데스의 수학과 자신의 과학을 기반으로 물체의 운동에 관한 아리스토텔레스의 주장을 검토했습니다. 『물체의 운동에 관하여』에는 갈릴레오가 훨씬 오래 전에 연구한 내용은 담겨 있지 않습니다. 갈릴레오가 우주의 중심은 지구라는 생각을 받아들이고 있을 때 진행했던, 이집트에서 활동한 그리스 천문학자 클라우디오스 프톨레마이오스Claudios Ptolemaeos의 『수학대전Syntaxis Mathematica』을 검토한 내용 말입니다(『수학대전』은 아랍어인 『알마게스트 Almagest』라는 이름으로 더 잘 알려졌습니다).

『물체의 운동에 관하여』에서 갈릴레오는 무게가 다른 물체들이 낙하하는 속도는 동일하다는 자신의 주장을 대략 제시했습니다. 아리스토텔레스의 철학에 따르면 4원소 가운데 물이나 흙의 요소를 가진 물체는 밑으로 떨어집니다. 두 원소가 머물러야 하는 위치는 우주의 중심이기 때문입니다. 무거운 물체에는 가벼운 물체보다 흙과 물이 더 많이 들어 있으므로 더 빨리 떨어져야 합니다. 놀랍게도 사람들은 이런 아리스토텔레스의 주장을 검증도 하지 않고 그대로 받아들였습니다. 『물체의 운동에 관하여』는 당시 운동을 다룬 그 어떤 책보다도 완성도가 높았지만, 갈릴레오는 출간하지 않았습니다. 그 이유는 아마도 경사면에서 물체가 운동하는 경우를 그때까지는 실험으로 검증하지 않았다는 사실이 마음에 걸렸기 때문일 것입니다.

피사대학과 맺은 3년간의 계약 기간이 끝나갈 무렵이 되면, 갈릴레오는 좋은 친구를 몇 명 사귀었지만, 그보다는 많은 교수와 사이가 나빠졌습니다. 갈릴레오에게는 피사대학과 계약을 갱신하지 못하리라고 믿어도 좋을 이유가 너무나도 많았습니다. 더구나 1591년에는 갈릴레오의 아버지 빈첸초가 세상을 떠났으므로 갈릴레오는 집안의 가장이 되어 여동생 비르지니아Virginia의 결혼 지참금도 직접 마련해야 했습니다. 다행히 델 몬테 후작과 클라비우스의 주선으로 갈릴레오는 훨씬 좋은 조건으로 파도바대학으로 옮겨 갈 수 있었습니다. 1592년에 파도바대학으로 옮긴 뒤에 갈릴레이가 받은 연봉은 피사대학 때보다 세 배나 많았습니다.

파도바에는 대학뿐 아니라 왕성하게 활동하는 지식인 모임도 있었습니다. 이 모임은 주로 자기 집에 사람들을 초대해 토론을 벌였던 인문주의자 피넬리(Gian Vincenzo Pinelli, 1535~1601년)의 집에서 열렸습니다. 파도바에 도착한 직후에 갈릴레오는 피넬리의 집에서 묵었는데, 아마도 그때 수도사이자 학자인 파올로 사르피Paolo Sarpi와 성 로베르토라고 불리게 될 로베르토 벨라르미노Roberto Francesco Romolo Bellarmino 추기경을 만났을 것입니다. 두 사람은 갈릴레오의 인생에서 아주 중요한 역할을 합니다.

1595년까지 갈릴레오가 천문학에 관심이 있었다는 증거는 없습니다. 그러나 1595년이 되면 갈릴레오는 조석 현상이 생기는 이유를 고민하기 시작합니다. 그때까지 수백 년 동안 과학자들은 하루에 밀물과 썰물이 각각 두 번씩 생기는 이유와 조석 현상이 일어나는 시간이 변하는 이유를 밝히려고 노력했습니다. 이때 갈릴레오가 설명한 대로라면 지구에서 조석 현상이 생기려면 지구는 자전축을 중심으로 자전할 뿐 아니라 태양을 중심으로 공전해야 합니다(그런데 갈릴레오는 조석 현상이 생기는 이유를 옳게 추론하지는 못했습니다). 이는 갈릴레오가 코페르니쿠스가 1543년에 발표한 '지동설'을 알았다는 첫 번째 증거입니다. 지동설은 지구는 무거운 물체를 끌어당기는 모든 것의 중심이라는 아리스토텔레스의 학설에 어긋나므로 자연철학자와 교회가 배척하는 이론이었습니다. 더구나 지구가 빠른 속도로 움직인다는 주장은 터무니없어 보였습니다. 16세기가 끝나갈 무렵에도 코페르니쿠스의 학설을 믿는 사람은 거의 없었습니다. 1500년대 말에 가장 믿을 만한 자료는 덴마크 천문학자 튀코 브라헤(Tycho Brahe, 1546~1601년)가 관측했는데, 그 자료도 지동설보다는 천동설에 무게를 실어주었습니다. 브라헤는 움직이지 않는 지구 주위를 태양과 달이 돌고, 다른 행성은 태양 주위를 도는 혼합 모형을 제시했습니다.

갈릴레오는 1597년에 자신을 찾아온 한 손님에게서 1596년에 출간된 요하네스 케플러Johannes Kepler의 『우주의 신비Mysterium Cosmographicum』를 한 부 받습니다. 코페르니쿠스의 학설을 강력하게 옹호하는 케플러의 책은 분명히 갈릴레오를 자극했을 것입니다. 갈릴레오는 케플러에게 자신은 오랫동안 '새 천문학'을 지지해왔으며, 새 천문학을 활용하면 다른 천문학으로는 설명할 수 없는 현상들도 설명할 수 있다고 적은 편지를 보냈습니다(그것이 어떤 현상들인지는 적지 않았습니다). 하지만 그런 생각에 반대하는 사람이 너무 많아서 새 천문학을 공개적으로 가르칠 수는 없다고 했습니다.

그때부터 갈릴레오와 케플러는 오랫동안 편지를 주고받았습니다. 케플러는 갈릴레오가 '조석 현상이 일어나는 이유'를 밝힐 수 있다고 생각하는 걸 정확하게 추측했고, 자신보다는 갈릴레오가 더 나은 천문학 장비를 활용할 수 있을 테니, 갈릴레오에게 자기 대신 천체를 관측해달라고 부탁했습니다.

갈릴레오가 '별의 시차(stellar parallax, 관측자가 어떤 천체를 동시에 두 지점에서 보았을 때 생기는 방향의 차이-옮긴이)'를 관측하려고 한 이유도 케플러의 부탁을 받았기 때문입니다. 별의 시차 현상은 '기존 천문학'에서 정당성을 주장할 때 흔히 내세우는 이유입니다. 내용은 정말 간단합니다. 지구가 태양 주위를 돈다면 관측자가 '우주에서 존재하는 위치'는 변할 테고, 관측자의 위치가 변한다면 관측자에게서 가까이 있는 별은 멀리 있는 별을 배경 삼아 위치가 바뀌어야 한다는 것입니다. 멀리 있는 물체를 배경으로 가까이 있는 물체의 위치가 바뀌는 현상은 자동차나 기차를 타고 시골길을 달리면서 창문 밖을 쳐다본 적이 있는 사람이라면 누구나 경험했을 것입니다. 멀리 있는 물체는 가만히 있는데 가까이 있는 나무는 움직이는 것처럼 보이는 현상이 바로 시차 현상입니다. 팔을 쭉 뻗은 상태로 한 손가락을 세우고 좌우 눈을 번갈아 감았다가 뜨면 손가락이 움직이는 것처럼 보이는 것도 시차 현상입니다.

그때까지만 해도 1년이라는 긴 주기로 멀리 있는 별을 배경 삼아 가까이 있는 별의 움직임을 관측한 사람이 없었으므로 별은 시차운동을 하지 않는 것처럼 보였고, 이는 곧 지구는 움직이지 않는다는 주장의 증거라고 생각했습니다. 갈릴레오는 별의 시차운동을 직접 관측할 생각은 하지 않았습니다. 별은 시차운동을 하지 않는다는 기존 믿음을 뒤바꿀 증거는 나오지 않으리라고 생각했기 때문입니다. 하지만 1838년에 독일 수학자이자 천문학자인 프리드리히 베셀(Friedrich Bessel, 1784~1846년)이 별의 시차 현상을 관측했습니다. 백조자리61의 연주시차가 0.314각초(″)임을 알아낸 것입니다(각초는 정말 작은 단위입니다. 완벽한 원의 중심각은 360도이고, 1도는 3600각초입니다. 0.31각초는 33킬로미터 떨어진 곳에 있는 100원짜리 동전의 지름이 만드는 각도입니다).

케플러와 편지를 교환하던 시기에 갈릴레이는 베네치아 여인 마리나 감바Marina Gamba와 사랑에 빠집니다. 두 사람은 끝까지 결혼은 하지 않지만, 1600년에 첫째 딸 비르지니아가 태어났습니다(갈릴레오의 첫째 여동생 이름이 비르지니아입니다). 1602년에는 둘째 딸이 태어났고, 갈릴레오는 그 딸의 이름을 둘째 여동생의 이름을 따서 리비아Livia라고 짓습니다. 1606년에는 아들이 태어났고, 그 아들 이름은 아버지의 이름을 따 빈첸초라고 지었습니다. 갈릴레오는 수학자치고는 많은 연봉을 받고 과외로 다른 일도 했지만, 늘 돈에 쪼들렸습니다. 마리나와 아이들을 돌보아야 했을 뿐 아니라 어머니와 형제들도 돌보아야 했기 때문입니다.

여동생들의 결혼 지참금을 마련할 의무는 갈릴레오와 그의 동생인 미켈란젤로Michelangelo가 함께 나누어야 했지만, 미켈란젤로에게는 돈이 없었습니다. 미켈란젤로가 폴란드에서 결혼했을 때 갈릴레오는 동생의 결혼 비용도 대주어야 했습니다. 더구나 미켈란젤로는 가족을 갈릴레오에게 보내 돌보게 했으므로 갈릴레오의 재정 상태는 더욱 나빠졌습니다. 겨우 생계를 유지할 정도로만 돈을 벌었으므로 갈릴레오는 개인 교습도 하고 베네치아인 친구 조반니 프란체스코 사그레도Giovanni Francesco Sagredo에게 돈을 빌리기도 했습니다.

1592년에 파도바에 도착한 뒤로 갈릴레오는 운동에 관한 이론을 다듬는 일에 집중했습니다. 진자에 관한 이론과 경사면에서 움직이는 물체의 운동에 관한 이론을 다시 고민했습니다. 1602년 말에 델 몬테 후작에게 보낸 갈릴레오의 편지를 보면, 그 무렵에 갈릴레오는 자신이 생각한 내용을 실험으로 입증하려고 했음이 분명합니다. 예를 들어, 갈릴레오는 진자에 관해 자신이 내린 결론은 긴 줄에 무거운 진자를 달아서 진자가 움직이는 각도를 작게 할 때에 더 옳다는 사실을 깨달았습니다. 이는 역설처럼 느껴지는데, 왜냐하면 진폭이 작아져도 진자가 움직이는 주기는 변하지 않기 때문입니다. 이런 발견들 덕분에 갈릴레이는 관성inertia이라는 개념을 생각해낼 수 있었는지도 모릅니다.

운동을 이해하려면 관성이라는 개념을 반드시 알아야 합니다. 뉴턴의 운동 제1법칙을 이루는 핵심 개념도 관성입니다(81쪽 참고). 뉴턴의 운동 제1법칙은 흔히 '외부에서 힘이 작용하지 않는 한 정지해 있는 물체는 계속 정지해 있고, 움직이는 물체는 계속 움직인다.'라고 표현하는데, 이런 생각은 직관에 어긋납니다. 물체에 아무리 센 힘을 가해 힘껏 밀어도 결국에는 속도가 줄어들고 멈춘다는 건 누구나 압니다. 하지만 갈릴레오는 마찰력과 공기의 저항이 없다면 물체는 계속 운동한다는 사실을 깨달았습니다. 그리고 정지해 있는 물체를 움직이려고 할 때도 처음에는 힘을 가해야 하는 이유가 관성 때문이라고 생각했습니다.

1603년이 되면 갈릴레이는 떨어지는 물체의 가속도를 연구하는 실험을 고안합니다. 그는 위에서 아래로 떨어지는 물체는 순식간에 떨어져 버려서 연구하기 어렵지만, 살짝 기울인 경사면에서 물체를 굴리면, 물체를 위에서 아래로 떨어뜨리는 효과를 내면서도 낙하 속도는 늦출 수 있다는 사실을 깨닫습니다. 그때까지만 해도 사람들은 낙하하는 물체의 속도는 계속 증가한다는 사실은 알았지만, 속도는 조금씩 꾸준히 변하며 속도가 변하는 동안 물체는 일정하게 운동한다고 생각했습니다. 하지만 갈릴레오는 곧 그것이 잘못된 생각임을 알았습니다.

1604년에 갈릴레이는 경사면을 굴러가는 공의 가속도를 측정하는 방법을 고안했습니다. 0.5초 간격으로 울리는 음악용 박자기를 이용해 같은 시간 동안 움직인 공의 위치를 측정하고, 공의 이동 거리를 이용해 같은 시간 간격 사이의 속도 변화를 측정했습니다. 그 결과 갈릴레이는 동일한 간격으로 시간이 변하는 동안 속도는 1, 3, 5, 7처럼 홀수배로 증가하고 전체 이동 거리는 1, 4, 9, 16처럼 제곱 배로 증가한다는 사실을 알아냈습니다. 이 실험에서 '낙하하는 물체가 이동한 거리는 경과한 시간의 제곱에 비례한다.'라는 법칙이 나왔습니다.

이런 실험들은 갈릴레이가 동시대를 살았던 다른 사람들과 얼마나 다른지를 보여줍니다. 갈릴레이는 아리스토텔레스의 사변적 주장을 맹목적으로 따르는 사람이 아니라 직접 실험하고 측정하는 사람이었습니다. 그저 원인을 생각하는 것이 아니라 실험으로 물리법칙을 찾으려고 했다는 것, 그것이 갈릴레오와 그 이전 사람들을 가르는 커다란 차이점입니다. 갈릴레이 전까지는 심지어 언제나 신중하게 관측해야 하는 천문학자조차도 아리스토텔레스의 법칙이 지배하는 우주관을 근거로 자신이 관측한 내용을 설명했습니다.

1604년 10월에도 갈릴레오는 여전히 실험하고 있었습니다. 그런데 그해 10월에는 밤하늘에 새로운 별이 나타났습니다. 뱀주인자리에 나타난 그 별은 현재 초신성supernova이라고 알려졌습니다. 초신성은 수명이 다한 별이 폭발한 것이지만, 갈릴레오가 보기에는 새로 나타난 아주 밝은 별이었으므로 갈릴레오는 세심하게 그 별을 관측했습니다. 아리스토텔레스의 우주관에 따르면 하늘은 변할 수 없습니다. 따라서 새로 탄생한 별은 달의 공전궤도 아래쪽에 있어야 합니다. 그리고 새로 탄생한 별이 달의 공전궤도 밑에 존재한다면, 새로 나타난 별에서는 기존 항성들을 기준으로 시차 현상이 나타나야 합니다. 하지만 갈릴레이는 유럽 여러 곳에 있는 여러 관찰자의 관측 결과에서 다른 점을 조금도 찾아내지 못했습니다. 따라서 새로 나타난 별은 아리스토텔레스 철학이 주장하는 것과는 달리 천상에 존재한다고, 갈릴레이는 결론을 내렸습니다.

그렇게 해서 아리스토텔레스의 철학을 버린 갈릴레오는 곧 파도바 대학교 철학과 교수인 체사레 크레모니니Cesare Cremonini와 논쟁을 벌여야 했습니다. 두 사람은 원래 친한 친구 사이였지만, 누구나 알 정도로 시끄럽게 논쟁을 벌였고, 그 논쟁은 결국 싸움으로 발전했습니다. 크레모니니는 1605년 초에 안토니오 로렌치니Antonio Lorenzini라는 이름을 앞세워 파도바에서 발표한 소책자에서 자신의 주장을 펼쳤습니다. 그 소책자를 읽은 갈릴레오는 그 책의 진짜 저자는 크레모니니라는 사실을 알아채고, 자신도 가명으로 그에 답하는 책을 냈습니다.

소책자에서 크레모니니는 지구에서 관측할 때 적용하는 규칙은 하늘처럼 먼 거리에 있는 장소에는 적용할 수 없다고 했습니다. 또한, 하늘을 구성하는 제5원소는 본질적으로 지구를 구성하는 원소들과는 달라서 하늘을 측정할 때는 지구를 측정하는 방법은 소용없다고 했습니다. 하지만 갈릴레오는 그 주장을 받아들일 수가 없었습니다.

그 뒤 몇 년 동안 갈릴레오는 운동에 관한 실험을 더욱 정교하게 다듬었습니다. 그리고 대포알 같은 발사체는 포물선을 그리며 날아간다는 사실도 밝혔습니다. 발사체가 포물선 경로로 날아간다는 것은 군사적으로 아주 중요한 발견입니다. 그는 또한 경사면을 내려오는 공은 속도가 증가하고 경사면을 올라가는 공은 속도가 감소한다는 사실을 발견했습니다. 이는 갈릴레이가 가정한 관성이 실제로 존재한다는 증거였습니다. 평면 위를 운동하는 물체는 속력이 증가하지도 감소하지도 않을 테니까 말입니다. 1609년까지 갈릴레오는 자연계에서 일어나는 운동을 설명하는 책을 열심히 썼지만, 수년 동안 출간하지는 않았습니다.

이 무렵에 갈릴레오는 망원경을 알게 되었는데, 그 때문에 갈릴레오의 경력은 크게 바뀝니다. 종종 갈릴레오를 망원경을 발명한 사람으로 소개하기도 하는데, 그것은 틀린 이야기입니다. 1608년에 네덜란드의 한스 리페르스헤이(Hans Lippershey, 1570~1619년)가 망원경을 만들어 특허를 내려고 했지만, 그때는 이미 특허를 받은 사람이 있어서 낼 수 없었습니다. 1608년 말에 갈릴레오의 친구였던 베네치아의 학자 파올로 사르피(1552~1623년)는 망원경에 대해 듣고, 1609년 7월에 베네치아를 방문한 갈릴레오에게 자세히 말해주었습니다. 갈릴레오는 그 즉시 망원경이 상업적으로 가치가 있음을 깨닫습니다. 망원경을 사용하면 눈으로 보는 것보다 훨씬 빨리 상선이 도착하는 걸 볼 수 있기 때문입니다.

갈릴레이는 사르피에게서 들은 장비를 만들려고 서둘러 파도바로 돌아갔습니다. 한참 망원경을 만들던 갈릴레이는 한 네덜란드 여행자가 망원경을 베네치아 정부에 팔러 가려고 파도바를 지나고 있다는 소식을 듣습니다. 그 무렵에 베네치아 정부는 갈릴레오의 친구인 사르피에게 네덜란드 여행자가 가지고 온다는 장비를 사들여도 좋을지 물어보았습니다. 사르피는 갈릴레오가 더 나은 망원경을 만들 시간을 벌어주려고 베네치아 정부에 네덜란드 여행자가 가져온 망원경은 사지 말라고 조언했고, 결국 8월 말에 갈릴레오는 볼록렌즈 하나와 오목렌즈

하나로 만든, 성능이 더 뛰어난 직립상 망원경을 가지고 베네치아에 도착합니다. 그는 베네치아 정부 고관들 앞에서 망원경을 이용하면 맨눈으로 볼 때보다 두 시간 먼저 바다에서 접근하는 배를 볼 수 있음을 입증해 보였습니다. 그에 대한 상으로 파도바대학은 갈릴레오에게 종신 교수직을 주기로 했고, 연봉도 두 배가량 올려주겠다고 했습니다.

하지만 그 상을 받으려면 조건이 있었습니다. 이전에 맺은 계약 기간이 끝날 때까지는 원래 받던 연봉을 받아야 했으므로 당장 연봉은 그대로였습니다. 더구나 파도바대학의 제안을 받아들이면 갈릴레오는 은퇴할 때까지 다른 곳으로 옮겨 갈 수가 없습니다. 갈릴레오는 파도바를 좋아했지만, 적당한 때가 되면 피렌체로 돌아가 교육이 아니라 집필과 연구를 하면서 살고 싶었습니다. 결국, 갈릴레오는 새로운 직장을 찾아 나설 수밖에 없었고, 토스카나Toscana 대공이자 친구인 메디치 Medici 가문의 코시모 2세Cosimo II가 다스리는 피렌체에서 궁정 수학자가 되어야겠다고 마음먹었습니다.

이런 마음을 품고 피렌체에 온 갈릴레오는 코시모 대공에게 새로 만든 망원경을 보여주었고, 더 나은 망원경을 만들고자 파도바로 돌아왔습니다. 갈릴레오는 자신이 무슨 일을 하는지 경쟁자들이 알 수 없도록 은밀하게 렌즈를 만들 유리를 구해서 자기가 직접 유리를 깎았습니다. 12월 초가 되면 갈릴레이는 세 번째이자 그때까지 만든 망원경 가운데 가장 강력한 망원경인, 20배 배율 망원경을 만들어냅니다. 첫 번째 망원경보다 10배나 성능이 강해진 망원경입니다. 갈릴레오는 새로운 장비로 천체를 관측하기로 마음먹고 달을 첫 번째 목표로 삼았습니다.

망원경으로 관측한 달의 표면은 아리스토텔레스학파 철학자들이 가르치는 것과 달리 매끄럽지 않았습니다. 달을 망원경으로 크게 확대해서 보자 갈릴레오는 눈으로는 볼 수 없었던 부분을 자세하게 볼 수 있었습니다. 그렇게 해서 알게 된 사실 가운데 하나는 달의 명암경계선(밝은 부분과 어두운 부분을 나누는 선) 근처에 있으므로 당연히 그늘이 져야 하는 지역이 밝게 빛난다는 것이었습니다. 갈릴레오는 그 이유를 옳게 추론했습니다. 밝게 빛나는 부분은 주변 부분보다 높아서 그 주위를 둘러싼 계곡이 어둠에 잠겼을 때도 태양 빛을 받아 빛나는 것이라고 말입니다.

1610년 1월 7일에 갈릴레오는 목성을 관측하고, 목성 원반 근처에서 별처럼 생긴 천체를 세 개 발견했습니다. 처음에 갈릴레오는 그 세 천체는 먼 하늘에 있는 천상에 속한 항성이라고 생각했습니다. 하지만 1월 10일에는 세 개의 천체 가운데 하나가 사라져버린 것을 관찰했고, 1월 13일에는 사라졌던 천체 하나뿐 아니라 그동안 보지 못했던 새로운 천체까지 새롭게 나타난 모습을 관찰했습니다. 그 뒤 몇 주 동안 갈릴레이는 계속 목성을 관찰했습니다. 그리고 네 개의 천체가 항성이 아니라는 결론을 내렸습니다. 왜냐하면, 네 개의 천체는 목성을 졸졸 따라다니면서 목성 주위에서 움직였기 때문입니다. 네 개의 천체는 목성의 양옆에 두 개씩 있을 때도 있었고, 한쪽에 모두 몰려 있을 때도 있었습니다.

갈릴레오는 이 빛나는 네 개의 천체가 지구 주위를 도는 우리의 달처럼 목성 주위를 도는 위성이라는 사실을 깨달았습니다. 처음에 갈릴레오는 이 네 개의 위성 이름을 코시모 데 메디치의 이름을 따서 '메디치

별'이라고 불렀습니다. 지금은 '갈릴레이 위성'이라고 부르는 이 네 개의 천체는 쌍안경으로도 쉽게 볼 수 있습니다. 목성과 가장 가까이 있는 이오Io가 목성을 한 바퀴 도는 데 걸리는 시간은 이틀이 채 되지 않아서 몇 시간만 관찰해도 이오의 위치가 변하는 모습을 볼 수 있습니다. 다른 행성 주위를 도는 위성을 관측한 것은 아리스토텔레스의 우주관에 큰 타격을 주는 발견이었습니다. 아리스토텔레스의 우주관에서는 지구가 아닌 다른 중심은 있을 수 없기 때문입니다.

갈릴레오는 망원경으로 은하수Milky Way도 관찰했습니다. 밤하늘을 완전히 가로지르는 번쩍이는 빛의 띠인 은하수를 말입니다. 갈릴레오는 은하수가 맨눈으로는 너무 희미해서 구별할 수 없는 항성 수천 개로 이루어졌음을 알았습니다. 갈릴레오는 자신이 발견한 내용을 재빨리 정리해서 『별의 전령Sidereus Nuncius』을 출간합니다. 라틴어로 쓰고 1610년 3월에 출간한 이 책 역시 코시모 데 메디치에게 헌정했습니다. 『별의 전령』은 망원경으로 관측한 하늘을 기록한 첫 번째 책입니다. 대중은 『별의 전령』에 열광했지만 많은 철학자와 천문학자는 갈릴레오의 관측 결과를 무시하면서, 그런 결과가 나온 이유는 착시 현상 때문이라고 했습니다.

1610년 여름에 갈릴레오는 파도바를 떠나 피렌체로 돌아옵니다. 어머니와 함께 살려는 것이었는데, 그때 갈릴레오는 메디치 궁전의 공식 수학자가 되었습니다. 그는 딸들은 자기보다 먼저 피렌체로 보냈지만, 아들 빈첸초는 고작 네 살이었으므로 마리나 곁에 남겨 두었습니다. 피렌체에 도착하자마자 갈릴레오는 가장 밝은 행성인 금성을 관측했습니다. 1610년 초에는 금성이 태양에 가까이 있어서 관측하기 어려웠지만, 여름에는 금성이 밝은 태양 빛에서 벗어났으므로 망원경으로 관찰할 수 있었습니다.

금성은 초저녁이나 새벽에만 보입니다. 고대 그리스인들은 초저녁이나 새벽에 뜨는 금성을 각각 '포스포로스Phosphoros'와 '헤스페로스Hesperos'라고 불렀고, 로마 사람들은 '루시페르Lucifer'와 '베스페르Vesper'라고 불렀습니다. 하지만 일찍이 기원전 1581년에 바빌로니아 사람들은 '새벽 별'과 '초저녁 별'이 같은 천체임을 분명히 밝혔습니다. 금성은 몇 달 동안은 태양이 떠오르기 전에 떠올랐다가 태양이 빛을 내면 사라지고, 몇 달 동안은 태양이 진 뒤에 나타납니다.

갈릴레오가 관측한 금성은 지구가 우주의 중심이 아니라는 사실을 입증하는 증거입니다. 금성은 달처럼 완벽한 위상 변화를 보였습니다. 위상 변화가 나타난다는 사실 자체는 조금도 놀랍지 않습니다. 지구를 중심으로 우주를 설명할 때도 금성은 새벽에 나타나느냐 저녁에 나타나느냐에 따라 초승달에서 볼록한 부분의 위치가 바뀌기 때문입니다.

하지만 갈릴레오는 금성의 모양이 초승달뿐 아니라 모든 형태로 보인다는 사실을 밝혔습니다. 더구나 망원경으로 금성을 관찰하면 초승달 모양일 때는 금성이 크게 보이고, 보름달 모양일 때는 작게 보인다는 사실도 쉽게 알 수 있었습니다. 금성의 위상 변화는 지구를 중심에 놓는 아리스토텔레스의 우주론(천동설)으로는 그 이유를 설명할 수가 없습니다. 하지만 태양을 중심으로 하는 코페르니쿠스의 우주론(지동설)을 적용하면 충분히 설명할 수 있습니다(그림 1 참고).

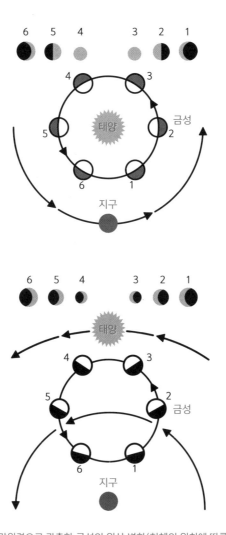

그림 1. 갈릴레오가 망원경으로 관측한 금성의 위상 변화(천체의 위치에 따른 눈에 보이는 겉보기 모양 변화—옮긴이)는 지구와 달이 태양 주위를 돈다는 것을 밝힌 중요한 증거다. 갈릴레오는 금성에서 초승달 모양부터 보름달 모양까지, 위상 변화의 모든 단계가 나타난다는 사실을 밝혔다. 보름달 모양일 때는 크기가 작고 초승달 모양일 때는 크기가 크다(위쪽 그림). 금성이 모든 단계의 위상 변화를 보이려면 금성과 지구는 태양 주위를 돌아야 하고, 금성의 공전궤도는 지구의 공전궤도 안쪽에 있어야 한다. 금성과 태양이 지구 주위를 돈다면 금성은 언제나 초승달 모양이어야 한다(이래쪽 그림).

천동설에 어긋나는 관측 증거가 하나라도 나온다면 천동설은 타격을 입을 수밖에 없습니다. 갈릴레오의 관측은 바로 그런 증거였습니다. 하지만 자신이 관측한 증거를 발표하면 논쟁이 일어나리라는 걸 알았기 때문인지, 처음에 갈릴레오는 자신이 관측한 내용을 케플러에게만 알렸습니다. 1610년 12월에 케플러에게 보낸 편지에 말입니다. 편지에서 갈릴레오는 앞으로 목성 위성들의 공전주기도 알아낼 생각이라고 했습니다. 케플러는 위성들의 공전주기는 관측할 수 없으리라고 생각했지만, 끈기 있게 목성의 위성을 관측한 갈릴레오는 1611년 3월에는 네 개의 위성이 목성 뒤로 모습을 감추는 순간을 예측할 정도로 충분히 많은 자료를 모았습니다(위성이 모행성 뒤로 모습을 감추는 현상을 위성의 '식蝕'이라고 합니다).

그러자 세상에서 가장 먼저 설립된 학회인 린체이학회(Accademia dei Lincei, 1603년 로마에서 설립)에서 갈릴레오를 초대해 관측한 내용을 발표하게 했습니다. 1611년에 갈릴레오를 위해 열린 그 과학의 향연에서 '망원경telescope'라는 이름이 탄생했고, 향연에 참석한 사람들은 망원경을 들여다보면서 갈릴레오가 발견한 사실을 확인할 수 있었습니다. 학회에 참석한 갈릴레오는 자기 때문에 논쟁과 토론이 벌어지고, 그 때문에 자신이 유명해지고 있다는 사실을 깨달았습니다. 그리고 다시 한 번 클라비우스 신부와 벨라르미노 추기경을 만나 친분을 나누었습니다. 로마에 머무는 동안 갈릴레오는 망원경 시연회를 자주 열었는데, 그런 자리에는 추기경을 비롯해 로마의 여러 저명인사가 참석했습니다. 심지어 갈릴레오는 교황 바오로 5세Paolo V도 만날 수 있었습니다.

갈릴레오는 태양의 흑점도 연구했습니다. 그때 이미 중국 천문학자들은 수백 년 동안 태양의 흑점을 연구해왔지만, 서방에는 그런 사실이 알려지지 않았었습니다. 서방 관측자들이 흑점에 눈길을 돌린 것은 망원경이 발견된 뒤의 일입니다. 갈릴레오는 인쇄업자를 찾아갔다가 독일 예수회 신부인 크리스토퍼 샤이너(Christopher Scheiner, 1573~1650년)가 흑점에 관해 쓴 책을 발견했습니다. 갈릴레오는 제자였던 베네데토 카스텔리(Benedetto Castelli, 1578~1643년)의 도움을 받아 매일 태양의 흑점을 관측하고, 태양의 흑점은 그 움직이는 모양으로 보아 태양 표면에 있으며, 대략 한 달에 한 바퀴 정도 돈다는 사실을 알아냈습니다. 하지만 샤이너는 태양의 흑점은 태양과 아주 가까운 곳에서 공전하는 작은 행성들이라고 했습니다. 1613년에 갈릴레오는 린체이학회의 후원을 받아 태양의 흑점에 관한 책『태양 흑점에 관한 편지들 *Istoria e Dimostrazioni Intorno alle Macchie Solari*』을 출간했습니다.

『태양 흑점에 관한 편지들』의 부록에서 갈릴레오는 목성 위성의 운동을 예측하는 연구를 조금 언급했습니다. 그는 목성의 위성이 하는 운동을 정확하게 예측하려면, 우주에서 지구는 위치가 변한다는 가정을 세워야 한다는 사실을 알았습니다. 갈릴레오는 목성 위성의 운동을 자세하게 설명하지는 않았지만, 목성의 위성에서 식이 일어나는 시간을 이용하면 수 세기 동안 측량사와 항해자 들이 정확하게 알아내려고 노력했던 경도經度를 정밀하게 확정할 수 있다는 사실을 깨달았습니다.

마침내 갈릴레오는 지구가 태양 주위를 돈다고 믿어도 좋을 증거를 찾았습니다. 독실한 기독교 신자인 갈릴레오가 교회를 곤란하게 한 것입니다. 갈릴레오는 과학 탐구와 신학을 분리하고 싶었습니다. 1613년부터 1616년까지의 중요한 시기에 갈릴레오가 했던 많은 행동은 이런 관점에서 보아야 합니다. 갈릴레오는 교회의 권위를 떨어뜨릴 생각이 전혀 없었습니다. 그저 교회가 올바른 지식을 얻기를 바랐을 뿐입니다.

1613년이 끝날 무렵, 갈릴레오의 옛 제자이자 당시 피사대학교 교수였던 카스텔리는 코시모 데 메디치가 연 조찬朝餐에 초대를 받습니다. 조찬 자리에는 코시모 대공뿐 아니라 대공비와 대공의 어머니 크리스티나Christina를 비롯한 메디치 가문 사람들도 있었고, 파도바대학에서 온 철학 교수도 있었습니다. 밥을 먹다가 갈릴레오가 관찰한 목성의 위성 이야기가 나오자 파도바대학교 철학과 교수는 대공의 어머니 크리스티나에게 갈릴레오는 지구가 움직인다는 틀린 주장을 했다고 말했습니다. 지구가 움직인다는 주장은 성서에 어긋난다고 하면서 말입니다.

조찬이 끝난 뒤에 크리스티나는 카스텔리를 조용히 불러서, 성서에는 여호수아가 하늘에 있는 태양에게 멈추라고 하는 장면이 실려 있지 않으냐고 물었습니다. 카스텔리는 과학의 문제는 성서의 가르침과 분리해서 생각해야 한다고 대답했습니다. 그는 갈릴레오에게 이 사건을 편지에 적어 보냈고, 갈릴레오는 과학자에게는 자연을 이루는 모든 요소를 관측하고 실험하고 연구할 자유를 주어야 한다고 주장하는 답장을 보냈습니다. 또한, 성서와 자연은 어긋나지 않지만, 성서는 은유를 사용하는 경우가 많다는 대답도 했습니다.

1614년은 대부분 별다른 일 없이 지나갔지만, 12월이 되면 도미니크회 수도사인 토마스 카치니Thomas Caccini가 갈릴레오와 수학을 이용해 자연을 연구하는 일을 비난하는 설교를 하는 바람에 한바탕 소동이 벌어집니다. 카치니는 로마에서 좀 더 중요한 자리를 맡으려고 그런 설교를 했는데, 그런 행동을 누구나 좋게 생각한 것은 아닙니다. 심지어 카치니의 형제조차도 그에게 편지를 써서 갈릴레오를 공격하는 일을 중단하라고 나무랐을 정도였으니까요.

카치니의 설교 내용이 피사에 도착할 즈음에, 피사대학교 교수인 카스텔리의 동료 니콜로 로리니Nicolo Lorini는 갈릴레오가 카스텔리에게 보낸 편지를 읽고 깊은 유감을 표시합니다. 로리니는 갈릴레오의 편지 사본을 들고 피렌체로 돌아가서, 로마에 있는 종교재판소에 보냈습니다. 그 소식을 들은 갈릴레오는 로리니가 편지 내용을 고쳤을지도 모른다는 두려움에 휩싸였습니다. 그래서 갈릴레오는 카스텔리에게서 편지를 돌려받은 뒤에 다시 사본을 한 부 작성해 로마에 있는 성직자 피에로 디니Piero Dini에게 보냅니다. 그 편지를 예수회에 보여주되, 가능하면 벨라르미노 추기경에게 보여주라고 부탁하려고 말입니다. 로리니가 일부만 베껴간 갈릴레오의 편지 사본은 이미 종교재판소 추기경 회의에서 읽혔고, 로마 종교재판소는 피사 대주교에게 편지 원본을 받아 검토할 수 있도록 로마로 보내라고 명령했습니다. 한 신학자는 갈릴레오의 편지에서 문제가 될 만한 내용은 구절 몇 곳과 단어 몇 개뿐으로, 전반적으로는 신학적으로 문제가 될 부분이 없다고 보고했습니다.

1615년이 끝나갈 무렵에 로마를 방문한 갈릴레오는 여러 대중 집회를 열어 코페르니쿠스의 천문학을 설명했습니다. 1616년 초가 되면 갈릴레오는 『조석 현상에 관한 논문Discorso Sul Flusso e Il Reflusso del Mare』을 쓰고, 그 책을 알레산드로 오르시니^{Alessandro Orsini} 추기경에게 보냅니다. 갈릴레이의 이론은 기본적으로 지구가 자전하는 동시에 태양 주위를 공전한다는 내용을 담고 있습니다. 오르시니 추기경은 그 논문을 교황 바오로 5세에게 제출했고, 교황 바오로 5세는 오르시니 추기경에게 갈릴레오가 지구가 움직인다는 주장을 더는 못하게 막으라고 했습니다. 그렇지 않으면 갈릴레오를 종교재판에 회부해 조사하겠다고 말입니다. 벨라르미노 추기경은 교황에게 갈릴레오의 생각을 조사해보는 게 좋겠다고 조언합니다. 교황은 그 생각에 동의했고, 조사관들은 다음과 같은 결론을 내렸습니다.

1. '태양은 세상의 중심으로 운동성은 전혀 없다.'라는 주장에 대한 평가: 주장하는 모든 내용은 철학적으로 보았을 때 바보 같고 터무니없으며, 성서의 견해와 많이 어긋납니다. 성서의 내용에 직접 어긋나는 부분도 많고, 교부와 신학 박사 들의 해석이나 설명과도 어긋나므로 공식적으로는 이단이라고 하겠습니다.

2. '지구는 세계의 중심이 아니며 고정되어 있지도 않다. 사실은 매일 스스로 움직인다.'라는 주장에 대한 평가: 이 주장은 철학적으로 앞선 주장과 같은 평가를 내릴 수 있으며, 신학적 진실성에 대해 평가하자면 적어도 신앙적으로는 틀렸다고 하겠습니다.

조사관들은 조사 결과를 1616년 2월 24일에 열린 종교재판소 추기경 주간 회의 때 낭독했고, 교황 바오로 5세는 벨라르미노 추기경에게 추기경 회의에서 결정한 내용을 갈릴레오에게 알리라고 했습니다. 갈릴레오는 더는 지구가 움직인다고 주장해서도 안 되고 그 주장을 옹호해서도 안 된다는 결정을 말입니다. 갈릴레오가 추기경의 조언을 받아들이지 않는다면, 그때는 종교재판관이 '갈릴레오는 지동설을 믿어서도 옹호해서도 가르쳐서도 안 된다는 명령을 내릴 것이며, 그 명령을 어길 경우 종교재판에 회부할 것'이라고 했습니다. 그런데 갈릴레오는 이 복잡한 지시 내용을 제멋대로 해석하고 제대로 이해하지 않는 실수를 범하고 말았습니다. 두 가지 우주론을 동시에 제시한다면 교황이 지시한 것처럼 지동설을 믿는 것도 아니고 옹호하는 것도 아니며, 또한 지동설을 가르치면 안 된다는 조건은 아직 발효되지 않았으므로 코페르니쿠스의 체계를 가르치는 것은 문제가 없다고 생각한 것입니다.

그러는 동안에도 갈릴레오는 목성의 위성에서 일어나는 식 현상을 기록한 표를 정리했습니다. 경도를 정확하게 측정하는 방법을 찾을 수 있다는 희망을 품고서 말입니다. 갈릴레오는 이미 토스카나에 있는 스페인 대사를 거쳐 그 같은 생각을 스페인 정부에 전달했지만, 그 일은 진척이 없었습니다. 1617년이 되면 갈릴레오는 놀라울 정도로 정확하게 목성의 위성에서 식이 일어나는 시간을 예측할 수 있게 됩니다. 스페인은 갈릴레오가 알아낸 경도 측정법을 끝까지 받아들이지 않았지만, 갈릴레오의 말년에 네덜란드 정부가 그 방법을 채택하고 갈릴레오에게 크게 보상해주었습니다.

갈릴레오는 운동에 관한 논문도 계속해서 작성해 나갔습니다. 그런데 1618년 가을에, 갈릴레오가 한참 연구에 몰두해 있을 때, 혜성이 세 개 나타나자 사람들은 갈릴레오에게 의견을 물어왔습니다. 새로운 별을 설명할 때처럼, 아리스토텔레스 철학은 혜성도 달 아래 영역인 대기권에서 일어나는 현상이라고 설명합니다. 갈릴레오는 1623년에 아주 긴 책인『분석*Il Saggiatore*』을 발표했습니다.『분석』에서 갈릴레오는 과학에서 추론의 역할을 분명하게 밝히고, 자연철학자가 실험하지 않고 내세우는 주장과 과학적 추론이 어떻게 다른지를 설명했습니다. 그리고 자신은 수학을 믿으며, 자연이라는 책은 수학이라는 언어로 쓰여 있다고 했습니다.

린체이학회는『분석』을 출간해도 좋다고 허락해주었습니다.『분석』출간을 준비하는 동안 교황 바오로 5세가 세상을 떠나고 마페오 바르베리니Maffeo Barberini 추기경이 교황 우르바노 8세(Urbano VIII, 재임 기간 1623년 8월 6일~1644년 7월 29일)로 취임했습니다. 우르바노 8세는 피렌체 출신의 지식인으로 갈릴레오와 절친한 사이였으므로 린체이학회는『분석』을 교황에게 헌정했습니다. 1624년에 갈릴레이는 우르바노 8세를 알현했습니다. 우르바노 8세는 확실히 바오로 5세와는 생각이 다른 것 같았습니다. 여섯 차례 교황을 만난 갈릴레오는 조석 현상에 관한 책을 출판할 수 있도록 허락해달라고 요청했습니다. 그는 자신의 이론은 분명히 지구가 움직인다는 사실을 가정하고 있지만, 1616년에 교회가 정한 원칙을 고집스럽게 지키기만 한다면 이탈리아는 더는 과학을 이끄는 선봉장 역할을 할 수 없을 것이라는 말로 교황을 설득했습니다.

갈릴레오는 지구가 움직인다는 주장이 어디까지나 가설이라는 사실만 분명히 하면 조석 현상에 관한 이론을 출판해도 좋다는 허락을 받고 로마를 떠납니다. 교황은 갈릴레오가 출간할 책에는 지구가 움직인다는 사실을 입증하는 어떠한 실험이나 관찰 결과도 담을 수 없다는 조건을 내걸었고, 갈릴레오는 그렇게 하겠다고 대답했습니다. 그리고 6년 동안 갈릴레오는 조석 현상에 관한 책『조석 현상에 관한 대화』를 썼습니다. 집필이 끝나갈 무렵, 로마 교황청은 갈릴레오에게 책 제목을 바꾸라고 명령합니다. 조석 현상이라는 제목은 지구가 움직인다는 인상을 너무 강하게 심어준다는 것이 그 이유였습니다. 그래서 갈릴레오는 책 제목을『두 주요 우주 체계에 관한 대화 Dialogo Sopra i Due Massimi Sistemi del Mondo』라고 바꾸었습니다.

당시에는 대중에게 생각을 전달할 때 대화 형식을 많이 취했습니다. 갈릴레오의『두 주요 우주 체계에 관한 대화』는 처음에는 어떠한 견해에도 치우치지 않는, 제3의 인물을 설득하려는 두 사람이 나누는 논쟁으로 이루어져 있습니다. 등장인물 가운데 코페르니쿠스 체계를 옹호하는 인물은 살비아티인데, 갈릴레오의 친구 필리포 살비아티 Filippo Salviati를 본떠 지은 이름입니다. 아리스토텔레스 체계를 옹호하는 인물은 심플리치오 Simplicio이고, 공평무사한 인물은 사그레도로 조반니 프란체스코 사그레도를 본뜬 이름입니다.

『두 주요 우주 체계에 관한 대화』에서 살비아티와 심플리치오는 나흘 동안 코페르니쿠스 체계와 아리스토텔레스 체계의 장점을 이야기하면서 사그레도를 설득하려고 합니다. 첫째 날에 두 사람은 천상과 지상을 구성하는 기본 원소가 다르다는 아리스토텔레스의 철학을 놓고 논쟁을 벌입니다. 기본 원소에 관한 아리스토텔레스의 주장은 살비아티가 아리스토텔레스의 체계를 비판하는 본질적인 이유입니다. 살비아티는 아리스토텔레스 시대 이후로 새롭게 발견된 증거들이 아리스토텔레스의 주장에 의문을 던지며, 아리스토텔레스의 주장은 입증되지 않은 추론일 뿐이라고 말합니다.

둘째 날에는 지구의 자전에 대해 논쟁합니다. 살비아티는 지구는 자전하지 않는다고 주장하는 아리스토텔레스학파 철학자들의 논거에는 허점이 많다고 하면서, 갈릴레오가 밝힌 운동의 보존과 운동의 상대성을 이용해 코페르니쿠스의 체계를 옹호합니다. 둘째 날에 살비아티는 천문학은 거의 언급하지 않습니다.

셋째 날에 두 사람은 태양 주위를 도는 지구의 운동에 관해 이야기합니다. 살비아티는 갈릴레오의 태양 흑점 연구 결과를 자신이 하는 주장의 주요 근거로 제시합니다. 태양의 흑점은 코페르니쿠스의 우주 모형으로는 제대로 설명할 수 있지만, 지구는 움직이지 않고 태양이 지구 주위를 돈다고 설정하면 설명할 수 없다고 말입니다. 마지막으로 넷째 날에는 조석 현상을 집중적으로 논의합니다. 갈릴레오는 비록 조석 현상을 제대로 설명하지는 못했지만, 지구가 고정되어 있다면 조석 현상 자체를 설명할 수 없다는 사실은 옳게 지적했습니다. 『두 주요 우주 체계에 관한 대화』에서 갈릴레오는 양쪽 주장을 모두 소개하면서, 지구가 움직인다는 주장은 단순한 가설이 아님을 보여주었습니다.

갈릴레오는 『두 주요 우주 체계에 관한 대화』의 출간 허가를 받을 수 없어 고생했습니다. 출간 허가를 받은 직후에는 갈릴레오를 후원하던 린체이학회가 혼란에 빠집니다. 학회를 지원했던 페데리코 체시Federico

Cesi 공이 세상을 떠났기 때문입니다. 갈릴레오의 책은 1632년 3월에 피렌체에서 출간됩니다. 라틴어가 아니라 이탈리아어로 책을 썼다는 건 갈릴레오가 그 책이 널리 읽히기를 바랐다는 증거입니다. 하지만 책을 출간하고 몇 달도 되지 않아 로마 종교재판소는 책을 판매하지 못하게 하고 갈릴레오를 로마에서 열릴 종교재판에 소환합니다. 우르바노 8세는 화가 단단히 났습니다. 심플리치오의 주장에는 로마 교황청의 공식 견해도 담겨 있었기 때문입니다.

로마로 소환됐다는 소식을 들었을 때 갈릴레오는 매우 아팠습니다. 게다가 페스트까지 창궐해서 몇 달이 지나도록 갈릴레오는 로마로 떠날 수가 없었습니다. 갈릴레오는 1633년 2월에야 로마에 도착합니다.

종교재판은 4월 12일에 열렸는데, 갈릴레오에게 붙여진 죄명은 '엄청난 이단 혐의'였습니다. 재판관은 갈릴레오에게 1616년에 누구에게 금지 명령을 받았는지, 금지 명령이 어떤 내용이었는지를 자세하게 대답하라고 했습니다. 갈릴레오는 1616년에 벨라르미노 추기경이 코페르니쿠스의 우주관은 성서에 어긋나니 믿어서도 옹호해서도 안 된다는 명령을 내렸다고 대답했습니다. 하지만 가상의 논쟁을 이용해 두 체계를 논의하는 일은 해도 된다고 생각했다고 했습니다. 그러나 종교재판소는 오직 금지 명령을 어긴 것만을 문제 삼고, 갈릴레오에게 유죄를 선고했습니다.

선고가 내려지기 전에 갈릴레오는 자신이 지나치게 과한 주장을 했으며, 재판소가 자신을 선처해준다면 문제가 되는 부분을 다시 고쳐 쓰겠다고 약속했습니다. '무기징역'이 선고되었을 때 갈릴레오는 당연히 크게 상심했습니다. 하지만 법원에서 나오면서 "그래도 지구는 돈다."라고 말했다는 이야기가 사실이라는 증거는 없습니다. 아주 유명한 이야기이기는 하지만 갈릴레오가 그런 바보 같은 짓을 했을 것 같지는 않습니다.

재판이 끝난 뒤에 여러 사람이 갈릴레오를 위해 나섰고, 결국 종교재판소는 형을 무기징역에서 '가택연금'으로 낮추어 주었습니다. 갈릴레오는 토스카나 대사관에서 잠시 머물다가 피렌체에 있는 저택으로 돌아가서 남은 생을 보냈습니다. 종교재판을 받고 8년이 지난 1642년에 세상을 떠났을 때, 갈릴레오는 일흔일곱 살이었습니다.

1634년에는 갈릴레오가 1600년 무렵에 쓴 책이 프랑스어로 번역되었고, 그다음 해에는 『두 주요 우주 체계에 관한 대화』가 라틴어로 번역되어 유럽 전역의 지식인이 읽을 수 있게 되었습니다. 1636년에는 지식인들이 원고 상태로 돌려 보았던 『크리스티나 대공모에게 보내는 편지La Lettera a Cristina di Lorena, Granduchessa di Toscana』가 이탈리아어와 라틴어 번역본으로 출간됐습니다. 1634년부터 1637년까지 갈릴레오는 마지막 책이자, 아마도 가장 위대한 책일 『두 새로운 과학에 관한 수학적 증명과 논고Discorsi e Dimostrazioni Matematiche Intorno a Due Nuove Scienze』를 집필했습니다. 또다시 대화 형식을 취하여 『두 주요 우주 체계에 관한 대화』에 나오는 등장인물들을 다시 소환한 새 책은 물질의 구조와 운동 법칙을 다룹니다. 이틀 동안 각각 한 가지 주제를 다룬 『두 새로운 과학에 관한 수학적 증명과 논고』 덕분에 사람들은 갈릴레오가 오랫동안 운동에 관한 실험을 해왔음을 알게 되었습니다. 이탈리아에서는 제약이 있었으므로 책은 출판업자 엘제비어Elsevier가 1638년에 네덜란드의 레이던 Leiden에서 처음으로 출간합니다.

갈릴레오의 마지막 책은 뉴턴이 하게 될 많은 연구의 전조 역할을 합니다. 『두 새로운 과학에 관한 수학적 증명과 논고』가 없었다면 뉴턴은 『프린키피아Principia』라는 걸작을 쓰지 못했을지도 모릅니다(그런데 흥미롭게도 뉴턴의 서가 목록에는 갈릴레오의 책이 없었습니다). 『두 새로운 과학에 관한 수학적 증명과 논고』는 운동량, 운동의 상대성, 관성, 낙하하는 물체의 가속도, 발사체의 포물선 운동 같은 운동의 중요 개념을 대략 다룹니다.

1638년에 마지막 책을 출간하고, 눈이 보이지 않아 행동이 자유롭지 못했고 끝까지 은둔 생활을 했던 갈릴레오는 1642년 1월 8일에 피렌체에서 평화롭게 죽었습니다. 우주에 관한 지식과 과학을 연구하는 방법을 영원히 바꾸어 놓고 말입니다.

갈릴레오가 세상을 떠난 바로 그해 말에 한 남자가 태어납니다. 전임자가 구축해놓은 새로운 지식 위에서 출발하게 될 남자, 바로 아이작 뉴턴이 말입니다.

2장

아이작 뉴턴

중력을 최초로 규명해낸

괴팍한 남자

Isaac Newton

갈릴레이가 죽은 1642년에, 그것도 크리스마스에 아이작 뉴턴은 태어났다(적어도 영국에서는 그랬다는 뜻이다. 당시 이탈리아는 새로운 달력 체계인 그레고리력을 채택했다. 따라서 당시 이탈리아와 현대인의 날짜 기준으로 보면 뉴턴은 1643년 1월 4일생이어야 한다). 아주 오랫동안 살아서 오랫동안 과학을 연구했던 뉴턴은 갈릴레오가 이룩한 연구를 기반으로 앞으로 250년간 지속될 핵심 물리학을 구축해 나갔다. 뉴턴은 이 세상에서 누구보다도 먼저 중력이라는 자연의 힘을 설명했으며, 가장 먼저 운동을 완벽하게 이해했다. 그가 발견한 세 가지 운동 법칙은 물체의 운동을 이해하게 해주었다. 그는 또한 빛을 탁월하게 분석했다. 뉴턴의 생각에도 한계가 있다는 사실을 밝히려면 아인슈타인이라는 천재가 태어나야 한다.

링컨셔Lincolnshire 주 울즈소프Woolsthorpe의 장원에서 뉴턴이 태어났을 때, 뉴턴처럼 이름이 아이작이었던 그의 아버지는 죽고 없었습니다. 아주 큰 농가보다는 규모가 살짝 작은 장원에서 아기 뉴턴은 엄마인 해나Hannah와 함께 살았습니다. 뉴턴의 가족은 부유하지는 않았지만 안락하게 생활했습니다. 농장 일은 고용인들이 했고 해나는 아기를 돌보면서 농장을 관리했습니다.

하지만 그런 생활은 오래 지속되지 않았습니다. 뉴턴이 세 살이 되었을 때 해나는 바너버스 스미스Barnabas Smith와 결혼했습니다. 스미스는 울즈소프에서 1.5킬로미터 정도 떨어진 곳에 있던 노스위덤North Witham의 교구목사였습니다. 당시 해나는 서른 살이었고, 스미스 목사는 해나보다 훨씬 많은 예순세 살이었습니다. 스미스 목사의 첫 번째 부인은 6개월 전에 죽었는데, 그때는 부인이 죽으면 서둘러 자신을 돌봐줄 아내를 찾는 것이 남자에게는 당연한 일이었습니다. 당연히 스미스 목사도 시간을 낭비하지 않고 두 번째 아내를 찾아 나섰습니다. 결혼 조건은 해나 대신 해나의 오빠 윌리엄 애시코프William Asycough가 스미스 목사와 상의해서 결정했습니다. 사업 거래 같았던 그 결혼 조건 때문에 해나는 스미스 목사가 사는 노스위덤으로 옮겨 가야 했고 뉴턴은 외가에서 살아야 했습니다.

해나와 스미스 목사는 스미스 목사가 세상을 떠난 해인 1653년까지 8년을 함께 살았습니다. 그리고 두 사람 사이에서는 메리Mary, 벤저민Benjamin, 해나라는 세 아이가 태어났습니다. 억지로 엄마와 떨어져 살아야 했던 일이 어린 뉴턴에게 영향을 미치지 않았을 리 없습니다. 뉴턴이 10대 때 쓴 공책을 보면 이 아이가 의붓아버지는 미워하고 엄마에게는 분노했다는 사실을 알 수 있습니다. 10대 말에 뉴턴이 작성한 자신이 저지른 마흔다섯 개 '죄악' 목록에는 '아버지와 어머니인 스미스 부부에게 집이랑 두 사람을 불태워 버리겠다고 협박한 일'과 '부모님이 죽기를 바라며, 어느 정도는 소망한 일'이라는 내용이 적혀 있습니다.

스미스 목사가 죽었을 때 뉴턴은 열한 살이었습니다. 해나는 스미스 목사와의 사이에서 낳은 세 아이를 데리고 울즈소프의 장원으로 돌아왔습니다. 8년 동안 떨어져 살았던 엄마와 아들은 이미 사이가 멀어졌고, 두 사람은 끝내 가까워지지 않았습니다. 그러니 그다음 해에 뉴턴이 그랜섬 왕립학교Grantham King's School에 가게 됐을 때 해나는 안도의 한숨을 내쉬었을 겁니다. 그랜섬은 집에서 통학할 수 있는 거리가 아니었기 때문입니다. 뉴턴은 약제 상인 클라크Clark 씨 집에서 지내기로 했습니다. 그랜섬 중심가에 있는 클라크 씨의 가게 위층에서 말입니다.

그랜섬 왕립학교는 아주 유명한 교육기관이었습니다. 1520년대에 설립된 그랜섬 왕립학교는 남학생이 입학하는 곳으로 라틴어·그리스어·신학 같은 학문을 엄격하게 가르쳤습니다. 처음에 뉴턴은 공부에는 전혀 관심이 없었습니다. 공부보다는 의붓아버지가 많이 모아둔 책을 읽는 일이 훨씬 더 재미있었습니다. 그런 뉴턴을 교사들은 대부분 무시하고 친구들은 싫어했습니다. 하지만 한 교사가 뉴턴에게 책을 읽으라고 격려해주며 뉴턴의 마음에 과학의 불을 지필 책을 한 권 소개해주었습니다. 바로 존 베이트John Bate의 『자연과 예술의 신비The Mysteries of Nature and Art』였습니다.

1634년에 출간된 『자연과 예술의 신비』에는 뉴턴을 사로잡을 도구와 장비를 만드는 법이 가득했습니다. 뉴턴은 실제로 작동하는 기계 장비를 여러 개 설계해서 만들었고, 그 덕분에 학교에서 유명해졌습니다. 그로부터 70년 뒤에 뉴턴의 전기를 쓴 윌리엄 스터클리William Stukeley는 그랜섬으로 가서 풍차, 연, 해시계, 어두운 겨울 아침에 등굣길을 밝혔던 종이 랜턴 같은, 놀라운 물건을 만든 어린 뉴턴을 기억하는 사람들을 만납니다. 물건을 만들어내는 재능 덕분에 친구들은 뉴턴을 인정합니다. 하지만 그렇다고 해도 뉴턴은 결코 인기가 많은 학생은 아니었고, 학업에도 끝내 열의를 보이지 않았습니다.

그러다가 어느 날, 뉴턴이 태도를 바꿀 일이 생깁니다. 클라크 씨의 의붓아들인 아서 스토러Arthur Storer와 싸움이 붙은 것입니다. 전해오는 이야기에 따르면 어느 날 아침, 학교에 가다가 아서가 뉴턴의 배를 발로 찼다고 합니다. 화가 난 뉴턴은 몸집이 좋은 아서에게 덤벼들었고, 아서로서는 도저히 이길 도리가 없도록 열정적으로 싸워 아서를 눌러버렸다고 합니다. 싸움이 끝난 뒤에 뉴턴은 공부에서도 아서를 이길 거라고 공언하고, 곧바로 반에서 1등이 되어버렸습니다.

하지만 다른 이야기들을 살펴보면, 뉴턴은 그 사건 외에는 클라크 가족과 사이좋게 지냈음이 분명합니다. 클라크 씨는 뉴턴이 자기 일터에 들어올 수 있게 해주었습니다. 그때 처음으로 뉴턴은 화학을 접하고, 그 경험 덕분에 남은 평생 그때는 화학과 아주 밀접한 관련이 있었던 연금술에 몰두하게 됩니다. 놀랍겠지만, 뉴턴은 물리학보다는 연금술을 훨씬 더 많이 연구했습니다. 뉴턴이 연금술을 어느 정도까지 연구했는지는 1800년대가 되어서야 알려졌지만 말입니다. 어쩌면 이 학문의 형성기에 뉴턴은 클라크 씨가 작업하는 모습을 보면서 스스로 묘약을 만드는 실험을 했을 가능성도 있습니다.

그리고 이 시기에 뉴턴은 인생에서 만난 몇 명 되지 않는 여인 가운데 한 명을 만납니다. 뉴턴의 성 정체성은 아주 커다란 베일에 싸여 있습니다. 엄마인 해나와 이복조카인 캐서린 바턴Catherine Barton을 **빼면** 뉴턴이 알고 지낸 여인은 클라크 씨의 의붓딸인 캐서린 스토러Catherine Storer뿐입니다. 케임브리지에 있을 때 뉴턴이 첫 몇 달 동안은 캐서린 스토러에게 편지를 썼고, 뉴턴이 죽은 뒤에 캐서린이 뉴턴은 자신과 결혼하고자 학업을 포기하려 했다고 주장하기는 했지만, 그 주장은 뉴턴의 명성에 기대어 자신을 알리려는 시도일 수도 있습니다.

뉴턴이 좋은 성적을 내자 왕립학교 교장이었던 헨리 스토크스Henry Stokes는 뉴턴을 눈여겨보았습니다. 스토크스 교장은 뉴턴이 아주 영리하므로 대학 교육을 받는 게 좋겠다고 생각했습니다. 하지만 1658년 말에 스토크스 교장이 뉴턴의 엄마에게 아들을 대학에 보내라고 권하자 해나는 아들을 더는 가르치지 않겠다고 대답합니다. 해나는 사람은 읽고 쓸 수만 있으면 된다고 생각했기 때문입니다.

뉴턴은 장원으로 돌아와야 했습니다. 그가 남긴 공책을 보면 그 때문에 아주 불행했음이 분명합니다. 1659년에 뉴턴이 남긴 '죄' 목록에는 '많은 사람을 때림', '엄마에게 짜증을 부림', '여동생을 때림' 같은 내용이 있습니다. 그는 1659년 10월에 자기 집 양이 다른 농장에 손해를 끼쳤다는 이유로 벌금형을 받을 정도로 농사일에는 신경을 쓰지 않았습니다. 그 뒤로 해나는 하인에게 뉴턴이 일을 제대로 하는지 감시하게 했지만, 뉴턴은 그 하인에게 자기가 할 농사일을 시키고 자신은 책을 읽었습니다.

엄마가 지시한 대로 뉴턴은 매주 토요일마다 수확한 농산물을 팔러 하인과 함께 그랜섬 시장으로 갔습니다. 하지만 장사는 하인에게 맡기고 뉴턴 자신은 클라크 씨의 가게로 가서 뒷방에 앉아 즐겁게 책을 읽었습니다. 이런 식으로 오랜 시간 책을 읽으면서 뉴턴은 학교에서 몇 과목 안 되는 공부를 할 때보다 훨씬 폭넓고 깊은 지식을 쌓을 수 있었습니다.

뉴턴 대신 일해야 했던 하인은 당연히 해나에게 불만을 터트렸지만, 그 사이에 클라크 씨는 뉴턴이 공부하고 싶어 한다는 이야기를 스토크스 교장에게 전했습니다. 스토크스 교장은 다시 한 번 뉴턴에게 공부를 시키라고 해나를 설득했고, 이번에는 해나도 허락했습니다. 아마도 그 이유는 스토크스 교장이 그랜섬이 아닌 타지에서 온 학생이 내야 하는 등록비 40실링(2파운드)을 면제해주었기 때문일 것입니다. 더구나 해나의 오빠 윌리엄도 해나를 설득했습니다. 윌리엄도 스토크스 교장처럼 케임브리지를 졸업했습니다. 뉴턴은 1660년 가을에 왕립학교로 돌아와 대학에 진학할 준비를 합니다.

뉴턴이 케임브리지로 출발했던 1661년에는 '자연철학'을 연구하는 사람이 많았습니다. 갈릴레오 덕분에 그 무렵 사람들은 오늘날 과학자처럼 이론과 실험과 추론을 근거로 과학을 연구하게 되었습니다. 뉴턴은 분명히 갈릴레오에게 영향을 받았을 뿐 아니라 르네 데카르트, 로버트 보일Robert Boyle, 프랜시스 베이컨의 영향도 함께 받았습니다.

1660년대에 케임브리지는 학문적으로는 퇴보하고, 치안은 위험한 장소였습니다. 케임브리지의 인구는 8000명이었는데, 그 가운데 3000명이 케임브리지대학교 학생·졸업생·직원이었습니다. 밤이 되면 매춘부·거지·강도·살인자가 거리를 메웠습니다. 하지만 뉴턴에게 케임브리지는 천국이었습니다. 1661년 6월 초에 뉴턴은 울즈소프를 떠나 생애 최고 모험 길에 나섰습니다. 뉴턴의 초기 전기 작가 윌리엄 스터클리에 따르면 뉴턴이 떠나는 날 장원의 하인들은 환호하며 "떠나는 뉴턴을 축하하면서, 뉴턴은 '대학' 외에는 그 어떤 곳에도 적합하지 않은 사람이라고 선언했다."라고 합니다.

뉴턴의 엄마는 뉴턴이 편하게 지내게 해주지는 않았습니다. 해나가 뉴턴의 등록금은 내주었지만, 뉴턴은 트리니티칼리지Trinity College에 '반½근로 장학생'으로 등록해야 했고, 한 달 뒤에는 '근로 장학생sizar'이 되어야 했습니다. 근로 장학생은 학비를 내지 않는 대신에 신분이 높은 사람의 개인 하인 역할을 하면서 침대를 정리하거나 방을 치우는 것 같은 자잘한 노동을 해야 합니다.

뉴턴 시대에는 케임브리지의 학위 제도가 지금과는 아주 달랐습니다. '문학사' 학위를 받으려면 최소한 12학기(4년) 동안 대학에 거주하면서 학부 교수들이 하는 공개 강의에 모두 참석해야 했습니다. 실제로 학부 과정은 단 하나뿐이었습니다. 1학년은 수사학을 공부해야 합니다. 말 그대로 수사학은 유창하게 말하는 기술을 배우는 과목이지만 전통적으로 역사, 지리학, 예술, 신학, 문학을 함께 다룹니다. 1학년 말이 되면 학생들은 라틴어, 그리스어, 히브리어를 유창하게 구사할 수 있습니다.

1학년 때 뉴턴은 거의 눈에 띄지 않는 존재였습니다. 뉴턴의 담당 교수는 흠정欽定 강좌 그리스어 교수인 벤저민 풀레인Benjamin Pulleyn이었습니다. 풀레인 교수는 '학생 장사'를 하는 사람이라는 평판을 얻을 정도로 돈을 벌려고 추가로 더 많은 학생을 받아 지도하는 사람이었습니다. 뉴턴은 그런 풀레인 교수의 지도를 받는 학부생 쉰 명 가운데 한 명이었습니다. 케임브리지에 도착하고 몇 주쯤 지났을 때 뉴턴은 학우들과 교류를 끊었고, 케임브리지에서의 첫 1년을 사실상 혼자서 보냈습니다. 그래서인지 이 무렵의 뉴턴에 관한 일화는 단 한 편도 전해지지 않습니다. 알려진 것은 단지 하나, 뉴턴이 같은 방을 쓰는 학생을 아주 싫어했다는 것뿐입니다. 뉴턴은 룸메이트가 너무 싫어서 '자기 것을 아끼려고' 프랜시스 윌포드Francis Wilford의 수건을 쓰고, 윌포드의 욕을 하고 다녔다고 고백했습니다.

대부분 영국국교회 신자였던 케임브리지에서 청교도였다는 사실도 뉴턴이 사람들과 어울리지 못하게 했습니다. 청교도 교리는 뉴턴이 살아가는 데 분명한 안내자 역할을 해주었지만, 타협하지 않는 독실한 신앙심은 뉴턴의 인기에는 전혀 도움이 되지 않았습니다. 물론 그 밖에도 친구들이 뉴턴을 싫어할 이유는 또 있었습니다. 대학교 1학년 때 뉴턴은 대금업을 시작했는데, 2학년 말이 되면 제법 성공한 대금업자가 됩니다. 그는 졸업할 때까지 열정적으로 채무자들을 쫓아다녔고, 생애 말년에 조폐국장이 된 뒤에도 같은 열정으로 돈을 좇는 데 몰두합니다.

2학년이 된 뉴턴은 존 위킨스John Wickins와 함께 방을 썼습니다. 1663년 초에 케임브리지에 입학한 위킨스는 맨체스터문법학교(Manchester Grammar School, 문법학교는 과거 영국의 중등 교육기관이다–옮긴이) 교장의 아들이었습니다. 그 뒤 두 사람은 20년을 함께 살았고, 훗날 위킨스는 뉴턴의 조수 역할을 합니다. 두 사람은 뉴턴이 교수가 되어 케임브리지를 떠나기 전까지 한집에서 살았지만, 두 사람이 어떤 관계였는지는 정확하게 알려지지 않았습니다. 1683년에 헤어진 두 사람은 그 뒤 다시는 만나지 않았습니다. 두 사람이 주고받은 편지에 담긴 감정을 분석하여 두 사람은 연인이었다는 결론을 내린 역사학자도 있습니다.

1학년 때 뉴턴은 성실하게 수업에 참석했지만, 아리스토텔레스에 대해서는 의문을 품기 시작합니다. 그리고 2학년이 된 1663년 초에는 엄청난 변화를 겪습니다. 강의를 듣던 도중에 뉴턴은 갑자기 필기를 멈춥니다. 그리고 공책을 몇십 장 넘겨 새로 '철학에서 몇 가지 문제 Quaestiones Quaedam Philosophicae'라고 제목을 단 뒤에 이렇게 적습니다. '나는 플라톤의 친구다. 나는 아리스토텔레스의 친구다. 하지만 가장 친한 친구는 진리다. Amicus Plato, amicus Aristotle magis amica veritas'

뉴턴은 공책에 '자석의 끌림', '태양과 행성과 혜성에 관하여', '무거움과 가벼움에 관하여'와 같은 자연의 본질에 관한 의문을 마흔다섯 가지 적습니다. 공책에는 제목만 적어두고 아무것도 적지 않은 문제도 있지만, 한두 단락이나 그보다 훨씬 길게 자기 생각을 적어둔 문제도 있습니다. 뉴턴은 일단 적어둔 문제에 대해 자연철학자가 제시한 답을 적고, 그들의 주장이 옳은지를 분석했습니다. 예를 들어 '무거움과 가벼움에 대하여'라는 제목 밑에는 다음과 같이 적었습니다.

열기나 냉기, 팽창이나 수축, 두드리기나 가루내기, 장소나 위치한 높이를 바꾸거나 뜨거운 혹은 무거운 물체를 올리는 행위, 자석 밑에 두는 행위 등이 물체의 무게를 바꾸는지, 납이나 납 가루가 넓게 퍼지는지, 평평한 접시와 모서리가 위로 올라간 접시 가운데 어느 쪽이 더 무거운지를 알아내려고 노력했다.

뉴턴은 기존 지식에 의문을 제기하는 새로운 과학 태도를 견지했습니다. 그는 트리니티칼리지 도서관에서 찾아낸 많은 자연철학 책을 읽었습니다. 얄궂게도 갈릴레오의 위대한 두 책은 트리니티칼리지에서는 금서여서 도서관에 없었습니다. 하지만 뉴턴은 그랜섬에서 그 두 책을 읽었는지도 모릅니다.

1664년 여름에 뉴턴은 빛의 특성을 밝히는 실험을 합니다. 매년 9월에 열리는 스타워브리지Stourbridge 시장에서 유리로 만든 프리즘을 사왔기 때문입니다. 그 무렵에 사람들은 대부분 '빛은 투명한 에테르가 시신경을 누르는 압력'이라고 주장한 데카르트의 빛 이론을 받아들이고 있었습니다. 하지만 뉴턴은 빛을 미립자라고 생각했습니다. 빛을 입자의 흐름이라고 생각했을 때 빛의 반사나 굴절(한 매질에서 다른 매질로 들어갈 때 빛이 꺾이는 현상) 혹은 렌즈에 의한 상의 일그러짐 등을 더 잘 설명할 수 있다고 생각했기 때문입니다.

뉴턴이 1672년에 왕립학회Royal Society 회장 헨리 올덴버그(Henry Oldenburg, 1619~1677년)에게 보낸 편지에는 그가 초기에 했던 프리즘 실험 이야기가 나옵니다.

저는 간신히 유리로 만든 삼각기둥 프리즘을 구해서, 아주 유명한 색채 현상을 실험해보았습니다. 제 방을 아주 어둡게 하고 창문 덮개에 아주 작은 구멍을 냈습니다. 그런 식으로 햇빛이 알맞은 양만큼만 방에 들어오게 한 다음에 프리즘을 빛이 들어오는 곳에 놓았습니다. 프리즘을 통과한 빛이 반대편 벽으로 굴절할 수 있게 말입니다. 처음에는 아주 흥미진진한 오락을 보는 것 같았습니다. 프리즘을 통과한 빛은 선명하고 강렬한 색을 만들어냈습니다.……

이 프리즘으로 뉴턴은 빛은 다양한 색으로 이루어졌음을 밝힐 수 있었습니다. 현재 가시광선의 스펙트럼이라고 부르는 빛의 다양한 색으로 말입니다. 가시광선의 스펙트럼은, 뉴턴이 정의한 것처럼, 빨간색부터 보라색까지입니다. 뉴턴은 사물이 저마다 다른 색을 띠는 이유도 올바로 추론했습니다. 뉴턴은 이렇게 썼습니다.

사물의 빨간색이나 노란색은 빠르게 움직이는 광선의 방해 없이 천천히 움직이는 광선이 물체에 멈추므로 나타나며, 천천히 움직이는 광선이 아니라 빠르게 움직이는 광선이 줄어들면 파란색·초록색·보라색이 된다.

뉴턴은 빨간색 빛은 '천천히 움직이는 광선'이고, 파란색 빛은 '빨리 움직이는 광선'이라고 했습니다. 현대인이라면 빨간색 물체가 빨간 이유는 백색 광선에서 빨간색 부분은 반사하고 나머지 부분은 흡수하기 때문이라고 설명할 것입니다. 파란색 물체는 파란색 부분은 반사하고 나머지 부분은 흡수한다고 설명하고 말입니다.

1664년 여름과 가을 내내 뉴턴은 계속 실험했습니다. 너무나도 연구에 열중해서 하마터면 시력을 잃을 뻔한 적도 있습니다. 태양에서 색을 띤 고리와 흑점을 눈으로 직접 보려고 태양을 똑바로 쳐다보았기 때문입니다. 그로부터 25년도 더 지난 뒤에 철학자 존 로크(John Locke, 1632~1704년)에게 보낸 편지에서 뉴턴은 그 실험 때문에 사흘 정도 앞을 보지 못했고, 시력을 회복하려고 창문 셔터를 모두 내리고 침실에 틀어박혀 있어야 했다고 썼습니다.

두 번째 실험은 훨씬 더 어처구니없습니다. 압력이 안구 뒤쪽에 미치는 영향력을 알아보고자 뉴턴은 돗바늘을 눈과 눈구멍(안와) 사이에 끼워 넣어 되도록 깊숙이 밀어 넣은 다음에 시력이 어떻게 변하는지를 보려고 돗바늘을 이리저리 돌렸습니다. 그러니까 영원히 시력을 잃어서 과학자가 되기도 전에 그 꿈을 접어야 했을지도 모를 일들을 벌인 것입니다.

그리고 이 무렵에 뉴턴은 혼자서 수학을 공부하기 시작합니다. 그때까지 뉴턴은 간단한 산술과 기하학 외에는 수학을 알지 못했습니다. 1664년 여름이 끝난 무렵에 뉴턴은 그 시대에 가장 복잡한 수학적 사고를 알게 됩니다. 존 월리스(John Wallis, 1616~1703년)의 『무한소산술 *Arithmetica Infinitorium*』(1655년 출간)과 데카르트의 『기하학*Geometry*』을 읽었기 때문입니다.

뉴턴은 3학년 말에 4학년에 진학하려면 반드시 통과해야 하는 구술시험에서 거의 떨어질 뻔합니다. 뉴턴은 열심히 공부했지만 구술시험은 대부분 학과 과정 밖에서 출제됐습니다. 뉴턴의 지도교수는 뉴턴을 초대 루커스 석좌교수Lucasian professor인 아이작 배로(Issac Barrow, 1630~1677년)에게 보내 시험을 보게 했습니다. 뉴턴은 유클리드 기하학을 거의 공부하지 않았는데, 배로는 그때 막 유클리드에 관한 책을 썼기 때문에 뉴턴에게 유클리드의 기하학에 관한 질문만 했습니다. 당연히 뉴턴은 시험 교수의 질문에 제대로 대답하지 못했습니다. 하지만 배로 교수는 뉴턴의 잠재력을 알아보고, 시험에 통과시켜 주었습니다. 자신에게 부족한 부분이 있음을 절실하게 느낀 뉴턴은 유클리드 기하학을 철저하게 파헤치겠다고 다짐합니다. 그 결과 배로 교수가 쓴 『유클리드 기하학 주석Euclidis Elementorum』은 뉴턴의 서재에 있는 책 가운데 책 모퉁이를 가장 많이 접은 책이 됩니다.

뉴턴은 1665년 봄에 치를 '문학사' 시험은 제대로 준비하지 못했습니다. 그 때문에 스물두 살이 된 뉴턴은 그다지 인상적이지 못한 성적인 2등급 학위를 받으며 대학을 졸업합니다. 그리고 그 무렵에 영국에서는 수천 명의 생명을 앗아갈 페스트가 발병합니다. 케임브리지는 런던보다는 안전한 곳이었지만 대학 당국은 혹시 모를 위험에 대비해 학생과 직원을 모두 집으로 돌려보냈습니다. 뉴턴은 6월 말에, 케임브리지를 떠나 거의 2년 만에 울즈소프로 돌아갔습니다.

울즈소프에서 2년 동안 쉬면서 뉴턴이 위대한 발견을 모두 했다는 전설이 전해져 오는데, 그건 과장된 이야기입니다. 뉴턴 자신이 울즈소프에서 사과가 떨어지는 모습을 보고 중력을 생각하게 되었다고 말은 했지만, 뉴턴의 머리 위로 떨어진 사과는 분명히 없었습니다. 이 무렵에 쓴 일기장을 보면 그 시기에 뉴턴은 아직 '만유인력universal gravitation'

이라는 개념을 구체적으로 정립하지 못했음을 알 수 있습니다. 하지만 집에 있는 2년 동안 뉴턴이 중요한 연구를 아주 많이 했음은 분명한 사실입니다.

'만유인력'이라는 개념을 채택하려면 뉴턴은 새로운 수학을 만들어 내야 했습니다. 데카르트의 『기하학』을 읽은 뉴턴은 곡선에 기울기를 적용하는, 실제로는 곡선 위에 있는 한 점에서의 경사각을 적용하는 방법은 이미 알았습니다. 그 문제는 뉴턴이 학부생이었을 때 배로 교수가 연구하던 주제이기도 했습니다. 조용하고 한적한 시골에서 뉴턴은 곡선의 기울기 문제를 연구하여 오늘날 '미분differentiation'이라고 부르는 수학을 발명했습니다.

자신이 발명한 미분을 이용해 뉴턴은 줄에 매단 공을 돌릴 때처럼 원운동을 하는 물체가 받는 힘을 계산할 수 있었습니다. 뉴턴은 그 힘이 원의 반지름을 제곱하여 구하는 원주율의 크기와 관계가 있음을 알았습니다. 뉴턴은 이 문제를 태양 주위를 도는 행성의 궤도를 구하는 문제에 적용했고, '태양에서 멀어지려는 행성의 운동은 태양과 행성 간 거리의 제곱에 반비례한다.'라는 결론을 내렸습니다. 이 무렵에 뉴턴이 남긴 양피지 조각에는 행성의 원운동을 계산한 흔적이 남아 있긴 하지만, 원심력centrifugal force이 태양과 각각의 행성 사이에서 작용하는 인력(중력)하고 균형을 이룬다는 생각을 하게 된 것은 좀 더 시간이 흐른 뒤의 일입니다.

1667년 초에 케임브리지 대학교는 다시 수업을 시작했습니다. 뉴턴은 3월에 케임브리지로 돌아와서, 미래를 위해 석사 학위를 따고 특별

연구원 장학금을 받으려고 노력했습니다. 연구원 장학금을 받으려면 연구원 자리도 비어 있어야 하지만, 연구원 자리를 줄 수 있는 영향력 있는 사람들과 친분을 쌓는 일도 아주 중요했습니다. 연구원 장학금을 받지 못한다면, 뉴턴은 학업을 중지할 수밖에 없었습니다. 1667년에 새로 들어갈 수 있는 연구원 자리는 예순 개 교육기관 전체를 통틀어 아홉 개뿐이었습니다.

뉴턴은 9월 말에 치러지는 연구원 장학금 시험에 합격하려고 열심히 노력했습니다. 연구원 시험은 논문을 제출한 뒤에 사흘 동안 구술시험으로 치렀고, 결과는 10월 1일 아침 여덟 시에 종소리를 듣고 모인 지원자들 앞에서 발표했습니다. 뉴턴은 시험에 합격해서 평생 종사할 직업을 얻고 틈이 날 때마다 연구해도 되는 기회를 얻었습니다. 특별연구원은 많은 돈은 아니지만 그래도 1년에 2파운드라는 수당을 받았고, 대학에서 기거할 방을 무료로 제공받았습니다. 1668년 봄에 뉴턴은 석사학위를 받았고, 수당은 2파운드 13실링 4페니로 올랐습니다(약 2.7파운드 정도 됩니다). 그 무렵부터 뉴턴은 타고난 성격에 맞지 않게 사교 활동도 시작했습니다. 술집에도 가고 볼링도 치러 가고 카드놀이도 하면서 금욕적인 삶에 조금은 자유를 주었습니다.

하지만 그런 삶이 오래갈 수는 없었습니다. 뉴턴은 곧 전임으로 근무해야 했고, 아이작 배로와는 함께 연구하는 사이로 발전했습니다. 배로 교수는 열일곱 살이었던 1647년에 트리니티칼리지에 입학했습니다. 의심할 여지없이 배로 교수는 아주 뛰어난 수학자이지만 대학 당국과 끊임없이 부딪쳤습니다. 거침없이 의견을 밝히고 정치적이었던 배로 교수는 학생들에게는 인기가 있지만 대학 당국은 좋아하지 않았습니다.

뉴턴이 연구원이 되고 얼마 되지 않아, 배로 교수는 자신의 옛 제자가 엄청난 발견을 했다는 사실을 알았습니다. 그리고 뉴턴이 그 사실을 발표하지 않으려고 한다는 것을 알고, 어떻게 해서든 발견한 내용을 발표하도록 뉴턴을 설득하려고 했습니다. 뉴턴은 다른 사람이 자기 생각을 훔쳐갈지도 모른다는 걱정에 계속 비밀을 유지하면서, 믿는 사람들에게만 자신이 발견한 내용을 알려주었습니다.

하지만 배로 교수는 과학계는 소통이 필요하다는 사실을 알고 있었으므로 계속해서 뉴턴이 책을 써서 출간하도록 설득했습니다. 그리고 기회는 1668년에 왔습니다. 배로 교수는 17세기 덴마크 수학자 니콜라스 메르카토르(Nicholas Mercator, 1620~1687년, 16세기 네덜란드 지리학자인 메르카토르와는 다른 사람이다-옮긴이)가 쓴 대수 책을 읽고, 뉴턴은 그보다 훨씬 더 많은 내용을 안다는 사실을 깨달았습니다. 결국, 뉴턴은 배로 교수의 설득을 받아들여 자신이 연구한 내용을 간단하게 정리한 소책자를 발간했습니다. 소책자 제목은 「무한급수에 의한 해석학 *De Analysi per Aequationes Infinitas*」이었습니다. 하지만 정식으로 책을 출간해야 한다는 의견은 받아들이지 않습니다. 결국, 책은 1711년에야 비로소 세상에 나옵니다.

배로 교수는 1669년에 루커스 석좌硯座교수 직에서 물러나면서 자신의 후임으로 뉴턴을 추천합니다. 그리고 그해 10월 29일에 뉴턴은 불과 스물일곱 살의 나이로 2대 루커스 석좌교수가 됩니다. 대학교 신입생이

8년 만에 교수가 된 것입니다. 뉴턴은 1696년에 대학에서 은퇴하는데, 그때는 세상에서 가장 유명한 과학자가 되어 있었습니다. 뉴턴의 업적이 놀라운 것은 무엇보다도 그 모든 업적을 연금술을 열심히 연구하다가 짬을 낸 여가에 해냈다는 점입니다.

클라크 씨의 서재에서 연금술에 관한 책을 읽은 뒤로 뉴턴은 연금술에 사로잡혔습니다. 과학혁명을 설계하고 이끈 중요한 과학자가 연금술에 빠져 있었다는 건 놀라운 일이지만, 사실 원자를 기반으로 하는 화학이 탄생하기 전까지는 화학과 연금술은 거의 다르지 않았습니다.

하지만 뉴턴이 살던 시대에도 연금술을 '실험'하는 것은 불법이었습니다. 영국 의회는 1404년에 은과 금을 만드는 행위는 불법이라고 규정하는 법을 제정했고, 그 법은 1689년까지도 폐지되지 않았습니다. 따라서 뉴턴은 아무도 모르게 연금술을 실험해야 했습니다. 연금술에 관해 아주 많은 기록을 남겼고, 그가 죽었을 때 서재에는 물리학책보다 연금술책이 훨씬 더 많았지만 말입니다(뉴턴에게 연금술책은 심지어 신학책보다도 많았습니다). 뉴턴이 연금술 공책을 쓰기 시작한 것은 1669년이지만 연금술에 관한 그의 글은 1800년대 중반이 되어서야 세상에 드러납니다.

뉴턴은 강박적이고 기이한 인물이고 연금술은 신비롭고 복잡합니다. 뉴턴이 그토록 오랜 시간을 연금술 연구에 몰두할 수 있었던 이유는 자연을 모두 이해하고 통합하고 싶다는 열정을 품고 있었기 때문인지도 모릅니다. 더구나 연금술은 연금술을 행하는 사람의 영혼이 순수할 때에만 성공할 수 있다고 믿는 연금술사가 많았다는 것도 허영심 많은 뉴턴에게는 매력적으로 느껴졌을 것입니다.

종교적으로 뉴턴은 아리우스주의Arianism라고 하는 독특한 신앙을 믿었습니다. 아리우스주의는 정통 기독교 신앙에서 인정하는 삼위일체설을 부인하고 예수 그리스도는 신이 제일 먼저 창조한 피조물이라고 주장합니다. 1670년대에 뉴턴은 세상에 잘 알려지지 않은 신학 문서를 연구했습니다. 역시나 강박적으로 말입니다. 그가 했던 엄청난 양의 신학 연구는 뉴턴이 죽은 뒤에 『요한 계시록과 다니엘의 예언에 대한 논평 *Observations upon the Prophecies of Daniel and the Apocalypse of St. John*』이라는 잡다한 생각이 마구 뒤섞인 책으로 출간됩니다.

루커스 석좌교수가 된 뉴턴은 1670년 1월에 첫 강의를 하는데, 강의 주제는 광학이었습니다. 강의실에는 학생은 얼마 없고 수학자가 잔뜩 와 있었습니다. 아마도 그 이유는 뉴턴이 강의를 굉장히 어렵게 하리라는 소문이 났기 때문일 겁니다. 두 번째 강의 때는 강의실에 한 명도 나타나지 않았습니다. 결국, 케임브리지에 있는 동안 뉴턴은 대부분 텅 빈 강의실에서 강의해야 했습니다. 뉴턴의 실험실 조교가 다음과 같이 적은 것처럼 말입니다.

교수님의 강의를 들으러 오는 사람은 거의 없고, 그 강의를 이해하는 사람은 더 없었다. 그래서 교수님은 어느 정도는 청중이 희망히는 대로 벽을 보면서 강의 내용을 읽어주시기도 했다.

뉴턴에게는 강의를 듣는 사람이 거의 없다는 점은 전혀 문제가 되지 않았습니다. 강의를 불편하게 생각했던 뉴턴에게 학생이 오지 않는 건 오히려 좋은 일이었습니다. 결국, 뉴턴은 수업 시간을 15분으로 단축해버렸습니다. 석좌교수로서 뉴턴은 1년에 열 개의 강좌를 진행해야 했지만, 그렇게 많이 강의한 적은 없었고, 곧 모든 강의를 한 학기에 몰아서 해버렸습니다. 27년 동안 교수 생활을 하면서 지도교수가 되어 학생을 지도한 경우는 딱 세 번뿐이었습니다. 뉴턴의 지도를 받은 학생은 세인트 레저 스크루프Saint Leger Scroope, 조지 마컴George Markham, 윌리엄 샤크에버럴William Sacheverell인데, 세 사람 모두 학문적으로 어떠한 업적도 이루지 못했고, 어떤 사람인지도 거의 알려진 것이 없습니다.

교수가 되고 뉴턴이 제일 먼저 걱정한 일은 언제 다시 광학 연구를 할 수 있을지였습니다. 1664년부터 1665년까지 뉴턴은 백색 광선이 무지갯빛 광선으로 이루어졌음을 알아냈고, 물체의 색은 물체가 빛을 반사하는 방식이 결정한다고 추론했습니다. 1669년에 다시 광학 연구를 시작했을 때 뉴턴은 자신의 '색채 이론'이 옳음을 보여주려고 스스로 '중요한 실험experimentum crucis'이라고 부른 실험을 고안했습니다.

1664년에 뉴턴은 백색광은 여러 색의 빛으로 나누어진다는 것을 입증하는 실험을 함으로써, 그 이전까지 널리 받아들여졌던 '빛은 유리를 통과하는 동안 바뀐다.'라는 기존 '빛 이론'이 틀렸음을 보여주었습니다. 뉴턴은 백색광이 나누어지는 이유는 유리를 통과할 때 파란빛이 빨간빛보다 더 많이 꺾이기 때문이라고 생각했습니다.

이 생각을 검증하려고 뉴턴은 첫 번째 프리즘을 통과한 파란빛을 두 번째 프리즘에 통과시키는 실험을 했습니다. 그리고 파란빛을 두 번째 프리즘에 통과시키면 파란빛만 나온다는 사실을 확인했습니다. 두 번째 프리즘을 통과한 파란빛은 더는 갈라지지 않았습니다. 뉴턴은 다시 한 번 같은 실험을 했는데, 이번에는 파란빛이 아니라 빨간빛을 두 번째 프리즘에 통과시켰습니다. 이번에도 두 번째 프리즘에서는 빨간빛만 나왔습니다. 그런데 빨간빛은 파란빛보다 굴절되는 정도가 눈에 보일 정도로 작았습니다. 뉴턴의 생각이 옳았던 것입니다.

하지만 그에 만족하지 않고 뉴턴은 한 걸음 더 나아갔습니다. 이번에는 두 번째 프리즘 대신에 렌즈를 설치하고, 첫 번째 프리즘에서 나온 빛의 스펙트럼을 한데 모았습니다. 그러자 렌즈를 통과한 빛들은 다시 백색광이 되었습니다. 렌즈는 빛의 색을 나누는 프리즘과 달리 빛의 스펙트럼을 모으는 역할을 합니다. 마지막으로 뉴턴은 렌즈와 스크린 사이에 백색광이 통과되도록 톱니바퀴를 하나 놓고 천천히 바퀴를 돌리면서 렌즈를 통과한 빛이 스크린에 닿기 전에 몇 가지 색의 빛을 막아 보았습니다. 그러자 톱니바퀴를 통과해 스크린에 닿은 빛은 백색광이 아니었습니다(그런데 당시 뉴턴이 사용한 장비는 조악해서 그 같은 실험 결과가 나올 수 없었다고 주장하는 사람들도 있습니다. 뉴턴은 그저 자신이 기대하는 결과를 적었을 뿐이라고 말입니다. 하지만 어쨌거나 뉴턴은 옳았고, 역사는 옳은 사람에게는 친절한 법입니다).

과학계는 뉴턴이 진행한 실험을 1671년 12월이 되어서야 알게 되는데, 그것도 뉴턴이 자기가 새로 만든 반사망원경을 왕립학회에 보여주어야 했으므로 알게 된 것입니다. 렌즈로만 만드는 굴절망원경과 달리 반사망원경은 거울을 사용합니다. 뉴턴은 스코틀랜드 천문학자 제임스

그레고리(James Gregory, 1638~1675년)가 반사망원경을 만드는 데 실패했다는 글을 읽고 그레고리와는 처음부터 전혀 다른 방법으로 반사망원경을 만들기 시작했습니다. 뉴턴이 만든 반사망원경은 길이는 15센티미터에 불과했지만 배율은 40배 정도로, 몸통 길이가 1.8미터에 달하는 굴절망원경보다 성능이 더 좋았습니다. 배로 교수는 뉴턴에게 왕립학회에 반사망원경을 발명한 사실을 알려야 한다고 했고, 뉴턴은 마지못해 승낙했습니다.

배로 교수는 기능이 뛰어나고 아름답기까지 한 뉴턴의 반사망원경을 런던에 있는 왕립학회 회원들에게 보여주었습니다. 뒤에 초대 왕실천문학자Astronomer Royal가 되는 존 플램스티드(John Flamsteed, 1646~1719년)는 반사망원경의 깔끔한 힘에 매혹되고 말았습니다. 세인트폴대성당을 세운 건축가로 유명하지만 뛰어난 천문학자이기도 했던 크리스토퍼 렌(Christopher Wren, 1632~1723년), 로버트 머리Robert Moray, 폴 닐Paul Neile 경이 반사망원경을 화이트홀(Whitehall, 런던 관청가)로 가져가 영국 국왕 찰스 2세Charles II에게 보여주었습니다. 왕립학회 회장 헨리 올덴버그는 1672년 1월 초에 뉴턴에게 쓴 편지에서 뉴턴이 만든 반사망원경을 "광학 이론을 잘 알고 실험에 능통한 이곳 사람들이 점검해보았는데, 그 사람들이 망원경에 엄청난 찬사를 보냈소."라고 했습니다.

몇 주 뒤에 올덴버그는 또다시 편지를 보냈는데, 이번에는 뉴턴이 왕립학회 회원으로 뽑혔다는 소식을 전하기 위해서였습니다. 편지를 받은 뉴턴은 정말로 기뻤습니다. 답장에서 먼저 왕립학회 회원들에게 감사를 전한 뉴턴은 곧바로 자기 광학 이론을 설명했습니다. 1672년 2월 초에 뉴턴은 올덴버그에게 빛 이론을 자세하게 적은 편지를 보내는데, 이 편지는 뉴턴의 「빛과 색채 이론에 관한 서신Theory of Light and Colours」이라고 알려졌습니다. 왕립학회 회원들은 뉴턴이 보낸 편지를 2월 8일에 읽었고, 며칠 뒤에 올덴버그는 왕립학회 회원들이 뉴턴의 이론을 열렬하게 받아들였다고 적은 답장을 보냈습니다.

학회 회원이 제출한 이론을 점검하는 일도 왕립학회에서 해야 하는 역할입니다. 뉴턴의 실험을 재현할 책임은 왕립학회 실험책임자 로버트 훅(Robert Hooke, 1635~1703년)이 맡았습니다. 훅은 1662년에 왕립학회 실험책임자가 되었습니다. 크라이스트처치칼리지Christ Church college와 옥스퍼드대학교에서 공부한 훅은 1663년에 석사 학위를 받았습니다. 훅이 뉴턴의 연구를 검증하는 책임을 진 뒤로 몇 주 지나지 않아 훅과 뉴턴은 사이가 나빠졌고, 두 사람의 관계는 그 뒤 12개월도 안되어 뉴턴이 왕립학회를 탈퇴하려고 했을 정도로 악화했습니다.

뉴턴과 달리 훅은 다방면에 관심이 많았습니다. 1665년에 훅은 현미경 사용법을 설명하고 현미경으로 볼 수 있는 세계를 설명한 위대한 역작 『미크로그라피아Micrographia』를 발표했습니다. 『미크로그라피아』에는 세계 최초로 그린 식물 세포 그림이 실려 있고, 빛에 관한 이론도 실려 있습니다('세포cell'는 훅이 만든 용어로 '방'이라는 뜻입니다. 쭉 늘어서 있는 세포가 마치 수도원에서 생활하는 수사들의 방처럼 생겼다고 해서 그런 이름을 붙였습니다). 뉴턴도 분명히 『미크로그라피아』를 읽었을 테고, 아마도 좋아했을 겁니다. 그런데도 두 사람은 1703년에 훅이 죽을 때까지 서로 아주 싫어했습니다.

　뉴턴이 훅에게 보낸 편지에 인용해 적은 글은 아주 유명하고, 또한 지금까지도 오해를 많이 받고 있습니다. 바로 '내가 멀리 볼 수 있는 건 거인들 어깨에 올라가 있기 때문이다.'라는 글 말입니다. 뉴턴이 1676년에 쓴 편지에 적힌 이 글은 영국 고전학자 로버트 버턴(Robert Burton, 1577~1640년)의 『우울의 해부*Anatomy of Melancholy*』에서 발췌한 글일 텐데, 지금까지 그 문장은 뉴턴이 자신을 겸손하게 표현한 말이라고, 다시 말해서 자신이 성취한 업적은 다른 사람들의 업적이 있었으므로 할 수 있었던 것이라고 말한 것으로 받아들여지고 있습니다. 하지만 이런 글을 인용한 주요 목적은 거의 의심할 여지가 없이 몸집이 작고 곱사등이었던 훅을 놀리려는 것이 분명합니다.

　두 사람의 사이가 나빠진 이유는 로버트 훅이 올덴버그가 보여준 빛과 색에 관한 뉴턴의 편지에 답하면서 "고백하건대, (뉴턴의 이론이) 확실하다고 믿을 만한 어떠한 분명한 근거도 찾을 수가 없었습니다."라고 말했기 때문입니다. 뉴턴은 화가 머리끝까지 났지만 그 시대에는 정중하게 편지를 쓰는 것이 예의였습니다. 뉴턴은 편지에 "훅 씨가 제 논문을 점검한 일에 관해 말씀드리자면, 그토록 예리한 반대자가 제 논문을 깎아내릴 내용을 하나도 발견하지 못했다는 것은 정말 즐거운 일입니다."라고 썼습니다. 그런 식으로 표현하다니, 뉴턴은 정말로 엄청나게 화가 났던 것이 분명합니다. 뉴턴이 보낸 편지에서 훅이 정말로 결점을 발견하고 아주 기뻐했다는 것도 상황을 더욱 나쁘게 했습니다.

　뉴턴과 훅의 관계에 문제를 일으킨 편지는 또 있습니다. 유럽에서 가장 유명한 광학 전문가인 하위헌스가 뉴턴의 빛 이론을 지지했는데도 한 예수회 사제 이그낭스 가스통 파르디Ignance Gaston Pardies는 뉴턴의 주장에 반대했습니다. 결국 뉴턴은 파르디에게 편지를 보내서 자기 이론이 옳다는 것을 믿게 했습니다. 혹은 《왕립학회 회보Philosophical Transactions》에서 두 사람이 논쟁한 이야기를 읽고 올덴버그에게 뉴턴의 행동을 불평하는 편지를 보냈습니다.

1672년 5월에 올덴버그는 뉴턴에게 좀 더 온화한 말투를 써달라고 부탁하는 편지를 보냅니다. 그 편지에 2주 동안 답장을 하지 않던 뉴턴은 마침내 올덴버그에게 "선생님의 편지를 받자마자 저는 학회에 보내려고 했던 것들을 보내지 않기로 했습니다. 선생님에게만 제가 준비하는 것들을 일부 보여드리겠습니다."라고 쓴 편지를 보냈습니다. 그 편지에서 뉴턴은 자신이 계획한 광학 실험을 언급하면서 《왕립학회 회보》에는 싣지 않겠다고 했습니다. 결국, 이때 했던 실험을 뉴턴은 『광학Opticks』을 출간하는 1704년 전까지 발표하지 않습니다.

혹과의 논쟁을 마무리 짓기 전에 뉴턴은 1672년 6월에 왕립학회에서 열린 회의에 편지를 보내 자신의 광학 논문에 대한 혹의 비평과 그 반대 의견을 큰 소리로 읽게 했습니다. 그 편지에서 뉴턴은 혹이 모욕을 느낄 정도로 철저하게 혹의 주장을 하나씩 짚어가며 반박했습니다. 이런 일방적인 승리는 전쟁의 포문을 열었고, 두 사람 모두 다음 30년 동안 맹렬하게 분노에 휩싸입니다.

뉴턴이 비평을 모두 잠재웠다고 생각했을 때, 하위헌스가 마음을 바꿉니다. 하위헌스가 보낸 반대 의견을 받은 뉴턴은 1673년 3월 초에 올덴버그에게 편지를 씁니다.

> 올덴버그 경, 제가 왕립학회에서 탈퇴할 수 있을지 한번 알아봐 주시기
> 바랍니다. …… 왜냐하면, 왕립학회 회원은 영광스러운 자리이지만, 그
> 자리를 유지한다고 해서 제가 학회에 어떤 이득을 줄 수 있을 것 같지 않
> 고, 또 (거리가 너무 멀어서) 제가 학회에서 열리는 회의에 참석할 수도 없
> 기 때문입니다. 따라서 저는 왕립학회 회원 자격을 반납하고자 합니다.

그때까지 뉴턴은 왕립학회 회의에 단 한 차례도 참석하지 않았으므
로 거리를 언급한 것은 순전히 변명입니다. 자기에게 가해진 비평에 상
처를 입은 것이 진짜 이유였습니다. 1670년대에는 첫 절반 5년 동안 뉴턴
은 연금술과 구약성서에 나오는 예언을 연구하는 일에 몰두했습니다.

1675년에 뉴턴은 대담하게도 잠시 올덴버그에게 다시 연락해야겠
다고 생각합니다. 논문을 두 편 썼기 때문입니다. 첫 번째 논문은 「빛의
특성을 설명하는 가설*An Hypothesis Explaining the Properties of Light*」입니다. 이
논문에서 뉴턴은 '빛은 미립자이므로 매질이 바뀌면 방향과 속도를 바
꾼다. 그 때문에 빛에는 반사, 굴절, 확산 현상이 생긴다고 믿는다.'라
고 했습니다. 두 번째 논문은 「관찰에 관한 논문*Discourse of Observations*」인
데, 이 논문에서 뉴턴은 자기 이론을 설명하려고 몇 가지 실험 결과를
제시했습니다. 그런데 이 논문이 또다시 로버트 훅과의 새로운 논쟁을
불러일으킵니다. 훅이 뉴턴이 자신의 『미크로그라피아』에 실린 내용을
훔쳤다고 생각했기 때문입니다.

로버트 훅은 이번에는 올덴버그를 거쳐 뉴턴에게 반대 의견을 전달하지 않고 커피하우스(17~18세기 영국에서 유행하던 문인이나 정객의 사교장-옮긴이)에서 사람들을 만나 뉴턴이 자기 생각을 훔쳤다며 분노를 터트렸습니다. 그리고 그 소문은 케임브리지에 있는 뉴턴에게까지 흘러들어 갔습니다. 당연히 두 사람은 사이가 더욱 나빠졌습니다. 당시로써는 정말 드물게도 뉴턴과 훅은 직접 맞붙었습니다. 훅은 올덴버그와도 몇 가지 문제 때문에 사이가 나빠졌습니다. 올덴버그는 아마도 두 사람 사이에 끼지 않아도 된다는 사실에 안도하며, 뉴턴에게 편지를 써서 훅이 뉴턴에게 직접 편지를 보낼지도 모른다고 경고해주었습니다.

결국, 훅은 아주 온화한 문체로 뉴턴에게 직접 편지를 쓸 수밖에 없었습니다. 그때는 문명사회에 사는 신사들이 직접 편지를 교환하려면 정중한 말투를 써야 했기 때문입니다. 1676년 1월에 훅이 뉴턴에게 처음으로 보낸 편지는 뉴턴과 뉴턴이 이룩한 업적을 찬양하는 글로 가득 차 있습니다. 하지만 편지 행간에는 미움이 가득 차 있지요. 1676년 2월에 뉴턴이 보낸 답장에는 자신은 거인의 어깨에 서 있다는 유명한 구절이 적혀 있습니다. 그 뒤로 계속 이어진 두 사람의 편지를 보면 두 사람이 서로 얼마나 싫어했는지를 분명히 알 수 있습니다.

1676년 4월 27일에는 뉴턴과 왕립학회의 관계가 해동될 조짐이 보였습니다(이날을 현대 과학 시대가 열린 날이라고 생각하는 사람도 있습니다). 이날 왕립학회는 회의를 열어 뉴턴이 스스로 '중요한 실험'이라고 했던 실험을 재현하고, 뉴턴의 가설이 옳다는 사실을 인정했습니다. 하지만 왕립학회와 뉴턴의 관계는 변하지 않았으며, 1667년 5월에 아이작 배로 교수가 죽고 같은 해에 올덴버그가 죽자 뉴턴은 더욱더 혼자밖에 남지 않았다고 생각하게 됩니다.

올덴버그의 뒤를 이어 로버트 훅이 왕립학회 회장이 되면서 상황은 더욱 나빠졌습니다. 뉴턴은 영국에서 가장 중요한 과학 학회와 완전히 관계를 끊어버렸습니다. 뉴턴은 지능이 낮은 사람들이 하는 질문을 계속 받아주면 자연을 생각하고 진지하게 사유할 시간을 빼앗긴다고 생각했으므로 스스로 고립되는 쪽을 택했습니다. 로버트 훅을 괴롭힐 때만 빼고 말입니다.

1684년에는 한 커피하우스에서 훅과 크리스토퍼 렌, 천문학자 에드먼드 핼리(Edmund Halley, 1656~1742년)가 만나 대화를 나누다가 행성의 운동에 관한 이야기가 나왔습니다. 핼리는 렌과 훅에게 행성이 태양 주위를 계속 돌게 하는 힘이 거리의 제곱에 비례해 줄어드는지 물었습니다. 두 사람은 핼리에게 그런 법칙을 추론하고 있다고 대답했고, 핼리는 그 추론을 입증한 사람이 있는지 물었습니다. 훅은 자신이 몇 년 동안 그 문제를 고민했고, 결국 입증해냈지만 다른 사람이 실패하는 걸 먼저 보고 발표하려고 그 사실을 비밀로 하고 있다고 대답했습니다.

렌과 핼리는 허풍쟁이(훅)의 말을 믿지는 않았지만, 어쨌거나 렌은 두 달 안에 훅이 법칙을 증명해오면 40실링(2파운드)어치 책을 상으로 주겠다고 약속했습니다. 훅은 실패했고, 렌은 "그 사람(훅)이 자기 말처럼 그렇게 훌륭한 사람이라는 증거는 아직 찾지 못했다."라고 말했습니다. 뉴턴이 중력에 관심이 많다는 사실을 알았던 핼리는 뉴턴을 만나려고 케임브리지로 갔습니다. 핼리의 이 같은 결정은 그 뒤 역사의 물결을 바꿉니다. 뉴턴과 핼리 모두와 친구였던 프랑스 수학자 아브라암 드무와브르(Abraham de Moivre, 1667~1754년)는 두 사람의 만남을 이렇게 기록했습니다.

> 1684년에 핼리 박사가 그(뉴턴 경)를 만나러 케임브리지에 왔다. 두 사람이 만나고 어느 정도 시간이 흘렀을 때 핼리 박사는 행성이 태양과의 거리와 반비례한다는 끌어당기는 힘을 받을 때 어떤 곡선을 그리며 움직여야 하는지를 뉴턴 경에게 물어보았다. 그러자 뉴턴 경은 조금도 주저하지 않고 타원이어야 한다고 대답했다. 기쁘기도 하고 놀랍기도 했던 핼리 박사는 어떻게 타원임을 아느냐고 물었다. 그러자 뉴턴 경은 그 이유는 자신이 계산했기 때문이라고 대답했다. 핼리 박사가 그 계산 결과를 보여줄 수 있느냐고 묻자 뉴턴 경은 조금도 지체하지 않고 문서를 뒤졌으나, 계산 결과를 적은 종이를 찾을 수가 없었다. 뉴턴 경은 핼리 박사에게 다시 계산해서 보내주겠다고 약속했다.

그 뒤로 3개월 동안 핼리는 뉴턴을 재촉하고 싶은 마음을 꾹 누르며 뉴턴에게서 소식이 오기를 기다렸습니다. 그리고 마침내 9쪽짜리 소논문 「물체의 궤도운동에 관하여 *De Motu Corporum in Gyrum*」를 받습니다. 사실 「물체의 궤도운동에 관하여」는 그저 단순한 소논문이 아닙니다. 이 문서는 2년 뒤에 탄생할, 물리학의 역사에서 가장 중요한 책으로 평가될 『프린키피아』를 낳을 첫걸음입니다.

원제목이 『자연철학에 관한 수학적 원리*Philosophiæ Naturalis Principia*

Mathematica」인『프린키피아』는 1687년 7월에 출간됐습니다. 뉴턴에게 더 없는 영광을 가져다준『프린키피아』는 '고전'이나 '뉴턴'이라는 수식어가 붙는 역학의 기초를 세웠습니다. 지금도 일상생활에서 활용하는 역학은 대부분이『프린키피아』에 있는 원리를 이용합니다.『프린키피아』가 없었다고 해도 뉴턴은 아주 중요한 과학자라는 인정을 받았을 것입니다. 하지만『프린키피아』는 뉴턴을 명실상부한 최고 과학자로 만들어주었습니다.

『프린키피아』는 모두 세 권으로 이루어졌습니다. 1권은「물체의 운동에 관하여*De Motu Corporum*」로 운동에 관한 뉴턴의 세 가지 법칙과 행성의 타원궤도를 계산한 값을 실었습니다. 2권의 제목은 심심하게도「물체의 운동에 관하여 2*De Motu Corporum Liber Secundus*」인데, 2권에서는 공기의 저항이 진자의 운동에 미치는 영향 같은 물체의 운동을 방해하는 매질에서 물체의 운동, 저항이 있는 매질에서 물체의 모양이 물체의 운동에 미치는 영향 등을 설명했습니다. 3권은「세계 체계에 관하여*De Mundi Systemate*」로, 만유인력의 법칙을 다루었습니다.

1장에서 본 것처럼 관성이라는 개념을 처음 생각한 사람은 갈릴레오입니다. 뉴턴은 이 관성이라는 개념을 공식화해 운동 제1법칙을 세웠습니다. 즉 '정지해 있는 물체는 계속 정지해 있고, 직선 위에서 일정한 속도로 움직이는 물체는 외부에서 힘이 작용하지 않는 한 계속 같은 속도로 운동한다.'라는 법칙을 말합니다. 갈릴레오가 알았듯이, 관성은 쉽게 인지할 수 없습니다. 물체를 힘껏 밀어도 저항력 때문에 속도는 줄어들게 마련이니까요. 하지만 진공에서는 뉴턴의 제1법칙이 분명하게 성립합니다.

뉴턴의 제2법칙은 아주 중요한 방정식, 'F=ma'를 의미합니다. F는 힘이고 m은 질량, a는 가속도를 나타냅니다. 이 방정식은 운동에 관한 거의 모든 연구에 토대를 제공합니다. 그리고 이 방정식을 이용하면 갈릴레오가 실험으로 알아낸 모든 관계를 유도할 수 있습니다.

뉴턴의 제3법칙은 '모든 작용에는 크기가 똑같은 반작용이 있다.'라는 것입니다. 총알이 발사되면 총이 뒤로 튕겨 나가는 것은 바로 그 때문입니다. 총을 쏘면 총알이 앞쪽으로 엄청나게 빠른 속도로 튀어 나가므로 그 반동으로 총은 뒤쪽으로 튀어 나가 개머리판이 총을 쏜 사람의 어깨에 부딪히는 것입니다. 총이 총알처럼 빠른 속도로 움직이지 않는 이유는 총의 질량이 총알의 질량보다 훨씬 커서 총의 속도 변화는 상대적으로 적기 때문입니다. 아무것도 없는 진공에서 로켓이 움직일 수 있는 이유도 뉴턴의 제3법칙(작용 · 반작용의 법칙) 덕분입니다.

『프린키피아』에는 명확하게 실려 있지 않지만, 뉴턴의 중력 법칙(만유인력의 법칙)은 믿기 어려울 정도로 간단한 방정식으로 나타낼 수 있습니다. 뉴턴의 중력 법칙에 따르면 두 물체 사이에 작용하는 끌어당기는 힘은 두 물체의 질량을 곱한 값을 두 물체 사이의 거리를 제곱한 값으로 나눈 값이 결정합니다. 뉴턴의 중력 법칙은 자연을 올바르게 이해한 첫 번째 법칙으로 행성의 운동, 밀물과 썰물의 변화, 사과의 낙하 현상 등을 정확하게 설명할 수 있습니다. 뉴턴의 중력 법칙은 1915년에 아인슈타인의 일반상대성이론으로 대체되지만 아주 극단적인 경우가 아니라면 물리현상은 거의 모두 뉴턴의 중력 법칙만으로도

그림 2. 명실공히 세상에서 가장 중요한 물리학 책인 뉴턴의 『프린키피아』 표지. 이 책은 1687년에 출간된 초판본이며, 책 모퉁이에 뉴턴이 직접 교정한 내용이 적힌 뉴턴의 소장품이다. 케임브리지 트리니티칼리지 렌 도서관에서 소장하고 있다.

설명할 수 있습니다.

『프린키피아』는 뉴턴이 만든 새로운 수학도 살짝 소개합니다. 지금은 '미적분학'이라고 부르지만, 뉴턴은 그 수학을 '유동법the method of fluxions'이라고 했습니다. 뉴턴은 1671년에 유동법에 관한 책을 썼습니다. 하지만 그 책은 뉴턴이 죽고 10년이 지난 1736년에나 출간됩니다.

뉴턴은 1670년대에 미적분학을 발표하지 않고 주저했던 마음 때문에 또 다른 우선권 논쟁에 휩싸였습니다. 이번에 뉴턴의 분노를 산 사람은 독일 수학자 고트프리트 라이프니츠(Gottfried Wilhelm von Leibniz, 1646~1716년)입니다. 라이프니츠는 1673년부터 1675년 사이에 독자적으로 미적분학을 개발했습니다. 그 시대 최고 수학자 가운데 한 사람이었던 라이프니츠는 10대 때 아주 중요한 수학 논문「조합법에 관하여De Arte Combinatoria」를 썼습니다. 유럽에서 하위헌스의 영향력이 약해지면서 라이프니츠는 하위헌스가 있던 자리로 올라갔습니다. '대륙의 뉴턴'이라는 자리에 말입니다.

1675년에 올덴버그는 곧 뉴턴과 라이프니츠가 논쟁을 벌이게 되리라는 걸 분명히 깨달았습니다. 올덴버그는 뉴턴에게 '유동법'에 관한 책을 빨리 출간하라고 재촉했지만, 뉴턴은 침묵만 지켰습니다. 그리고 1684년 10월에 라이프니츠가 첫 번째 미적분학 논문을 발표했습니다. 『프린피키아』가 출간되기 3년 전의 일이었고, 수학계가 뉴턴이 수학을 연구한다는 사실을 알기 훨씬 오래전의 일이었습니다. 그에 대한 반응으로 뉴턴은『프린키피아』2권에 다음과 같은 내용을 첨가해 넣었습니다.

10년 전, 가장 뛰어난 기하학자 라이프니츠 씨와 편지를 주고받을 때, 나는 접선이라고 할 수 있는 것을 그리는 방법으로 최댓값과 최솟값을 결정하는 방법을 알아냈다고 썼다. 그리고 내가 알아낸 방법을 이 문장을 포함한 뒤바꾼 문자들에 숨겨서 라이프니츠 씨에게 보냈다(뉴턴은 암호로 된 문장을 만들어 1676년 6월에 라이프니츠에게 보냈습니다). …… 그러자 아주 저명한 이 인물은 자신도 같은 방법을 발견했다면서 그 내용을 알려주었다. 그 방법은 양식과 기호가 다르다는 점 외에는 내 방법과 거의 다른 점이 없었다.

미적분을 발명한 사람 자리를 두고 벌어진 논쟁은 1716년에 라이프니츠가 세상을 떠날 때까지 계속됐습니다. 왕립학회는 1712년에 위원회를 결성해 미적분학의 창시자를 결정하기로 했습니다. 그때는 뉴턴이 왕립학회 회장이었으므로 뉴턴은 조사 과정을 빠짐없이 감독하고, 당연히 자신을 미적분학의 창시자라고 결론을 내린 조사위원회 보고서도 직접 썼습니다. 라이프니츠는 반론을 제기하려고 했지만(그리고 지금은 미적분학의 공동 창시자로 인정받지만) 건강이 극도로 나빠져서 결국 위원회에서 결정을 내린 다음 해에 세상을 떠나고 맙니다. 뉴턴이 퍼부은 가혹한 공격에 마음은 산산이 부서진 채로 말입니다.

『프린키피아』는 너무 어려워서 쉽게 이해할 수가 없는 책인데, 일부러 그렇게 출간한 것이 분명했습니다. 뉴턴은 유럽 전역에 있는 과학자가 읽을 수 있도록 라틴어로 책을 썼습니다. 그 당시에 학자들이 책을 쓸 때 흔히 택했던 방식대로 먼저 명제와 정리를 나열하고, 뒤에 나온 정리는 앞에 나온 정리를 토대로 진술해 나갔습니다. 『프린키피아』는 가볍게 훑어볼 책이 아니었습니다(지금도 마찬가지입니다). 뉴턴은 생애 마지막 해까지도 『프린키피아』를 영어로 번역하지 못하게 했습니다. 일반인은 읽지 못하게 하려고 말입니다.

중력을 다룬 『프린키피아』의 마지막 책은 그 당시에는 널리 알려지지 않았습니다. 1686년 4월에 왕립학회 회의에서 중력에 관한 뉴턴의 글을 일부 낭독했을 때, 로버트 훅은 자신의 중력 연구를 언급하지 않았다는 이유로 크게 화를 냈습니다. 핼리에게서 훅이 분통을 터트렸다는 소식을 전해 들은 뉴턴은 뉴턴답게 당연히 모욕을 묵묵히 받아들이지는 않았습니다. 그는 『프린키피아』 원고를 샅샅이 뒤져 훅을 언급한 부분을 모두 지워버렸습니다.

곧이어 핼리에게 보낸 편지에서 뉴턴은 이렇게 썼습니다.

세 번째(책)는 이제 출간하지 않으려고 합니다. 자연철학은 뻔뻔스럽게도 소송하기 좋아하는 숙녀 같아서 자연철학과 관계를 맺는 사람은 누구나 소송에 휘말리기 마련입니다.

그 때문에 핼리는 뉴턴에게서 『프린키피아』 3권을 받아내고자 온갖 노력을 기울여야 했습니다. 그는 뉴턴에게 자신이 크리스토퍼 렌에게 자문諮問했는데, 렌은 뉴턴의 중력 법칙에 이바지했다는 훅의 주장은 언어도단이라는 핼리의 의견에 찬성했다고 말했습니다.

그 법칙을 만든 사람은 당연히 뉴턴 경이라고 생각합니다. 그가(훅이) 경보다 먼저 그 법칙을 발견한 것이 사실이라면, 그가 비난해야 할 사람은 다름 아닌 그 자신일 겁니다.……

이런 핼리의 노력에 마음이 누그러진 뉴턴은 1687년 4월에 세 번째 책을 핼리에게 보냈습니다. 전체 550쪽짜리 논문인데 7월에 출간할 수 있도록 말입니다. 그렇게 해서 20년 동안 연구하고 18개월 동안 집필한 노력의 결과물이 세상에 나올 수 있었습니다. 뉴턴은 가설·확실한 수학적 진리·입증할 수 있는 증거, 이 세 가지를 기반으로 하는 과학을 구축했습니다. 여전히 뉴턴 자신은 '자연철학'이라는 용어를 썼지만, 뉴턴의 책은 분명히 물리학의 걸작입니다.

『프린키피아』를 출간한 뒤, 뉴턴은 새로운 도전을 찾아 나섭니다. 케임브리지에서 남은 시간 동안 뉴턴은 학교 행정에 점점 더 깊이 관여합니다. 1689년에는 오렌지 공 윌리엄William of Orange의 즉위를 승인하고자 열린 컨벤션 의회(Convention parliament, 국왕이 소집하지 않은 의회—옮긴이)에 케임브리지대학교 대표로 참석했습니다.

이 무렵에 뉴턴은 스위스의 젊은 수학자 니콜라스 파티오 드 뒬리에Nicholas Fatio de Duillier를 만납니다. 뒬리에는 뉴턴보다 스물두 살 어렸고, 부유한 가문 출신이었습니다. 1687년에 영국에 온 뒬리에는 뉴턴과 아주 친한 사이가 되었습니다. 두 사람이 나눈 많은 편지를 보면 어쩌면 뉴턴과 뒬리에는 연인이었는지도 모릅니다. 뉴턴이 애정을 담은 선물을 많이 보낸 것으로 보아 뉴턴은 정말로 뒬리에에게 푹 빠졌는지도 모릅니다.

1692년 11월에 뉴턴이 뒬리에에게 보낸 편지에는 '당신을 가장 사랑하는 충실한 친구, 아이작 뉴턴'이라는 서명이 적혀 있습니다. 보통 뉴턴이 다른 사람에게 보낸 편지에서는 잘 보이지 않는 아주 친근한 표현입니다. 1693년 초에 뉴턴은 뒬리에에게 케임브리지로 와서 함께 지내자고 제안합니다. 그때 뒬리에는 이렇게 답장을 보냅니다.

> 저도 앞으로 남은 인생을, 적어도 제 인생의 상당 부분을 경과 함께 보내고 싶습니다. 경에게 신세지지 않고 경의 가족과 경의 지위에 누를 끼치지 않고도 그럴 방법이 있다면 기꺼이 그렇게 하고 싶습니다.

1693년 5월 말에서 6월 초까지, 뉴턴은 두 차례 런던을 방문해 뒬리에를 만납니다. 하지만 세 번째 만남에서 두 사람은 갑작스럽게 결별하고 맙니다. 두 사람이 갈라선 이유는 뉴턴이 뒬리에가 두 사람이 나누었던 연금술에 대한 열정을 너무 떠벌리고 다닌다고 느꼈기 때문이라고 생각하는 사람들도 있습니다.

뒬리에와 헤어진 일로 뉴턴은 크게 충격을 받았습니다. 1693년 여름 말에 뉴턴은 일시적으로 정신분열증(조현병) 증세를 보였고, 일기 작가 새뮤얼 피프스Samuel Pepys와 로크에게 두서없는 편지를 마구 보냈습니다. 그리고 이 시기에 뉴턴은 연금술 연구를 정리한 『실천Praxis』을 출간합니다. 전기 작가 마이클 화이트Michael White는 "『실천』은 적나라하게 드러난 섬망(의식장애와 내적 흥분 상태를 나타내는 병적 정신 상태-옮긴이)과 틀린 확신 외에는 아무것도 아니다. 미치기 직전인 사람의 작품인 것이다."라고 했습니다.

　뉴턴의 정신이 무너진 것은 뒬리에와 헤어졌기 때문만은 아닙니다. 그 무렵에 뉴턴은 연구를 계속할 목적을 잃었습니다. 그런 뉴턴을 구해 준 것은 친구인 찰스 몬터규Charles Montagu였습니다. 몬터규는 뉴턴이 조폐국에서 일할 수 있도록 주선해주었습니다. 1696년 4월 20일에 뉴턴은 케임브리지를 뒤로하고 런던으로, 조폐국이 있는 런던탑으로 왔습니다. 뉴턴의 직책은 조폐국장 다음으로 높은 조폐국 감독이었는데, 그 당시 조폐국 감독이나 조폐국장은 그저 명예직이었습니다.

　뉴턴은 아주 독특한 시기에 조폐국에 왔습니다. 그 무렵에 조폐국은 거의 방치되어 있었습니다. 그때는 엘리자베스 여왕(재위 기간 1558~1603년) 시대에 만든 화폐를 사용했는데, 그보다 150년 전에 만든 에드워드 6세(재위 기간 1547~1553년) 시대 통화도 함께 사용했습니다. 그 때문에 많은 화폐가 아주 낡았고, 조폐국은 화폐 위조범과 동전의 모서리를 깎아 모은 귀금속을 빼돌리는 범죄자 때문에 곤란을 겪고 있었습니다. 뉴턴은 조폐국에 부임하고 얼마 되지 않아 이 문제를 해결하고자 화폐를 다시 주조하는 일을 맡았습니다.

　당시 조폐국장이었던 토머스 닐Thomas Neale은 엄청나게 많은 월급을 받았지만 하는 일은 거의 없었습니다. 조폐국은 닐의 지휘 아래서는 처참한 실패를 향해 달려갈 수밖에 없었습니다. 하지만 뉴턴은 새로 맡은 역할에 완전히 몰두해서 화폐 주조 과정을 모든 측면에서 검토했습니다. 그는 인쇄기를 가동하는 새벽 네 시에 조폐국에 나왔고, 직원들이 야간 교대를 하는 오후 두시부터 자정 사이에 또다시 나왔습니다. 처음 부임해서 몇 달 동안은 런던탑에서 먹고 잤는데, 그때까지 그런 식으로 열심히 일했던 조폐국 감독은 없었습니다.

뉴턴은 학자들에게 맞섰던 열정을 그대로 조폐국으로 가져와 화폐 위조범과 화폐 손상범을 추적했습니다. 그는 1698년 6월부터 1699년 12월까지 200명이나 되는 증인, 정보원, 용의자를 직접 만나 엄청난 증거를 모았습니다. 또한, 화폐를 원활하게 제조하려고 다른 도시 다섯 곳에도 조폐국 지부를 설립했습니다. 1699년 닐이 죽었을 때 뉴턴은 조폐국장이 되었고, 세상을 떠날 때까지 조폐국에서 일했습니다.

뉴턴은 또한 왕립학회 회장 선거에도 나가서 원하던 자리를 차지했습니다. 미적분학을 놓고 왕립학회가 라이프니츠의 주장을 검토할 때 뉴턴은 이미 왕립학회 회장이 되어 있었습니다. 1703년 가을에 왕립학회 회장 서머스Somers 경이 세상을 떠났고, 뉴턴은 같은 해 11월에 왕립학회 회장으로 선출됐습니다. 그 무렵에 왕립학회는 갈 길을 잃고 헤매고 있었습니다. 전임 왕립학회 회장들은 과학에는 관심이 없고 정치에만 열을 쏟았습니다. 1695년부터 1698년까지 왕립학회 회장이었던 뉴턴의 친구 몬터규는 학회에서 열린 회의에 단 한 차례밖에 참석하지 않았습니다. 그 뒤를 이은 서머스 경도 거의 다르지 않았습니다. 왕립학회는 예산도 확보할 수 없었고, 권위도 잃었습니다. 하지만 뉴턴이 왕립학회가 잃어버린 길을 다시 찾아주었습니다.

왕립학회 회장으로 선출된 직후인 1704년 초에 뉴턴은 새 책『광학』을 왕립학회에 제출했습니다. 『광학』은 영어로 먼저 출간했고, 1706년에 라틴어로 번역했습니다. 마침내 뉴턴은 1660년대와 1670년대에 했던 빛의 특성에 관한 실험 내용을 발표했습니다. 『광학』은 빛 연구에서는 거의 운동과 중력을 연구한 『프린키피아』만큼 중요합니다. 뉴턴은 『프린키피아』에서 발전시킨 거시적인 운동 이론을 빛을 연구하면서 발전시킨 미시적인 '미립자 이론'과 한데 합치려고 했지만, 그 시도는 포기한 채로 『광학』을 출판해야 했습니다.

뉴턴은 생애 마지막 30년을 상당 부분은 전적으로 왕립학회 회장으로 지냈습니다. 그는 회장이 되자마자 그레셤칼리지Gresham College에 있는 왕립학회를 다른 장소로 옮기려고 했습니다. 하지만 학회를 옮길 만한 자본이 없었습니다. 3년 뒤에 뉴턴은 회원들에게 입회비를 받는 정책을 밀어붙였고, 1710년이 되면 왕립학회는 재정이 개선됩니다. 1719년 9월에 뉴턴은 왕립학회위원회에 런던 크레인코트Crane Court에 있는 부지로 왕립학회를 옮길 것을 제안합니다. 그리고 이사하는 동안 로버트 훅의 의장품 대부분과 단 한 장뿐이었던 로버트 훅의 초상화를 '분실해'버립니다. 훅은 1703년에 죽었지만, 뉴턴의 복수는 끝나지 않았던 것입니다.

뉴턴은 생애 세 번째로 큰 싸움에 휩싸입니다. 이번 상대는 왕립그리니치천문대Royal Greenwich Observatory 초대 왕실천문학자인 존 플램스티드였습니다. 처음에 두 사람은 뉴턴이 중력에 관한 역제곱 법칙을 확인하려고 플램스티드에게 자료를 요청할 정도로 정말 좋은 친구였습니다. 두 사람은 1684년 12월부터 1685년 1월까지 잠깐 편지를 주고받았는데, 그때 뉴턴은 정말 정중했습니다. 플램스티드도 행성과 항성의 위치를 비롯해 뉴턴이 부탁하는 자료는 모두 보내주었습니다. 그 덕분에 뉴턴은 1680년에 지구에 가까이 온 혜성을 훨씬 정확하게 예측할 수 있었습니다.

하지만 뉴턴이 왕립학회 회장이 된 뒤에 두 사람 사이는 나빠졌습니다. 뉴턴은『프린키피아』개정판을 내기로 했습니다. 하지만『프린키피아』에 이바지한 공로를 인정받지 못했다고 생각한 플램스티드가 또다시 자발적으로 도와주지는 않으리라는 것도 알고 있었습니다. 그래서 뉴턴은 플램스티드가 어쩔 수 없이 돕게 해야겠다고 생각했습니다. 자신이 직접 부탁하면 플램스티드가 거절할 것이 분명하므로 뉴턴은 왕실과 연줄을 만들어 앤 여왕의 남편인 조지 공을 설득해 왕실천문학자의 자료를 넘기게 했습니다.

당시 플램스티드는 천체 목록을 작성해 관측할 수 있는 모든 항성의 위치를 수록한『영국 천체도*Historia Coelestis Britannica*』를 출간하려고 했습니다. 처음에 플램스티드는 조지 공에게 천체도 출간 비용으로 그리니치천문대 운영비의 두 배가 넘는 1200파운드를 요청했습니다. 하지만 뉴턴이 나서서 투자비를 863달러로 줄이라고 조지 공을 설득했으므로 플램스티드는 작업 범위를 줄일 수밖에 없었습니다. 더구나 뉴턴이 아주 비싼 출판업자를 선정해서, 천체도를 발행한 뒤에 플램스티드가 노력한 대가로 받게 될 보상은 줄어들 수밖에 없었습니다. 당연히 플램스티드는 기분이 좋지 않았습니다. 천체도 발간 작업은 느리게 진행됐고, 천체도를 출간하는 과정이 진행되는 동안 플램스티드는 모든 과정에서 거부권을 행사했습니다. 1708년 10월에 조지 공이 세상을 떠날 때까지 말입니다.

오랫동안 천체도는 출간되지 않고 천체도 발간 작업은 한동안 방치되었지만, 뉴턴이 앤 여왕에게 후원자가 되어달라고 설득해서 발간 작업을 1711년에 다시 시작할 수 있었습니다. 하지만 플램스티드는 계속 제작을 미뤘습니다. 그러던 어느 날 뉴턴은 플램스티드에게 1711년 7월에 있었던 일식 관찰 기록을 제출하라고 명령했고, 플램스티드는 그 말을 무시했습니다. 결국, 뉴턴은 플램스티드를 왕립학회위원회에 소환해 지시를 어긴 이유를 직접 해명하게 했습니다. 13년 동안 뉴턴에게 휘둘리면서 쌓였던 불만이 터져 나온 자리에서 뉴턴의 전기를 쓴 한 작가의 말처럼 왕립학회에서는 절대로 볼 수 없었던 굉장한 광경이 대중 앞에 펼쳐졌습니다.

시간을 질질 끄는 플램스티드에게 질린 핼리와 뉴턴은 자신들이 가진 자료로 1712년에 공인을 받지 않은 『천체도 *Historia Coelestis*』를 출간합니다. 그리고 뉴턴은 플램스티드가 작성한 달 관측 자료로 1713년에 『프린키피아』 개정판을 냈습니다. 뉴턴의 행위에 분노한 플램스티드는 뉴턴이 펴낸 『천체도』는 '부패하고 타락한' 책이고 핼리는 '게으르고 사악한 도적'이라고 했습니다. 플램스티드는 자신이 만들던 천체도가 출간되는 것을 끝내 보지 못하고 1719년에 죽었습니다. 그의 천체도는 6년 뒤에 두 친구의 노력으로 빛을 보게 됩니다.

이 무렵에 뉴턴은 윈체스터 가까이에 있던 크랜베리파크 Cranbury Park로 이사합니다. 그곳은 뉴턴의 이복조카 캐서린 바턴 콘듀이트의 남편인 존 콘듀이트(John Conduitt, 1688~1737년)의 땅이었습니다. 뉴턴의 생애에서 여인은 딱 세 명뿐이었습니다. 엄마, 클라크 씨의 의붓딸 캐서린 스토러, 그리고 조카 캐서린입니다. 캐서린 덕분에 뉴턴은 훨씬 사교적인 사람이 되고, 가족에게 관심을 기울이게 됩니다. 캐서린은 뉴턴이 집을 꾸밀 때도 상당한 영향을 미칩니다. 그때부터 뉴턴은 1727년 3월 31일(그때는 지금 달력으로 3월 25일이 새해였으므로 그때 달력으로 치면 1726년 3월 20일입니다)에 세상을 떠날 때까지 크랜베리파크에 있는 집과 런던 저민가Jermyn Street에 있는 저택을 오가며 생활했습니다. 저민가에 있는 집에 가끔 손님이 모이면, 캐서린이 안주인 역할을 맡았습니다. 세상을 떠난 뒤에 뉴턴은 웨스트민스터사원에 있는 아주 웅장한 무덤에 묻혔습니다.

뉴턴과 다음 장에 나올 물리학자에게는 비슷한 점이 거의 없습니다. 둘 다 영국 사람이라는 점 외에는 말입니다. 마이클 패러데이는 맹렬했던 뉴턴과는 정반대되는 사람으로 성격이 아주 차분해서 다른 사람에게 원한을 품는 일도 없었고, 정규교육을 받지 않았어도 위대한 과학자가 되었습니다.

3장

마이클 패러데이

타고난 관찰력으로 최고의
과학자가 된 가난한 제본공

Michael Faraday

이 책에 등장하는 물리학자 열 사람 가운데 마이클 패러데이만이 유일하게 대학 교육을 받지 않았다. 하지만 지칠 줄 모르는 독학 의지, 실험을 진행하는 예리한 눈, 세밀한 관찰력 덕분에 패러데이는 아주 뛰어난 실험물리학자가 되었다. 화학에서 중요한 발견들을 했으며, 전동기·발전기·변압기에 숨은 원리를 밝혔다. 또한, 자기장이 빛에 영향을 준다는 것을 밝혀 빛과 자기는 관계가 있을지도 모른다는 사실을 세계 최초로 사람들에게 일깨워주었다.

마이클 패러데이는 1791년 9월 22일에 블랙프라이어스 다리Blackfriars Bridge에서 1.6킬로미터 정도 떨어진 뉴잉턴버츠Newington Butts에서 태어났습니다. 뉴잉턴버츠는 지금은 템스 강 남안의 서더크Southwark에 속한 런던 자치구London borough의 일부이지만, 그때는 서리Surrey의 근교였습니다. 패러데이는 제임스 패러데이James Faraday와 마거릿 하스트웰Margaret Hastwell의 네 명의 자녀 가운데 셋째로 태어났습니다. 패러데이 부부는 결혼하자마자 지금은 컴브리아Cumbria라고 부르는 곳에서 뉴잉턴버츠로 옮겨 왔습니다. 그곳으로 이사한 이유는 대장장이였던 제임스의 일 때문이었을 겁니다.

패러데이 부부는 기독교 소수 종파인 샌더먼 파Sandemanians였습니다. 샌더먼 파는 성서를 글자 그대로 따르므로 물질적 부를 추구하지 않습니다. 마이클 패러데이도 끝까지 샌더먼 파의 교리를 충실하게 따르는 삶을 살았습니다. 그래서 기사 작위를 한 번 거절하고, 왕립학회 회장직도 두 번 거절하고, 웨스트민스터사원에도 묻히지 않으려고 했습니다. 1852년에 치러진 웰링턴Wellington 공작의 국장에도 참석하라는 초대를 받았지만 가지 않았고, 1858년에 열린 빅토리아 여왕의 큰딸 결혼식에도 가지 않았습니다.

패러데이가 네 살이었을 때, 패러데이 가족은 맨체스터광장 근처에 있는 제이컵 마구간Jacob's Mews의 마차보관소 위층으로 이사합니다. 지금은 웨스트민스터 시에 있는 런던의 서쪽 변두리 지역입니다. 그곳에서 제임스는 웰벡가Welbeck Street 가까운 곳에 있던 제임스 보이드James Boyd의 철물상에서 일합니다. 집이 가난해서 패러데이는 근처에 있는 일반 통학학교(day school, 기숙학교와 대조적으로 학생들이 집에서 다니는 사립학교-옮긴이)에 다녔습니다. 그곳에서 패러데이는 읽기와 쓰기, 간단한 산수를 배웁니다. 열세 살 생일이 지나고 얼마 되지 않은 1804년 9월 22일부터 패러데이는 집에서 가까운 블랜드포드가Blandford Street 모퉁이에서 서점과 문구점을 하는 조지 리보George Riebau의 가게에 심부름하는 소년으로 취직했습니다.

패러데이는 맡은 일을 잘해냈습니다. 열네 살 생일이 지났을 때 리보는 패러데이를 도제로 삼아서 책 제본 기술, 문구 제작, 서적 판매 같

마이클 패러데이 : 타고난 관찰력으로 최고의 과학자가 된 가난한 제본공

은 다양한 일을 가르쳤습니다. 도제 계약을 맺으면 패러데이는 도제 기간이 끝날 때까지 7년 동안 다른 곳에 취직할 수 없습니다. 리보는 패러데이를 아껴서 도제 수업료는 받지 않았고, 그 덕분에 패러데이의 아버지는 많은 돈을 아낄 수 있었습니다. 더구나 리보는 패러데이에게 숙소도 제공하고 식사도 자기 집에서 할 수 있게 해주었습니다.

1805년 10월에 패러데이는 리보 부부가 사는 집으로 이사했습니다. 패러데이는 점점 더 자신이 제본하는 책에 관심을 두게 되었습니다. 그중에서도 특히 과학책에 관심이 쏠렸습니다. 1809년부터는 《철학 문집 *Philosophical Miscellany*》이라는 잡지를 읽기 시작했고, 자신이 읽은 책 내용을 자세하게 기록했습니다. 패러데이가 읽은 책 목록에는 브리태니커 백과사전에 실린 과학책 목록도 있고, 제인 마르세Jane Marcet의 『화학에서의 대화*Conversations in Chemistry*』와 아이작 와츠Issac Watts의 『마음 개선 *Improvements of the Mind*』도 있습니다.

패러데이는 특히 와츠의 책에서 많은 영향을 받았습니다. 그 책을 읽고 편지를 쓰는 법·지식을 제대로 획득하는 법·공책을 정리하는 법을 배웠습니다. 실험하면서 모든 내용을 세세하게 기록하는 습관은 패러데이의 아주 큰 장점이었습니다. 패러데이는 실패한 실험도 자세히 기록했습니다. 그는 공책에 기록한 내용을 모두 절로 나누어 번호를 매기는 효과적인 정보검색 체계도 개발했습니다. 1번을 붙인 첫 번째 절은 1832년에 기록했고, 마지막인 1만 6041번째 절은 18년 뒤에 적었습니다. 패러데이는 마르세의 『화학에서의 대화』에 실린 실험을 직접 해보기로 했습니다. 리보는 패러데이가 실험실을 만들어 간단한 실험 기구로 실험할 수 있도록 허락해주었습니다.

1812년에 패러데이는 리보 가게에서 도제 과정을 마치고, 곧 킹가 King Street 5번지에 있는 제본업자 헨리 드 라 로시Henri De La Roche의 가게에서 일했습니다. 패러데이의 집에서 가까운 드 라 로시의 가게에서 일할 수 있게 힘써 준 사람은 리보였습니다. 1810년 10월에 패러데이의 아버지가 세상을 떠났으므로 패러데이로서는 집 가까이에 머무는 일이 중요했습니다. 패러데이는 책 제본 일을 모두 배우기는 했지만, 드 라 로시의 가게에서 일하기 시작했을 때, 그의 마음은 제본 일에서 완전히 떠나 있었습니다. 한 편지에 적은 것처럼 패러데이는 "처음으로 얻은 편한 기회에서 벗어나고 싶다."라고 불평합니다. 이미 패러데이는 과학을 진정으로 사랑하게 된 것입니다.

1800년대 초반에는 과학으로 할 수 있는 일이 거의 없었습니다. 과학을 하면서 살 방법은 단 하나, 과학자가 되어(사실 그때는 과학자도 없었습니다. '자연철학자'만 있었습니다. '과학자'라는 용어는 1834년에 케임브리지대학교 수학자 윌리엄 휴얼William Whewell이 만들었습니다) 월급을 받는 것이었습니다(그때 영국에 월급을 받을 수 있는 과학자 자리는 100여 개밖에 없었습니다). 아니면 부유해서 독자적으로 연구할 수 있어야 했습니다. 1812년에 왕립학회 회원은 570명인데, 그 가운데 4분의 1은 세습 작위가 있었습니다. 사정이 그렇다 보니 패러데이가 안정적인 직업을 버리고 과학을 하려면 큰 용기가 필요했을 것입니다. 패러데이의 어머니는 신의 섭리를 굳게 믿는 사람이었습니다. 어머니는 삶은 신의 계획대로 진행된다는 말로 아들을 안심시켜 주었습니다.

마이클 패러데이 : 타고난 관찰력으로 최고의 과학자가 된 가난한 제본공

리보의 가게에서 도제 생활을 할 때도 패러데이는 도싯가Dorset Street 근처에 있는 은 세공사 존 테이텀John Tatum의 집에서 저녁에 열리는 강의를 들었습니다. 테이텀은 한 강의당 1실링(5펜스)을 내면 누구나(남자든 여자든) 강의를 들을 수 있다고 적은 광고 전단을 발행했습니다. 훗날 패러데이는 자신은 "1810년 2월 19일부터 1811년 9월 26일까지 열두 번인가 열세 번 정도 강의에 참가했다."라고 했습니다. 테이텀의 집에서 열린 강의는 런던철학회City Philosophical Society와 관계가 있었는데, 그곳에서 패러데이는 평생 우정을 쌓을 친구들을 만납니다.

패러데이는 하숙집으로 돌아오면 듣고 온 강의 내용을 적고, 도표도 그렸습니다. 그리고 자신이 적은 종이를 책으로 묶었습니다. 공책은 모두 네 권이나 되는 강의록으로 완성됐습니다. 1812년 초에 어느날, 리보는 가게를 찾아온 손님에게 그 공책을 보여주었습니다. 그 손님은 맨체스터광장 근처에 사는 피아니스트이자 바이올리니스트였던 윌리엄 댄스(Willam Dance, 1755~1840년)의 아들이었습니다. 다음 날 윌리엄 댄스가 공책을 보러 직접 가게에 왔고, 감동하였습니다. 댄스는 패러데이에게 왕립과학연구소Royal Institution 화학 교수인 험프리 데이비(Humphry Davy, 1778~1829년)의 강연회 표를 구해주었습니다.

왕립과학연구소는 왕립학회가 1799년 3월에 '지식을 보급하고 유용한 기계를 발명하거나 개선한 일을 쉽게 알리고, 철학 강의와 실험을 통해 삶의 일반 목적에 과학을 적용할 방법을 가르치려는 취지로 설립한 기관'이었습니다. 요즘 말로 하면 왕립과학연구소는 서민이 과학을 쉽게 접할 수 있게 해주려는 의도로 만든 기관이라는 뜻입니다.

왕립과학연구회를 설립하는 데 드는 비용은 왕립학회 회원 쉰여덟 명이 50기니(1기니는 21실링으로 1.05파운드 정도입니다)씩 내어 마련했습니다. 이 쉰여덟 명이 왕립과학연구회 창립자로, 윌리엄 댄스도 그 가운데 한 명입니다. 1799년 중반에 왕립과학연구회는 피커딜리(Piccadilly, 런던 번화가–옮긴이) 근처에 있는 알버말가Albermarle Street 21번지 건물을 사들였습니다. 지금도 왕립과학연구회는 그곳에 있습니다. 원래는 신사 계급의 타운하우스(도시 내에 주택이 줄지어 늘어선 곳에 있는, 높고 좁게 생긴 주택–옮긴이)였던 이 건물은 도서관과 실험실을 갖춘 연구실로 거듭났습니다. 2층으로 된 반원형 청중석이 있는 강연장에는 1000명이 넘는 사람이 한꺼번에 들어가 강연을 들을 수 있는데, 지금도 강연이 열립니다.

왕립과학연구소에서 제일 처음 강연한 사람은 1800년 3월 11일에 강연한 화학자 토머스 가넷(Thomas Garnett, 1766~1802년)이지만, 연구소의 스타는 단연코 험프리 데이비였습니다. 1801년 2월에 강연자로 임명되었을 때 데이비는 스물두 살이었습니다. 그리고 다음 해에는 화학과 교수로 승진했습니다. 패러데이처럼 데이비도 가난한 집에서 태어났습니다. 1778년에 영국 서남쪽에 있는 땅끝 마을 펜잰스Penzance에서 태어난 데이비는 나무꾼인 아버지와 함께 살았고, 펜잰스에 있는 통학학교를 졸업한 뒤에 콘월 주Cornwall에 있는 트루로문법학교Truro Grammar School에 다녔습니다. 그리고 1795년에는 약제사의 도제가 되었습니다.

데이비는 콘월 주의 부주지사인 데이비스 기디(Davies Giddy, 1767~

1839년)의 눈에 들었는데, 기디는 옥스퍼드대학에서 화학과를 이끌던 토머스 베도스(Thomas Beddoes, 1760~1808년)의 친한 친구였습니다. 옥스퍼드대학 당국과 사이가 나빠진 베도스는 1793년에 대학을 떠나 브리스틀Bristol에 '공기협회Pneumatic Institute'라는 결핵 전문 병원을 열었습니다. 그는 그 무렵에 조지프 프리스틀리(Joseph Priestly, 1733~1804년)가 발견한 기체(산소)를 이용해 결핵을 치료한다는 계획을 세우고 자신을 도울 조수를 구하고 있었습니다. 기디는 베도스에게 데이비를 소개해주었고, 데이비는 1798년 10월에 브리스틀에 도착했습니다.

하지만 데이비는 브리스틀에서 2년도 채 지내지 않았습니다. 브리스틀에서 데이비는 흔히 '웃음 가스'라고 알려진 '아산화질소nitrous oxide'를 연구하기 시작했는데, 웃음 가스에 중독되고 말았습니다. 그는 이때의 경험을 담아 첫 번째 책을 발표했습니다. 1800년에 출간된 『화학적, 철학적 연구들, 특히 아산화질소에 관하여Researches, Chemical and Philosophical, Chiefly Concerning Nitrous Oxide』가 바로 그 책입니다. 데이비는 1801년 3월에 왕립과학연구소에서 일하려고 런던으로 왔고, 연구소에서 데이비의 영향력은 커져만 갔습니다.

데이비는 카리스마 넘치는 강연자였습니다. 데이비가 화려한 화학 강연을 할 때면 강연회 표는 언제나 다 팔렸습니다. 왕립과학연구소의 수입은 강연회 표를 팔아 얻는 수익이 큰 부분을 차지했습니다. 데이비의 강연이 유명해지면서 왕립과학연구소는 영국에서 가장 훌륭한 장비가 있는 실험실을 갖추어 나갈 수 있었습니다. 바로 그런 곳에서 데이비는 1790년대에 이탈리아 과학자 알레산드로 볼타(Alessandro Volta,

1745~1827년)가 만든 전지로 처음으로 나트륨·칼륨·칼슘·바륨 같은
화학원소를 분리해냈습니다.

데이비는 직업적으로나 사회적으로 아주 **빠른** 속도로 성공했고,
1812년 4월에는 조지 3세George III의 아들이었던 섭정 공에게서 기사 작
위를 받았습니다. 3년 뒤에 그는 제인 아프리스Jane Apreece라는 돈 많은
과부와 결혼했습니다. 아내의 재력 덕분에 데이비는 서른네 살 때 왕립
과학연구소를 그만두고 돈 많은 신사 계급으로서 독자적으로 과학을
연구할 수 있게 되었습니다. 하지만 왕립과학연구소는 돈이 되는 유명
인사를 놓치고 싶지 않았습니다. 그래서 데이비에게 화학과 명예교수
와 연구소 소장이라는 직책을 제안했고, 결국 데이비의 영향력은 한층
더 커질 수밖에 없었습니다.

데이비가 강연을 계속하리라고 기대했다면, 왕립과학연구소는 분
명히 실망할 수밖에 없었을 것입니다. 1812년 3월과 4월에 연 강연회를
끝으로 데이비는 더는 강연하지 않았습니다. 패러데이는 댄스가 준 강
연회 표를 들고 두 강연회에 모두 갔고, 커다란 강연장에서 특별석에
앉았습니다. 그때 패러데이가 들은 강연의 주제는 그 무렵에 화학계에
서 뜨거운 관심거리였던 '산의 특성'이었습니다. 강연회에서 데이비는
'위산(염산)'은 항간에서 주장하는 것처럼 산소가 들어 있는 것이 아니라
수소와 염소로만 이루어졌음을 보여주는 등 여러 가지를 실험해 보였
습니다. 패러데이는 여느 때처럼 강연장에서 들은 내용을 도표를 그려
가면서 자세히 적은 뒤에 철해 두었습니다.

1812년 12월 말에, 패러데이는 리보와 댄스의 재촉에 못 이겨 아름

답게 철한 강연회 공책을 편지와 함께 데이비에게 보냈습니다. 훗날 패러데이는 "그러자 그 즉시 친절하고 호의적인 답장이 날아왔다."라고 썼습니다. 크리스마스이브에 쓴 데이비의 답장에는 패러데이가 보내준 공책과 그가 보여준 '엄청난 열정과 놀라운 기억력과 주의력'을 기쁘게 받았다고 적혀 있었습니다.

데이비는 패러데이를 1월 말에 직접 만나고 싶다고 했습니다. 패러데이에게는 정말로 행운이었습니다. 왜냐하면, 그전 달에 데이비는 질소와 염소를 섞는 실험을 하다가 실험 물질이 폭발하는 바람에 유리 파편이 눈에 들어가서 다쳤기 때문입니다. 어쩔 수 없이 데이비는 자기 대신 기본적인 실험을 진행하고 실험 결과를 기록해줄 사람을 반드시 찾아야 했습니다. 그럴 때 패러데이가 데이비에게 편지를 보낸 것입니다.

하지만 고용 기간은 데이비의 눈이 회복될 때까지의 며칠에 불과했습니다. 그런데 곧바로 또 다른 행운이 패러데이의 인생에 찾아왔습니다. 2월 19일에 왕립과학연구소 소장인 윌리엄 해리스William Harris는 강연장에서 나는 '엄청난 소리'를 들었습니다. 그리고 실험실 조교 윌리엄 페인William Payne과 연구소에서 과학 장비를 만드는 존 뉴먼John Newman이 서로 고함치는 장면을 목격했습니다. 뉴먼은 페인이 자신을 때렸다고 호소했고, 왕립과학연구소는 며칠 뒤에 페인을 해고했습니다. 데이비는 새로운 실험실 조교를 찾아야 했는데, 새 조교로 패러데이를 선택했습니다. 그때 패러데이는 스물두 살이었습니다.

실제로 패러데이를 고용한 곳은 왕립과학연구소이지만, 패러데이의 시간을 독점한 것은 데이비였습니다. 6개월 뒤에는 그 사실이 더욱 분명해졌습니다. 데이비가 유럽으로 기획 여행을 떠날 때 패러데이에게 '자연철학 조수'로 함께 가지 않겠느냐고 제안했기 때문입니다. 그때까지 패러데이는 영국 해변은 고사하고 런던 밖으로도 나가본 적이 없었지만 데이비의 오른팔이 되는 것은 놓쳐서는 안 될 기회임이 분명했습니다. 1813년 10월 13일에 패러데이는 데이비와 데이비의 아내, 그리고 하녀 한 명과 함께 런던에서 출발합니다.

네 사람은 플리머스Plymouth에서 파리를 향해 18개월 동안 지속할 여행의 첫걸음을 뗍니다. 네 사람은 프랑스, 이탈리아, 스위스, 독일, 벨기에를 돌아다녔습니다. 패러데이는 데이비의 시종 역할을 하게 되리라고 예상했지만, 모든 도시에서 데이비와 함께 과학자들을 만나 최신 화학 정보를 나누었습니다. 그런데 1815년 3월에 나폴리에 도착한 데이비는 나폴레옹이 엘바 섬을 탈출했다는 소식을 듣습니다. 정치적으로도 군사적으로도 불안해진 데이비 일행은 여행을 멈추고 급히 영국으로 돌아옵니다. 여행에서 돌아온 뒤 패러데이는 몇 주 동안은 일거리 없이 지내야 했지만, 5월 중순에는 다시 왕립과학연구소에서 일하게 됩니다. 그 뒤로 은퇴할 때까지 왕립과학연구소에서 근무했지만, 실험실 조교 일을 길게 하지는 않습니다. 패러데이는 곧 데이비를 도와 산업 안전 분야에 크게 이바지합니다.

비숍웨어머스Bishopwearmouth의 교구목사가 네이비에게 탄광에서 안전하게 불을 밝힐 방법을 찾아달라고 부탁했습니다. 그때는 램프 때문에 탄광 내부에서 끔찍한 폭발 사고가 자주 일어났습니다. 가리개 없이 노출된 불꽃에 폭발가스(메탄)가 닿으면 폭발했기 때문입니다. 1812년

5월에도 잉글랜드 북동쪽에 있는 뉴캐슬과 가까운 펠링Felling에서 폭발 사고가 일어나 아흔두 명이 죽었습니다.

패러데이의 도움을 받아 데이비는 아주 가는 금속 망으로 불꽃을 감싼 '데이비 광부 안전 램프'를 만들었습니다. 데이비 광부 안전 램프의 금속 망은 기체는 통과할 수 있지만 폭발가스가 점화되어도 그 화염은 밖으로 나오지 않고 금속 망 안에 갇힙니다. 게다가 불꽃을 보면 탄광 내부의 공기 상태도 알 수 있었습니다. 질식을 일으키는 이산화탄소가 너무 많으면 불꽃은 사그라집니다. 반대로 불꽃이 활활 타오르면 폭발가스가 있다는 뜻입니다. 데이비 광부 안전 램프는 그 뒤로 수십 년 동안 수많은 광부의 목숨을 구했습니다.

패러데이는 1821년 6월에 결혼했습니다. 아내는 패러데이 가족이 다니는 교회의 장로였던 은 세공사의 딸 세라 바너드Sarah Barnard였습니다. 두 가족은 패러데이가 기억하는 한 평생 알고 지냈습니다. 1850년대에 찍은 사진을 보면 세라가 패러데이보다 나이가 많아 보이지만, 사실은 아홉 살 어렸습니다. 은 세공사 집안의 세 자매 가운데 한 명이었던 세라를 패러데이는 오랫동안 속절없이 좋아해왔습니다. 두 사람은 편지를 주고받았는데, 세라의 아버지가 그 사실을 알고 딸을 런던 남동부에 있는 어촌 마을 램즈게이트Ramsgate로 보내버렸습니다.

패러데이는 세라와 떨어져 지낸다는 사실을 견딜 수 없었습니다. 그는 훌쩍 마차에 올라 세라를 보러 램즈게이트로 갔습니다. 지난 몇 달 동안 패러데이는 세라에게 청혼하려고 엄청난 용기를 끌어모으고 또 끌어모았습니다. 세라와 함께 해변을 걷다가 패러데이는 대담하게도 세라의 손을 덥석 잡았습니다. 그날 밤, 패러데이는 세라에게 결혼해달라고 했고, 세라는 허락했습니다. 두 사람은 6월 12일에 결혼하기로 했습니다. 그때 패러데이는 왕립과학연구소에 있는 작은 방에 묵고 있었습니다. 그는 데이비에게 왕립과학연구소 다락에서 쓰지 않는 방을 자신이 써도 되는지 알아봐 달라고 부탁했고, 5월에 그렇게 해도 좋다는 승낙을 받았습니다. 패러데이는 실험실 관리자로 승진했습니다. 비록 연봉은 변함없이 1년에 100파운드였지만 양초와 난방비, 다락방 사용료는 공짜였습니다.

그때부터 패러데이의 사생활이 크게 바뀐 것은 당연한 일이지만, 예상하지 못했던 변화가 과학 연구에도 생겼습니다. 그 변화를 불러온 것은 덴마크 교수 한스 크리스티안 외르스테드(Hans Christian Ørsted, 1777~1851년)가 발견한 전자기(electromagnetism, 전기와 자기의 상호작용-옮긴이)였습니다. 외르스테드는 나침판 가까이에서 전류를 흐르게 하거나 차단하면 북쪽을 가리키는 나침판 바늘이 움직인다는 사실을 알아냈습니다. 그리고 전선을 흐르는 전류는 전선 주위에 원형 자기장을 만든다는 사실도 밝혔습니다.

많은 사람이 외르스테드의 연구 결과에 주목했습니다. 프랑스 과학자 앙드레 마리 앙페르(André-Marie Ampère, 1775~1836년)가 외르스테드의 실험을 재현했고, 그 소식은 왕립과학연구소에 전해졌습니다. 패러데이는 화학 실험을 하느라 바빴으므로 그 소식에 크게 신경을 쓰지 않았지만, 데이비는 흥미가 생겼습니다. 1821년 4월에 윌리엄 울러스턴William Wollaston이 왕립과학연구소를 방문했습니다. 울러스턴은 취미로 과학을 연구하는 의사였는데, 그가 데이비에게 외르스테드의 실험을 거꾸로 해보라고 제안했습니다. 자기장에 넣은 전선에 전류가 흐르는지 알아보라고 말입니다.

데이비와 울러스턴은 몇 시간 동안 실험해 보았지만 계속 실패했습니다. 데이비는 울러스턴과 하는 실험을 패러데이에게 설명했지만, 패러데이는 그다지 관심을 보이지 않았습니다. 하지만 《자연철학 연감 *Annals of Philosophy*》에서 패러데이에게 과학계가 그때까지 밝힌 전자기 현상에 대해 글을 써달라고 요청하면서 상황은 바뀌었습니다. 패러데이는 《자연철학 연감》에 「전자기 연구의 역사에 대한 대략적 진술 *Historical Sketch of Electromagnetism*」이라는 제목으로 외르스테드의 연구를 비롯한 최신 연구 결과를 정리한 글을 실었습니다. 그런 다음에는 한 걸음 더 나아갔습니다.

패러데이는 울러스턴과 데이비가 실패한 실험으로 시선을 돌렸습니다. 그리고 전선은 전지의 양 끝에 연결된 상태로 자유롭게 움직여야 한다는 것을 깨달았습니다. 패러데이는 1821년 9월 초에 우아하면서도 간단한 해결책을 찾아냈습니다. 그는 용기에 막대자석의 한쪽 끝이 바닥에 닿도록 넣고 녹인 왁스를 조금 부었습니다. 일단 왁스가 굳은 뒤에는 자석이 용기 중간에 똑바로 서게 됩니다. 그리고 강력한 전기 전도체인 수은을 용기에 붓고, 전선의 한쪽 끝을 수은에 담그고 다른 쪽 끝은 전지의 단자에 연결했습니다.

패러데이는 회로를 완성하고 전류가 흐르도록 전지의 다른 쪽 단자를 수은에 연결했습니다. 그러자 전선이 자석 주위를 원을 그리면서 돌기 시작했습니다. '전자기 회전electromagnetic rotation'이라고 부르는 전동기의 원리를 발견한 것입니다. 패러데이는 그 발견을 「전자기의 새로운 운동에 관한 기록Note on New Electro-Magnetical Motions」이라는 제목으로 《계간 과학Quarterly Journal of Science》에 발표했습니다.

패러데이의 연구는 전기와 자기 현상을 밝히는 중요한 실험이었지만, 그 때문에 패러데이와 데이비 사이는 금이 가기 시작했습니다. 울러스턴은 패러데이가 자기 생각을 훔쳤다고 생각했고, 데이비는 친구의 편을 들었습니다. 그리고 자신과 상의하지 않고 패러데이가 혼자서 실험하고 그 결과를 발표했다는 사실에 분통을 터뜨렸습니다.

패러데이와 데이비는 갈수록 사이가 나빠졌습니다. 2년 뒤인 1823년에는 패러데이가 염소 기체를 처음으로 액체로 만들었습니다. 패러데이가 실험 결과를 발표했을 때, 데이비는 패러데이가 자신이 이바지한 공로에 충분히 감사를 표하지 않는다고 느꼈고, 그 때문에 왕립학회 회의에서 패러데이를 비난했습니다. 1823년 4월에는 그 무렵에 왕립학회 회원이 된 패러데이의 친구 리처드 필립스Richard Phillips가 패러데이를 왕립학회 회원으로 받아들여야 한다고 주장했습니다. 필립스가 추천서도 썼는데, 5월 말에 패러데이는 데이비가 필립스에게 추천을 철회해달라고 요청했다는 사실을 알게 됩니다.

이제는 자신 있게 데이비에게 맞서게 된 패러데이는 자신의 멘토였던 데이비에게 추천을 철회할 수 있는 사람은 추천인밖에 없음을 상기시켜주었습니다. 패러데이는 그때 상황을 이렇게 기록했습니다. "데이비 씨는 '나는 학회 회장 자격으로 그 추천을 받아들이지 않을 거요.'라고 말했다. 나는 '데이비 경은 당연히 왕립학회에 도움이 될 만한 일을 하시리라고 믿습니다.'라고 대답했다." 데이비는 자신이 한 협박을 실행하지는 않았지만, 추천인들에게 추천을 철회하라고 설득하면서 시간을 끌었습니다. 하지만 데이비의 노력은 아무 소용이 없었습니다. 결국, 패러데이는 1824년 1월 8일에 왕립학회 회원이 되었습니다.

데이비는 친한 연구 동료의 선거를 도울 수는 없다고 생각했으므로 패러데이가 왕립학회 회원이 되는 것을 막았는지도 모릅니다. 데이비는 조지프 뱅크스(Joseph Banks, 1743~1820년)가 왕립학회 회장이었을 때 기승을 부렸던 후원을 되도록 하지 않으려고 했습니다. 데이비가 어떤 생각으로 그랬는지는 모르지만, 훗날 패러데이가 쓴 것처럼 두 사람은 패러데이가 "왕립학회 회원이 된 뒤로는 험프리 데이비 경과는 그 이전처럼 과학 이야기를 허심탄회하게 나누는 사이는 결코 될 수 없었다."라고 합니다.

패러데이가 왕립학회 회원이 되고 얼마 되지 않아 데이비는 시간을 많이 투자해야 하는 세 가지 일을 패러데이에게 맡깁니다. 그 세 가지 일이란 '애서니엄 클럽Athenaeum club 설립하기, 해군 군함의 구리 바닥을 보호하기, 광학유리 개선하기'였습니다. 애서니엄 클럽은 왕립학회 회원이 되기를 열망하는 상류층으로 구성된 비과학인 모임입니다. 1824년 초반에 패러데이는 애서니엄 클럽에 가입해달라고 상류층 인사들에게 편지를 보내는 일을 하면서 한 달을 보내야 했습니다. 5월에 열린 클럽 회의에서 패러데이는 연봉이 100파운드인 애서니엄 클럽의 회장직을 맡아달라고 공식적으로 요청을 받았지만 거절했습니다. 하지만 클럽에는 가입했고, 회원들에게 통풍과 빛에 대해 조언해주었습니다.

그전 해에 영국 해군청은 데이비에게 군함 바닥에 깐 구리가 부식하는 이유를 밝혀달라고 요청했습니다. 데이비는 구리와 과산화수소의 전기 반응 때문에 부식이 일어난다고 생각하고, 아연을 바르면 부식을 줄일 수 있을 거라고 대답했습니다. 해군 본부는 군함 세 척에 아연을 바르기로 하고, 1824년 2월 중순에 데이비가 만든 보호 장치를 설치했습니다. 후속 실험은 대부분 패러데이가 진행했는데, 1824년 4월 말이 되면 해군 본부에서 보호 장치에 만족한다는 답변을 보내옵니다. 그리고 해군은 모든 군함에 아연 보호 장치를 설치했습니다.

하지만 안타깝게도 1825년 초가 되면 아연 보호 장치에는 문제가 있음이 드러납니다. 아연 보호 장치는 구리가 부식하지 않게 했지만, 그 때문에 바다 생물을 쫓던 유독한 구리염이 생성되지 않아 선체에 따개비 같은 바다 생물이 달라붙어 버린 것입니다. 1825년 7월에 해군 본부는 아연 보호 장치를 모두 떼어버리라고 명령했고, 비난은 모두 데이비에게 쏟아졌습니다. 공개적으로 망신을 당하자 데이비는 건강이 나빠졌고, 결국 1827년 11월에 왕립학회 회장직에서 물러납니다.

데이비가 부과한 과제 가운데 가장 많은 시간을 뺏은 일은 단연코 광학유리를 개선하는 일이었습니다. 왕립학회와 경도위원회board of longitude는 합동 위원회를 만들고, 펠라트Pellatt와 그린Green이라는 유리 제조업자를 고용했습니다. 패러데이는 이 두 사람이 만든 유리의 화학 조성을 분석해야 했습니다. 훗날 패러데이는 유리를 만드는 일을 감독합니다. 그때 유리는 안경사인 조지 돌론드George Dollond가 깎았고, 천문학자 윌리엄 허셜(William Herschel, 1738~1822년)이 유리의 광학 특성을 점검했습니다.

아연 보호 장치 참사가 일어난 뒤, 데이비의 옛 후원자인(그때는 데이비스 길버트Davies Gilbert가 된) 데이비스 기디가 데이비 대신 합동 위원회 회장이 되었고, 패러데이를 위해서 왕립과학연구소에 유리 용광로를 설치해주었습니다. 질 좋은 유리는 균질해야 하고 굴절률이 높아야 하는 등 몇 가지 요소를 반드시 갖추어야 합니다. 납 같은 중금속 물질을 유리에 섞으면 굴절률이 높아집니다. 유리를 식히는 동안 중금속은 밑으로 가라앉으므로 끊임없이 저어주어야 합니다. 그런데 젓는 동안 유리에 기포와 줄무늬가 생깁니다. 그보다 10여 년쯤 전에 독일 과학자 요제프 폰 프라운호퍼(Joseph von Fraunhofer, 1787~1826년)가 기포와 줄무늬가 생기지 않는 유리 제조에 성공했지만, 그 비결은 비밀로 해서 패러데이는 자력으로 프라운호퍼의 방법을 알아내야 했습니다.

1827년 12월에 패러데이는 프라운호퍼의 기술을 역으로 진행해보려고 했지만, 그 시도는 실패했습니다. 그 뒤 2년 동안 패러데이는 일하는 시간의 75퍼센트 정도를 유리 제작에 쏟아부었고, 유리 주괴(거푸집을 부어 여러 모양으로 주조한 금속이나 합금 덩이−옮긴이)를 251개나 만들었습니다. 유리 만드는 일에 너무나도 많은 시간을 써야 했던 패러데이는 드디어 화가 나서 울위치Woolwich에 있는 왕립육군사관학교Royal Military Academy에 화학 교수로 가려고 마음먹습니다. 그런데 1829년 5월에 데이비가 심각한 뇌졸중으로 고생하다가 세상을 떠납니다. 결국, 유리 제조 프로젝트는 중단되었고, 패러데이는 비로소 마음껏 연구할 자유를 얻었습니다.

대강연장에서 강연하는 사람들을 도와 실험하는 일도 왕립과학연구소에서 패러데이가 초기에 했던 일 가운데 하나입니다. 오전에는 왕립과학연구소 근처에 있는 윈드밀가Windmill Street 의과대학교 학생을 위해 강연을 열었습니다. 강연자는 데이비 대신 화학 교수가 된 윌리엄 브랜드(William Brande, 1788~1866년)였습니다. 오후에는 공학자 존 밀링턴John Millington, 시인 토머스 캠벨Thomas Campbell, 음악가 윌리엄 크라치William Crotch, 피터 로제(Peter Roget, 유의어 사전을 만든 사람입니다), 건축가 존 손John Soane 같은 사람이 강연했습니다.

패러데이는 1816년부터 1818년 사이에 런던철학회에서 강연해본 적은 있지만, 왕립과학연구소에서는 1824년 12월 7일에 처음으로 강연했습니다. 열아홉 번에 걸쳐 열릴 대중 강연의 첫 번째 강연이었습니다. 지질학자 로더릭 머친슨Roderick Murchinson도 패러데이의 강연을 들었습니다. 그는 훗날 패러데이의 강의 방식이 훌륭하지는 않았다고 했습니다. 왜냐하면, 적어온 것을 주로 읽었고, 청중의 관심을 끌어내지는 못했기 때문입니다. 하지만 시간이 흐르면서 패러데이의 강연 실력은 향상됩니다.

1826년 12월이 되면 패러데이는 건물 관리비를 감독하는 권한까지 있는 왕립과학연구소 부소장이 됩니다. 최고 관리인이 되어 패리데이가 가장 먼저 해결해야 할 문제는 고질적인 수입 부족 문제였습니다. 패러데이는 재정 문제를 해결하려고 두 가지 강연을 기획했는데, 두 강연 모두 지금까지 계속 열리고 있습니다. 바로 금요 저녁 강연과 어린 아이를 위한 크리스마스 과학 강연입니다. 첫 번째 주자로 제1회 크리스마스 과학 강연을 한 이후 1861년에 자신의 마지막 강연을 할 때까지, 크리스마스 과학 강연은 주로 패러데이가 맡았습니다. 왕립과학연구소에서 하는 크리스마스 과학 강연은 수십 년 동안 방송으로 중계되어왔습니다.

크리스마스 과학 강연은 누구나 들을 수 있었지만, 금요 저녁 강연은 왕립과학연구소 회원과 그 가족만이 참석할 수 있는데 정장을 입어야 합니다. 패러데이는 첫 번째 금요 저녁 강연을 진행했고, 1840년까지 모두 127회 강연했습니다. 다섯 번 가운데 한 번은 패러데이가 강연한 것입니다. 그는 금요 저녁 강연을 활용해 회원을 늘릴 수 있음을 깨닫고, 언론인을 강연에 초대했습니다. 그 덕분에 일반인이 구독하는 정기 간행물에 강연회 기사가 길게 실렸고, 실제로 회원이 늘어났습니다. 1820년대 초반에 왕립과학연구소에 가입한 회원은 1년에 열한 명 정도였습니다. 패러데이가 그 수를 예순다섯 명 정도까지 끌어올렸습니다.

연습을 통해 패러데이의 강연 기술은 좋아졌습니다. 왕립과학연구소는 1830년부터 패러데이의 강연에 참석한 청중의 수를 조사했습니다. 1830년대에 패러데이의 강연에 참석한 청중은 200명 정도였지만, 1840년대 초에는 600명이 넘을 정도로 청중 수가 급격하게 늘었습니다. 더구나 1850년대가 되면 청중 수는 800명 정도를 늘 유지했습니다. 1000명이 넘게 온 경우도 세 번이나 있었습니다. 패러데이는 분명히 그 시대 최고 강사였습니다.

데이비가 던져준 일 때문에 패러데이는 계속해서 바빴지만, 한 번도 전기와 자기에 대한 생각을 멈춘 적은 없었습니다. 외르스테드는 전선을 흐르는 전류 때문에 자기장이 생성된다는 사실을 밝혔는데, 패러데이는 자기장이 전류를 생성할 수 있는지가 궁금했습니다. 공책에 패러데이는 "전류가 자기로 바뀔 수 있다면 그 반대도 될 수 있다고 생각하는 게 옳지 않을까?"라고 썼습니다. 1820년대 중반에 패러데이는 전류를 자기로 바꾸는 실험을 몇 차례 했지만, 모두 실패했습니다.

1831년 8월에 패러데이는 자신이 생각했던 것과 일치하는 결과가 나온 일련의 실험을 진행했습니다. 그는 철로 만든 고리의 양쪽에 전선을 감고 한쪽 전선에 전류를 흘려보낸 뒤에, 다른 쪽 전선에 연결된 검류계(전류의 세기를 측정하는 장치)에서 바늘이 움직이는 모습을 관찰했습니다. 전류가 흐르면 검류계 바늘은 한쪽으로 살짝 움직였다가 다시 원점으로 돌아갔고, 전류를 차단하면 원점에 있던 검류계 바늘은 처음과는 반대쪽으로 살짝 움직였습니다. 패러데이는 현재 휴대전화 충전기를 비롯한 많은 장치에 장착하는 변압기의 원리를 발견한 것입니다. 발전소에서 내보낸 고압 전류를 가정에서 사용할 수 있는 저압 전류로 바꿔야 하는 전기 공급망에도 변압기 원리는 광범위하게 적용됩니다.

패러데이는 자기 실험 결과를 완벽하게는 믿을 수 없었으므로 다시 실험해보았습니다. 실험 결과는 같았습니다. 그는 잠시 쉬기로 하고, 세라와 함께 헤이스팅스Hastings로 휴가를 떠나 한 달이 지날 때까지 실험실로 돌아가지 않았습니다. 실험실로 돌아온 뒤에는 새로 발견한 현상을 계속 연구하여, 결국 10월 17일에 큰 업적을 세웁니다. 돌돌 말린 전선에 영구자석을 반복적으로 넣었다가 **빼면** 전류가 흐른다는 사실을

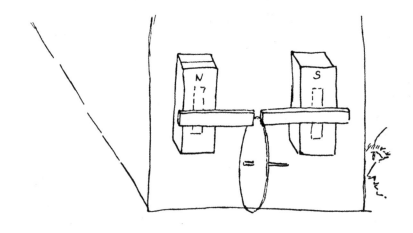

그림 3. 1831년 10월 28일 자 실험 공책에 패러데이가 직접 그린 구리 원반 발전기

발견한 것입니다.

그 뒤로 며칠 동안 패러데이는 영구자석의 양쪽 극 사이에 구리 원반을 놓는 식으로 실험을 변형해보았습니다. 그리고 10월 28일에 구리 원반을 회전시키면 전류가 발생한다는 사실을 알아냈습니다. 앞 쪽의 그림은 패러데이가 실험 공책에 그 실험을 기록한 그림입니다.

패러데이는 그가 한 발견 가운데 가장 중요한 발견을 할 수 있었습니다. 자석과 전도체로 전류를 만들 수 있음을 알아낸 것입니다. 그는 전도체와 자석 가운데 어느 쪽을 고정하거나 움직이는 것이 실험에서는 전혀 문제가 되지 않음을 알았습니다. 전도체가 움직이건 자석이 움직이건 간에 모두 전류가 흘렀기 때문입니다. 석탄을 쓰건, 석유를 쓰건, 원자력이나 바람을 이용하건 간에 전기 발전소는 모두 이 원리로 가동합니다.

1832년 3월에 패러데이는 전류가 흐르는 전선이 자기장과 서로 직각을 이루면 전선이 움직인다는 사실을 발견했고, 그 덕분에 중요한 개념을 확립할 수 있었습니다. 그는 또한 전류의 방향과 자석의 방향이 직각을 이룰 때 전선이 가장 많이 움직인다는 사실도 알아냈습니다. 수학은 잘 몰랐지만, 생각만은 3차원적으로 할 수 있는 패러데이였습니다.

1832년 말이 되면 패러데이는 전기화학electrochemistry으로 관심을 돌립니다. 그 무렵에는 전지·번개·정전기·전기뱀장어 등이 만드는 다양한 전기가 같은지, 아니면 본질적으로 다른지를 놓고 논쟁이 벌어지고는 했습니다. 패러데이는 모든 전기는 본질적으로 같다고 믿었지만,

마이클 패러데이 : 타고난 관찰력으로 최고의 과학자가 된 가난한 제본공

왕립과학연구소에 새로 임명된 자연철학과 교수 윌리엄 리치(William Ritchie, 1790~1837년)와 험프리 데이비의 동생 존 데이비John Davy는 다르다고 생각했습니다.

패러데이는 생리작용·자기에 의한 편광magnetic deflection 현상·스파크·화력발전 같은, 관찰할 수 있는 다양한 전기 현상이 발생 원인과는 상관없이 모두 동일한 현상임을 입증하는 연구를 시작합니다. 그리고 1832년 12월 15일에 모든 전기 현상에 공통으로 나타나는 특징을 정리한 논문을 왕립학회에 제출했습니다.

1839년에 그 논문의 2쇄를 찍을 때 패러데이는 비워두었던 부분을 거의 그동안 진행한 연구 결과로 채워 넣을 수 있었고, 다양한 현상을 나타내는 전류가 사실은 모두 같은 현상임을 명확하게 보여줄 수 있었습니다. 지질시대에 중신세Miocene나 선신세Pliocene 같은 명칭을 붙여준 박식가 윌리엄 휴얼(1794~1866년)의 도움을 받아 패러데이는 전극electrode, 양극anode, 음극cathode, 이온ion 같은 전기 용어를 만들었습니다.

전하(electrical charge, 물체가 띠고 있는 정전기의 양으로 모든 전기 현상의 근원이 되는 실체-옮긴이)의 본질을 좀 더 잘 이해하려고 패러데이는 1835년에 커다란 구리 보일러를 빌려와서 보일러의 표면과 내부에 흐르는 전기의 분포 상태와 세기를 측정했습니다. 구리는 아주 좋은 전기 전도체로 값도 싸서 거의 모든 전기 배선에 사용합니다. 구리는 실험 재료로도 아주 좋습니다. 패러데이는 왕립과학연구소 대강연장에서 자신이 했던 실험을 재현하고 싶었습니다. 그는 각 변의 길이가 3.7미터인 나무틀을 만들고, 그 나무틀에 전선을 감아 커다란 정육면체 상자를 만들었습니다. 그리고 대강연장 바닥으로 전기가 흐르지 않도록 유리 위에 그 정육면체 상자를 올렸습니다.

패러데이는 정전기를 일으켜 정육면체 상자를 둘러싼 전선에 전류를 흐르게 한 뒤에 정육면체 상자 한쪽 면에 설치한 뚜껑을 열고 그 안으로 들어갔습니다. 패러데이의 말처럼 그는 "정육면체 상자 안으로 들어가 머물렀다. 그리고 불을 켠 초와 전위계(electrometer, 정전기로 전압이나 전위를 측정하는 장치−옮긴이)를 가지고 전기의 분포 상태를 알아보는 모든 실험을 했다."라고 합니다. 패러데이는 전선으로 만든 정육면체 상자의 바깥에는 전류가 흐르지만, 안쪽에는 전류가 흐르지 않음을 보여주었습니다. 그때 만든 정육면체 상자를 지금은 '패러데이 상자 Faraday cage'라고 부릅니다. 자동차나 비행기에 벼락이 쳐도 그 안에 있는 사람들이 통구이가 되지 않는 이유는 전도체의 이런 특성 때문입니다. 패러데이 상자 덕분에 전류는 몇몇 사람의 생각과 달리 액체가 아님을 알 수 있었습니다.

1836년에 패러데이는 알려진 힘들 사이에 어떤 관계가 있는지 알아보려고 했고, "미립자적 힘을 양적으로 비교할 수 있는, 즉 전기력·중력·화학친화력·응집력 같은 힘들을 비교할 수 있는, 그래서 내가 그 힘들을 어떤 모양이나 다른 방법을 이용해 같은 식으로 표현할 수 있는지를 알아보는" 실험을 하겠다고 공책에 적었습니다. 하지만 1836년에 이런 생각을 했는데도 패러데이가 여러 힘이 맺고 있는 관계를, 다시 말해서 그런 관계가 있다고 가정하고, 본격적으로 고민한 것은 그로부터

13년이 흐른 뒤입니다.

1834년 6월에 찰스 휘트스톤(Charles Wheatstone, 1802~1875년)은 「전기의 속도와 전등의 지속 시간을 측정하는 몇 가지 실험에 관한 설명*An Account of Some Experiments to Measure the Velocity of Electricity and the Duration of Electric Light*」이라는 논문을 발표했습니다. 휘트스톤은 전선의 양끝과 중간에 불꽃간극(spark gap, 불꽃을 방전하기 위해 전극 간에 띄우는 틈새-옮긴이)이 있는 거의 1킬로미터에 달하는 전선에 전류를 흘려보냈습니다. 그리고 시계 판에 작은 거울을 장착해 거울을 아주 빠르게 회전시켰습니다. 휘트스톤은 자신이 만든 장비를 스파크가 동시에 일어나면 거울에서 빛이 직선으로 반사되도록 장치했습니다. 실제로 중간에 있는 불꽃간극에서는 스파크가 양 끝보다 늦게 발생합니다. 전류가 전선의 중간 지점까지 가는 데 시간이 걸리기 때문입니다. 휘트스톤은 전기의 속도는 시속 46만 3500킬로미터라는 결론을 내렸습니다.

휘트스톤의 실험은 패러데이의 관심을 불러일으켰습니다. 1836년과 1837년에 패러데이는 휘트스톤의 실험을 변형해, 회로에서 전극에 연결하는 전선 한 가닥을 물이나 유리, 혹은 전기가 잘 통하지 않는 다른 전도체로 바꾸어 실험했습니다. 그러자 중간 지점에서 스파크가 발생하는 시간이 점점 더 늘어졌습니다. 패러데이는 약한 전도체에 점점 전하가 쌓여서 스파크가 발생할 정도로 그 양이 많아지면 방전한다는 이론을 세웠습니다. 1837년 11월 중순에 패러데이는 그 같은 실험 결과를 설명하려고 '유전체*dielectric*'라는 개념을 도입했습니다. 유전체란 절연체(부도체)이면서도 두 전도체 사이에 끼워 넣으면 전류가 흐르는 물질입니다(전류는 통하지 않지만 전기장 안에서 표면에 전하가 유도되는 물질이 다-옮긴이).

1830년대 말에 패러데이는 전기와 생명의 관계로 관심을 돌렸습니다. 그때는 전기는 생명력이며, 전기를 이용하면 죽은 유기체를 살릴 수 있다고 주장하는 사람도 있었습니다. 루이지 갈바니(Luigi Galvani, 1737~1798년)가 전하를 띤 외과용 메스를 죽은 개구리 다리에 갖다 대자 개구리 다리가 움찔한 뒤로는, 전기는 생명체가 가진 생명력에 중요한 역할을 한다는 생각이 인기를 끌었고, 메리 셸리(Mary Shelley, 1797~1851년)는 『프랑켄슈타인Frankenstein』을 쓰기까지 했습니다. 패러데이도 극미한 전기를 측정하려고 실험실에 개구리를 몇 마리 보관하기도 했습니다.

1839년부터 1842년 중반까지 패러데이는 거의 연구하지 못했습니다. 1839년 말에는 어지럼증, 현기증, 두통 같은 증상이 나타나서 해변에 가서 한 달 동안 요양해야 했습니다. 1840년에는 연구해보려고 노력했지만, 1840년 12월에는 왕립과학연구소 관리자들이 패러데이에게 완전히 회복할 때까지 모든 의무를 내려놓고 푹 쉬라고 말해야 했습니다. 1841년에는 석 달 동안 스위스에서 지냈습니다. 데이비를 따라 유럽 대륙을 여행한 뒤로 처음으로 다시 유럽 대륙으로 건너간 것입니다. 그 뒤로도 패러데이는 완벽하게는 건강을 회복하지 못했습니다. 그 무렵에 쓴 편지에는 나빠진 건강에 대한 말이 자주 나옵니다.

하지만 몸이 아프다고 아무 일도 하지 않을 패러데이가 아니었습니다. 1840년 10월에는 교회 장로가 되었습니다. 장로는 해야 할 일이 아주 많았고, 예배도 진행해야 했습니다. 또한, 트리니티하우스(Trinity House, 수로안내협회), 군수회Ordnance office, 내무성Home office을 위해 실험하는 등 정부 일에도 깊이 관여했습니다. 이 무렵에 패러데이가 정부 일에 깊이 관여한 이유는 그가 하는 과학 연구에 진척이 없고 막힌 길을 어떻게 뚫어야 할지도 몰랐기 때문이라고 생각하는 사람도 있습니다.

패러데이는 한동안 길을 잃었을지도 모르지만, 그런 상태는 오래 가지 않았습니다. 1843년 초반에 패러데이는 공간의 본질을 고민했는데, 진공에서 전기가 통하는지 궁금해졌습니다. 1844년 1월에 패러데이는 왕립과학연구소에서 '전기 전도와 물질의 본질에 관한 추론'이라는 제목으로 강연하고, 《왕립학회 회보》에도 같은 제목으로 논문을 발표했습니다. 그는 공간에서 전류가 흐르는지에 관한 문제는 화학자 존 돌턴(John Dalton, 1766~1844년)이 제안한 원자설로는 대답할 수 없다고 주장했습니다. 그 대신 패러데이는 공간에서 퍼져나가는 것은 역선(lines of force, 자기장이나 전기장의 크기와 방향을 보이는 선-옮긴이)들이 만나는 점이라고 주장했습니다. 이 주장을 뒷받침하는 이론을 정립하면서 패러데이는 자성magnetism은 자성을 띤 금속만이 아니라 물질이 갖는 보편적 특성임을 밝힐 필요가 있음을 깨닫습니다.

패러데이는 1845년 초반부터 자신의 추론을 확인하는 몇 가지 실험을 진행했습니다. 그는 철에 열을 가하면 자성을 잃는다는 사실에 근거해 자성은 온도와 관계가 있는 현상이라고 생각했습니다. 패러데이는 그렇다면 상온에서 자성을 띠지 않는 물질도 온도를 낮추면 자성을 띠게 되는지 궁금했습니다. 영하 110도(℃)까지 온도를 낮추어 기체를 액체로 만든 패러데이는 1845년 5월에 온도를 낮추면 자성이 없는 물질도 자성을 띠는지를 알아보는 실험을 진행했습니다. 실험에서 자성을 띤 물질은 코발트뿐이었고, 패러데이는 그 결과를 《철학지*Philosophical Magazine*》에 발표합니다. 그는 비록 실험에서는 다른 물질이 자성을 띠는 모습을 발견하지 못했지만, 그래도 역시 세 가지 금속(철과 니켈과 코발트)과 그 외 다른 물질의 차이점은 자성을 띠게 되는 온도밖에 없다고 생각했습니다.

1845년 7월에 패러데이는 영국학술협회British Associations 연례 회의에 참석해서 나중에 초대 켈빈 경이 되는 윌리엄 톰슨(William Thomson, 1824~1907년)을 만납니다. 당시 톰슨은 떠오르는 스타였습니다. 다음 해에 톰슨은 글래스고우대학교Glasgow University 자연철학과 교수가 됩니다. 처음 만났을 때부터 친구가 된 두 사람은 패러데이가 세상을 떠날 때까지 친하게 지냈습니다.

8월에 톰슨은 패러데이에게 편지를 써서 투명한 유전체가 편광(polarized light, 한 방향으로만 진동하는 빛의 파동)에 어떤 작용을 하는지 물었습니다. 그 편지에 패러데이는 1834년에 그에 관한 실험을 했지만 어떠한 해답도 찾지 못했다고 대답했습니다. 톰슨의 편지를 받은 뒤에 패러데이는 다시 실험해보기로 마음먹습니다. 운이 좋게도 패러데이는 트리니티하우스를 위해 성능이 좋은 등대에서 전등을 네 개 점검하는 일을 맡았습니다. 그 덕분에 전등 가운데 한 개를 사용해 빛을 전해질(용매에 녹으면 이온이 되는 물질)에 통과시키는 실험을 할 수 있었지만, 역시 만족할 만한 결과는 얻지 못했습니다. 그때 패러데이는 문득 붕산

염을 바른 유리를 전자석(electromagnet, 전류가 흐르면 자기화되고, 전류가 끊어지면 원래 상태로 돌아가는 일시적 자석-옮긴이)의 양쪽 극 사이에 놓아 보자고 생각하게 됩니다.

붕산염을 바른 유리를 전자석 양 극 사이에 놓고 전자석을 켜자 유리를 통과하는 빛의 분극polarization 상태가 바뀌었습니다. 패러데이는 공책에 "자기력과 빛은 서로 관계가 있음이 입증되었다. 이 같은 사실은 자연이 갖는 두 힘의 상태에 관한 가장 풍부하고 가장 값진 증거가 될 가능성이 크다."라고 적었습니다. 그는 자기광학 효과를 나타내는 투명한 물체를 '반자성체(diamagnetics, 모든 반자성체가 투명한 것은 아니다. 반자성체는 외부 자기장에 놓였을 때, 물질의 표면에 동일한 자극이 유도되어 외부 자기장을 상쇄하므로 대부분의 자석에 붙지 않는다. 이에 더하여, 매우 강한 자기장에서는 동일한 자극 사이의 척력이 발생하여 물체가 밀려나는 모습을 보인다. 그래서 패러데이가 자기장 속에 매달아놓은 유리가 회전하여 자기장과 수직인 방향에서 멈추었다. 이와 반대로 철, 니켈, 코발트와 같은 상자성체는 자석에 잘 붙는데, 외부 자기장에서 반대 자극이 유도되기 대문에 자기장과 나란한 방향으로 정렬한다-옮긴이)'라고 했는데, 이는 유전체를 떠오르게 하는 용어입니다. 패러데이는 두 가지 중요한 발견을 했습니다. 하나는 빛과 자기는 관계가 있다는 것이고, 또 하나는 유리도 자기에 영향을 받는다는 것입니다.

이 같은 실험 결과는 '조건만 제대로 갖춘다면 모든 물질은 자성을 띤다.'라는 패러데이의 추론과 일치하는 결과였습니다. 그 다음으로 패러데이는 자력이 유리에 직접 영향을 미칠 수 있음을 입증하고 싶었습니다. 그는 선박 상인 찰스 엔더비Charles Enderby에게서 닻을 연결하는 고리를 얻어 커다란 U자형 전자석을 만들었고, 전자석 주위를 160미터에 달하는 전선으로 감았습니다. 전자석의 최종 무게는 108킬로그램 정도였습니다.

패러데이는 11월 3일에 실험을 시작했고, 11월 4일에는 전자석의 양쪽 극 사이에 납을 바른 무거운 유리를 매달았습니다. 전자석을 켜자 유리는 전자석의 양쪽 극에 나란한 방향으로 멈추어 섰습니다. 그로부터 일주일이 지나기 전에 패러데이는 자성을 띠는 물질을 쉰 개 이상 더 찾아냈고, 이 실험을 기록하면서 처음으로 '자기장magnetic field'이라는 용어를 사용해 자연의 네 가지 힘을 현대적인 모형으로 구축할 때 핵심이 될 역할을 하는 개념을 소개했습니다.

1851년 말에 패러데이는 물리학을 공부하는 사람이라면 누구나 아는 쇳가루가 자석 주변에 일렬로 늘어선 그림을 그렸습니다. 그는 친구들에게 보내는 편지에 그 그림을 그려 보냈고, 1852년에는 쇳가루 그림을 '자기장'의 존재를 입증하는 증거로 제시한 논문을 두 편 발표했습니다. 패러데이는 수학 지식이 별로 없어서 자신이 세운 이론을 수학을 토대로 설명할 수는 없었습니다. 패러데이의 이론을 수학으로 설명한 사람은 이 책에 나오는 위대한 물리학자 열 명 가운데 한 명이자 다음 장에서 소개할 제임스 클라크 맥스웰입니다.

자기장이라는 개념은 패러데이가 시각적으로 묘사하면서 탄생했지만, 그 개념을 전자기장Electromagnetic field이라는 개념으로 확장하고, 좀 더 뒤에는 중력을 비롯한 다른 힘을 설명할 때도 활용하는 개념으로 확대해서 적용한 사람은 맥스웰입니다. 심지어 유명한 힉스입자Higgs boson도 힉스장Higgs field을 만듭니다. 미립자는 힉스입자를 매개로 힉스장과 상호 작용하며, 그 과정에서 미립자에 질량이 생깁니다. 아인슈타인은 연구실 벽에 초상화를 세 개 걸었는데, 패러데이, 뉴턴, 맥스웰의 초상화였습니다. 1936년에 아인슈타인은 "패러데이와 맥스웰이 확립한 이론은 뉴턴 시대 이후로 물리학의 토대를 바꾼 가장 커다란 변화일 것"이라고 했습니다.

1840년대 후반에 패러데이는 앨버트Albert 왕자를 만났습니다. 앨버트 왕자는 왕립과학연구소의 부후원자가 되어, 1849년 2월에 왕립과학연구소에서 열린 강연에 처음 참석했습니다. 패러데이가 진행한 반자성diamagnetism에 관한 강연이었습니다. 두 사람은 곧 친해졌고, 1855년에는 앨버트 왕자가 10대였던 두 아들 왕세자와 앨프리드Alfred 왕자를 패러데이가 진행하는 크리스마스 과학 강연에 데리고 왔습니다. 1858년 3월에 열린 템스 강의 첼시 다리 개통식에서 패러데이는 앨프리드 왕자, 왕세자와 함께 가장 먼저 다리를 건넜습니다.

다음 달, 햄프턴코트그린Hampton Court Green에 우아하고 아름다운 집이 한 채 비자 앨버트 왕자는 빅토리아 여왕에게 그 집을 패러데이에게 하사해달라고 부탁했습니다. 한 달쯤 지나 패러데이와 세라는 앤 여왕의 소유였던 그 집을 찾아갔고, 그 집에 고쳐야 할 곳이 아주 많다는 사실을 알았습니다. 버킹엄궁전에서 집 수리비를 댔고, 9월 초에 패러데이는 집을 받았습니다. 그 뒤로도 패러데이는 여전히 왕립과학연구소 다락에 있는 집에서 지냈지만, 그때부터 패러데이와 세라는 자주 햄프턴코트그린에서 시간을 보냈습니다. 1867년 8월 25일에 패러데이가 세상을 떠났을 때도 머물던 곳은 햄프턴코트그린의 집이었습니다. 그는 하이게이트Highgate 묘지에서 비국교도 구역에 묻혔습니다.

패러데이가 했던 전기와 자기에 관한 실험은 다음 장에 나오는 제임스 클라크 맥스웰이 중요한 업적을 세우는 기반을 마련해주었습니다. 패러데이는 정규 수학 교육을 전혀 받지 못했지만, 맥스웰은 19세기를 통틀어 가장 저명한 수학자 가운데 한 명입니다. 그는 패러데이가 진행한 연구 결과를 발전시켜 아주 중요한 물리학 이론을 확립했습니다. 바로 전자기론theory of electromagnetism입니다.

4장

제임스 클라크 맥스웰

전자기학으로 새로운 물리학의 시대를 연 내성적인 천재

James Clerk Maxwell

위대한 물리학자 톱10에서 5위를 차지한 사람은 스코틀랜드 물리학자 제임스 클라크 맥스웰이다. 갈릴레오나 뉴턴, 패러데이와 달리 그다지 유명한 사람은 아니지만 맥스웰은 정말 중요한 물리학자로 아인슈타인은 "제임스 클라크 맥스웰은 한 과학의 시대를 끝내고 다른 과학의 시대를 열었다."라고 했다. 맥스웰이 유명하지 않은 이유는 그의 성격이 내성적인 데다 부끄러움이 많고 이른 나이에 세상을 떠났기 때문이기도 하겠지만, 그의 업적이 대부분 수학과 깊이 관련이 있기 때문일 수도 있다.

맥스웰은 1831년 6월에 에든버러에서 존 클라크John Clerk와 프랜시스 케이Frances Cay의 외아들로 태어났습니다. 맥스웰의 부모는 결혼과 함께 맥스웰 가문이 소유했던 미들비Middlebie 영지를 물려받았습니다. 맥스웰의 할아버지는 준남작 작위는 큰아들인 조지에게 물려주었고, 둘째 아들인 존에게는 미들비 영지에서 1500에이커에 달하는 글렌레어Glenlair 영지를 주었습니다. 존 클라크가 글렌레어 영지를 받은 해에 제임스 클라크 맥스웰도 태어났습니다.

존 클라크 맥스웰은 법정 변호사로, 에든버러에서 활동하면서 많은 돈을 벌었습니다. 또한, 자기 소유의 영토에서 나오는 돈도 상당히 많았습니다. 하지만 존은 돈을 가장 중요하게 생각하는 사람이 아니었습니다. 그는 프랜시스 케이를 만나 결혼할 무렵에 에든버러를 떠나 스코틀랜드 남서부, 덤프리스 갤러웨이Dumfries and Galloway의 우어Urr 계곡에 있는 글렌레어로 왔습니다. 존과 프랜시스는 결혼하고 첫째 아이 엘리자베스를 낳았지만, 엘리자베스는 갓난아기 때 죽습니다. 제임스가 태어났을 때 프랜시스는 마흔 살이 다 되어갔습니다. 그러니 부부에게 제임스는 끔찍하게 사랑스러운 아들일 수밖에 없었습니다. 그 무렵에 존은 변호사 일을 그만두고 시골 영주로서의 삶을 열심히 살아가고 있었습니다.

종교는 제임스 클라크 맥스웰의 양육에서 아주 중요한 역할을 했습니다. 매일 아침이면 맥스웰 가족은 하인까지 모두 모여 기도했습니다. 일요일이면 글렌레어 영지에서 서쪽으로 8킬로미터나 가야 하는 파톤Parton 교회까지 온 가족이 걸어갔습니다. 하지만 경건하고 금욕적인 삶을 살지는 않았습니다. 맥스웰의 집은 웃음과 기쁨이 끊이지 않았고, 가족은 자주 음악을 연주하고 춤을 추었습니다. 어렸을 때는 프랜시스가 맥스웰을 집에서 직접 가르쳤는데, 맥스웰은 자주 밖에 나가서 또래 아이들과 어울려 놀았습니다. 그때 맥스웰의 입에 붙은 갤러웨이 억양은 평생 없어지지 않았습니다.

맥스웰의 어머니가 배에 생긴 암 때문에 1839년에 마흔일곱 살의 나이로 세상을 떠났을 때, 맥스웰 집안의 행복은 깨졌습니다. 존은 너무나 바빠서 여덟 살 난 아들을 직접 가르칠 수가 없었습니다. 그는 지역 학교는 맥스웰에게 적당하지 않다고 생각했으므로 대학을 입학할 예정인 열여섯 살짜리 가정교사에게 맥스웰을 맡겼습니다. 하지만 그 결정은 재앙을 불러왔습니다. 열여섯 살짜리 가정교사 지망생은 어린 소년을 어떻게 가르쳐야 하는지 몰랐고, 맥스웰은 선생님을 몹시 싫어했습니다.

다행히도 맥스웰의 이모 제인Jane이 도움의 손길을 내밀었습니다. 이모는 존에게 자신이 에든버러에서 존의 여형제 이사벨라Isabella와 함께 맥스웰을 돌보겠다고 했습니다. 이사벨라의 집에서 조금만 걸어가면 유명한 에든버러학교Edinburgh Academy가 있었습니다. 에든버러학교에 입학한 맥스웰은 학기 중에는 이사벨라의 집에서 지내고, 방학 때는 글렌레어의 집으로 돌아갔습니다.

맥스웰이 에든버러학교에 입학했을 때, 1학년은 정원이 꽉 차서 맥스웰은 2학년으로 들어가야 했습니다. 처음에는 학교생활이 쉽지 않았습니다. 친구들은 맥스웰보다 나이가 많은 데다가, 맥스웰의 억양을 놀리기까지 했습니다. 세련된 에든버러학교 학생들에게 맥스웰의 옷차림은 너무나도 우습게 보였습니다. 친구들은 맥스웰이 소작농처럼 말하고 입는다고 생각했습니다. 맥스웰은 친구들이 난폭하게 대하고 놀려도 참았습니다. 어떤 때는 운동장 모퉁이에서 혼자 앉아 있기도 했습니다. 한 친구는 맥스웰을 "전속력으로 달리지만 바퀴가 선로에서 떠 있는 증기기관차"라고 표현했습니다. 입학하고 1년이 지나서야 맥스웰에게는 진정한 친구가 생기지만, 친구가 생기기 전에도 맥스웰이 크게 힘들었던 것 같지는 않습니다.

맥스웰은 아버지와 정기적으로 편지를 주고받았습니다. 맥스웰이 보낸 편지에는 아이다운 장난기가 가득했는데, 열세 살 생일 직후에 보낸 편지는 조금 달랐습니다. 편지에서 맥스웰은 "4면체랑 12면체를 만들었어요. 다른 면체도 두 개 더 만들었는데, 정확한 이름을 모르겠어요."라고 썼습니다. 아직 기하학을 배우기 전이었는데, 수학책에서 '정다면체'에 관한 내용을 읽고 다면체 모형을 만들어본 것입니다.

전통적인 암기식 교육이 맥스웰에게 맞지 않았지만, 3학년 수업은 훨씬 흥미로워서 맥스웰은 훨씬 더 열심히 공부할 수 있었습니다. 당연히 성적은 올랐고, 맥스웰은 라틴어와 그리스어에도 흥미가 생겼습니다. 이제 맥스웰은 공부를 좋아하는 친구들과 어울릴 수 있었습니다. 4학년이 되어 수학을 배우자, 맥스웰 내면에 숨어 있던 재능이 갑자기 터져 나온 것 같았습니다. 맥스웰은 기하학을 쉽게 익혀서 친구들을 놀라게 했고, 그 덕분에 자신감이 생겼는지 다른 과목 성적도 함께 올라갔습니다. 곧 맥스웰은 학급에서 성적이 상위 그룹에 속하는 학생이 되었습니다.

그 무렵에 학급에서 아주 인기가 많은 루이스 캠벨Lewis Campbell이 맥스웰의 고모네 옆집으로 이사 왔습니다. 루이스는 똑똑한 학생으로 친구들에게도 인기가 많았습니다. 두 아이는 친구가 되어 함께 집으로 돌아오기도 하고, 학교 숙제에 관해 이야기를 나누기도 했습니다. 처음에는 주로 기하학에 관해 이야기했지만, 두 아이의 관심사는 더욱 넓고 깊어졌습니다. 이 우정은 맥스웰이 죽을 때까지 지속합니다.

루이스 덕분에 맥스웰은 같은 학년에서 또 다른 영리한 학생들과 친구가 될 수 있었습니다. 스코틀랜드에서 아주 유명한 물리학자가 되며, 학계에서 중요한 자리를 두고 경쟁할 때마다 여러 번 맥스웰을 제치고 그 자리를 차지한 피터 거스리 테이트(Peter Guthrie Tait, 1831~1901년)도 그중 한 명입니다. 두 사람은 모두 교수가 되었고, 맥스웰이 살아 있는 동안 내내 편지를 주고받았습니다.

놀랍게도 맥스웰은 열네 살 때 과학 논문을 처음 발표했습니다. 줄과 핀을 사용해 그린 곡선에 관한 내용이었습니다. 줄 한쪽 끝을 핀에 묶고 다른 쪽 끝에 연필을 묶어 연필을 한 바퀴 빙 돌리면 원을 그릴 수 있습니다. 줄의 양 끝을 두 핀에 각각 묶고 연필로 줄이 팽팽한 상태를 유지하게 당기면서 한 바퀴 돌리면 타원을 그릴 수 있습니다. 줄의 길이가 일정할 때는 두 핀 사이의 거리가 멀수록 가로로 긴 타원이 그려지고, 두 핀을 같은 곳에 두면 원이 그려집니다.

기하학 시간에 이런 식으로 원과 타원을 그리는 법을 배운 맥스웰은 좀 더 깊이 연구했습니다. 그는 타원의 두 초점(핀)에 묶은 줄 가운데 한쪽 끝을 풀어 연필을 묶고, 그 핀에서 다른 쪽 핀의 연필을 묶은 부분으로 줄을 한 바퀴 두른 뒤에 줄을 팽팽하게 유지한 채로 다른 곡선을 그렸습니다. 이 곡선의 모양은 꼭 달걀 껍데기의 표면 곡선 같아서 '달걀꼴곡선'이라고 부릅니다. 맥스웰은 이런 식으로 계속 반대편 핀에 줄을 두르면서 곡선을 더 많이 그려나갔습니다. 그리고 줄이 타원의 한 초점을 두르는 횟수는 두 초점 간의 거리와 줄의 길이에 관계가 있다는 수학 방정식을 유도해냈습니다.

맥스웰의 아버지는 맥스웰이 쓴 글을 자기 친구이자 에든버러대학교Edinburgh University 자연철학과 교수였던 제임스 포브스James Forbes에게 보여주었습니다. 포브스와 에든버러대학교 수학과 교수였던 필립 켈런드Philip Kelland는 맥스웰의 기발함에 놀라움을 금치 못했습니다. 두 사람은 수학책을 뒤져 17세기에 르네 데카르트도 비슷한 방법으로 타원을 그렸다는 사실을 알아냈습니다. 놀랍게도 맥스웰이 찾아낸 방법은 프랑스 대학자가 생각했던 방법보다 단순했고 훨씬 쉬웠습니다. 맥스웰이 곡선을 그리면서 유도한 방정식은 훗날 렌즈를 제작하는 사람들에게 유용하게 쓰입니다.

포브스는 맥스웰이 쓴 논문을 에든버러에 있는 왕립학회에 제출했습니다. 맥스웰은 너무 어려서 직접 제출할 수가 없었기 때문입니다. 많은 사람이 논문에 관심을 보였고, 맥스웰은 그 관심을 즐겼습니다. 맥스웰의 아버지도 아들을 무척 자랑스러워했습니다. 그런데 바로 이 장난처럼 해낸 일이 맥스웰에게는 과학을 공부하는 큰 자극제가 됩니다. 이때부터 맥스웰은 위대한 과학자들이 이룩한 업적을 깊이 있게 파고들어 갔고, 과학이 진행되는 과정을 제대로 알고 싶다는 소망을 품고 철학도 공부해 나갔습니다.

10대 때 맥스웰은 제인 이모와 종종 함께 지냈는데, 그 때문에 맥스웰의 신앙심은 사라지지 않았습니다. 이모는 일요일이면 맥스웰을 데리고 감독파 교회와 장로회 교회에 가서 예배를 보았고, 맥스웰을 주일학교에 보내 교리문답을 배우게 했습니다. 그러는 동안 신앙심은 개인적이고도 사색적인 맥스웰이 살아가는 데 필요한 원칙으로 자리 잡았습니다.

열여섯 살에 맥스웰은 에든버러대학교에 입학했습니다. 그는 아버지의 뒤를 좇아 법학을 전공하려고 했는데, 그러려면 고전·역사·수학·논리학·자연철학·(전통) 심리학·문학 같은 많은 과목을 공부해야 했습니다. 1학년이 배워야 하는 수학과 자연철학은 맥스웰에게는 너무나도 쉬웠습니다. 그런 맥스웰을 사로잡은 학문은 논리학이었습니다. 이런 과목들을 배운 덕분에 맥스웰은 과학자라면 반드시 길러야 하는 두 가지 능력을 발전시킬 수 있었습니다. 첫 번째는 계속 같은 문제로 돌아가 점점 더 깊은 통찰력을 배양해가는 능력이었습니다. 두 번째는 철학을 공부해서 생긴 것으로, 이 세상에는 확실히 존재하지만 직접 측정할 수 없는 것도 있다는 생각을 마음 편하게 할 수 있는 능력이었습니다. 이런 탁월한 능력 덕분에 맥스웰은 전자기 현상에서 추상적인 방정식을 이끌어 낼 수 있었습니다. 현대물리학에서는 이런 사고방식이 정말 중요합니다.

흔히 사람들은 맥스웰을 이론물리학자라고 생각합니다. 하지만 맥스웰에게는 실험을 향한 열정이 있었습니다. 대학교 1학년 때 아버지의 친구인 제임스 포브스가 불을 지핀 열정이 말입니다. 포브스와 맥스웰은 친밀한 관계가 되었고, 포브스는 맥스웰이 혼자서 늦게까지 실험실에 남아 공부할 수 있게 해주었습니다. 대학에 다니는 3년 동안 맥스웰은 정규 수업이 아닌 비정규 수업으로 훨씬 많은 것을 배웠습니다. 그때 스코틀랜드의 대학은 여섯 달 동안 여름방학을 했습니다. 글렌레어로 돌아와야 했던 긴 여름방학에도 맥스웰은 간이 실험실을 만들어 계속 실험했습니다.

맥스웰을 사로잡은 연구 주제 가운데 하나는 바로 편광입니다. 앞장에서 보았듯이 편광은 모든 방향이 아니라 특정한 한 방향으로만 진동하는 빛입니다. 편광유리에서 빛은 표면과 평행인 방향으로 편광이 되어 반사됩니다. 편광유리에 반사되는 빛이 적은 이유는 바로 그 때문입니다. 맥스웰은 편광된 빛이 담금질(고온으로 열처리한 금속 재료를 물이나 기름 속에 담가 식히는 일-옮긴이)한 유리(매우 빨리 냉각되어 내부에 응력이 생성된 유리)를 통과할 때 아름다운 색 무늬가 나타나는 모습을 관찰했습니다.

맥스웰은 이 실험을 확장해 다른 고체도 물리적으로 압력을 받아 내부에 응력(외부 압력이 물체에 작용할 때 그 내부에 생기는 저항력-옮긴이)이 생기면(물질의 내부 구조를 약간 비틀 수 있다-옮긴이) 편광 무늬가 나타나는지 알고 싶었습니다. 그는 도넛처럼 생긴 투명한 젤리를 비틀어 응력을 만든 뒤에 젤리에 편광을 쏘았습니다. 그러자 내부 변화를 나타내는 아름다운 무늬가 생겼습니다. 공학자들이 설계를 검사할 때 지금도 사용하는 광탄성법(photoelastic method, 탄성체가 외력에 의해서 변형하여 복굴절을 일으키는 현상을 이용한 응력 검사 방법-옮긴이)은 바로 이렇게 탄생했습니다. 공학자들은 투명한 물질로 축소 모형을 만들고 편광을 쬐고 들여다봅니다. 응력을 받은 모형에 나타나는 변형 무늬를 관찰하는 것입니다.

학부생일 때도 맥스웰은 계속 논문을 썼고, 자신이 쓴 초벌 원고 한 편을 포브스에게 보냈습니다. 포브스는 맥스웰의 원고를 쉽게 읽을 수가 없었습니다. 글에 체계가 잡히지 않았기 때문입니다. 포브스는 맥스웰을 나무라면서 읽히는 글을 쓰고 싶다면 문체를 개선해야 한다고 조언해주었습니다. 그에 대한 답으로 맥스웰은 빅토리아 시대 과학자 가운데 아주 뛰어난 문체를 구사하는 과학자가 되었습니다.

학위를 따기 전에 맥스웰은 아버지를 설득해 케임브리지에서 좀 더 공부할 수 있게 되었습니다. 그는 친구 테이트가 입학한 피터하우스칼리지Peterhouse College에 지원했습니다. 맥스웰은 1850년 10월 18일에 아버지와 함께 피터하우스칼리지에 도착했습니다. 하지만 한 학기가 지나기 전에 맥스웰의 아버지는 맥스웰이 졸업하는 해에 피터하우스칼리지에는 연구 대학원생으로 갈 수 있는 자리가 한 개밖에 없다는 사실을 알았습니다. 맥스웰은 피터하우스칼리지보다 규모도 크고 부유한 트리니티칼리지에 들어가기로 했습니다.

트리니티칼리지는 맥스웰의 마음에 쏙 들었습니다. 그는 케임브리지에서 제공하는 모든 혜택을 다 누리려고 노력했으므로, 남들과는 다른 일상을 보내야 할 때가 많았습니다. 한밤중에 운동하는 식으로 말입니다. 당시 맥스웰과 함께 학교에 다녔던 한 학생은 이렇게 말했습니다.

새벽 두 시부터 두 시 반까지 맥스웰은 위층 복도를 달리고 그 길로 아래층까지 뛰어 내려가서는 아래층 복도에서 달린 뒤에 다시 위층으로 돌아오는 경로로 계속 달렸다. 결국, 맥스웰이 달리는 경로대로 차례로 일어나야 했던 친구들은 각자 자기 방문 뒤에 숨어 있다가 맥스웰이 다시 지나갈 때면 신발이나 빗을 집어 맥스웰에게 던지고는 했다.

당시 케임브리지는 주로 판사와 성직자를 배출하는 교육기관이었지만, 고전을 공부하는 학생들조차도 학사 학위를 따려면 수학 시험에 통과해야 해서 모두 수학을 열심히 공부했습니다. 학위를 받고자 하는 학생이 응시하는 수학 시험은 모두 이레 동안 치러지는데, 첫 사흘은 일반적인 수학 문제가 나옵니다. 우등 학위를 따려면 나흘째부터 치러지는 훨씬 어려운 문제를 잘 풀어야 합니다. 당연히 이런 문제들은 통찰력과 창의력이 있어야만 풀 수 있었습니다.

이레간 치러지는 이 혹독한 시험에 통과한 사람은 '랭글러wrangler'라고 부르는 수학 우등 학위 수여자 자격을 얻습니다. 이 학위는 전 세계 학계에서 인정하는 학위입니다. 랭글러는 등수를 매기는데, 1등 랭글러는 올림픽 금메달 수상자에 비견할 만합니다. 수학 졸업 시험이 끝나면 곧바로 가장 뛰어난 수학자들이 모여 스미스상Smith's Prize 수상자를 결정하는 훨씬 어려운 시험을 치릅니다.

맥스웰은 2등 랭글러로 졸업했습니다. 1등 랭글러는 피터하우스칼리지를 졸업하는 에드워드 루스Edward J. Routh였습니다. 하지만 스미스상을 두고 겨룬 경쟁에서는 맥스웰이 앞섰으므로 두 사람은 공동 우승자가 되었습니다. 그로써 맥스웰의 가까운 미래는 결정되었습니다. 그는 '학사 학위 장학생'으로 트리니티칼리지 대학원에 진학할 수 있었고, 몇 년 안에 명예로운 연구원 자격시험을 치를 수 있었습니다.

직접 택한 연구를 진행해도 되는 자유를 얻은 맥스웰은 시각 작용에 관심을 돌렸습니다. 그는 사람이 색을 감지하는 방법이 궁금했습니다. 그때는 사람의 눈을 들여다볼 수 있는 장비가 없었으므로 맥스웰은 '직접' 검안경ophthalmoscope을 만들었습니다(맥스웰은 이미 찰스 베비지(Charles Babbage, 1791~1871년)와 헤르만 폰 헬름홀츠(Hermann von Helmholtz, 1821~1894년)가 각각 독자적으로 검안경을 만들었다는 사실은 몰랐습니다). 검안경으로 맥스웰은 망막으로 들어가는 혈관 망을 관찰할 수 있었습니다.

뉴턴은 백색광이 무지갯빛으로 나누어진다는 사실을 밝혔습니다. 하지만 사람이 색을 인지하는 이유는 아직 밝혀지지 않았습니다. 뉴턴은 색의 스펙트럼에 나타나지 않는 갈색 같은 색은 스펙트럼에 있는 기본색을 섞으면 만들 수 있다고 주장하면서, 일곱 가지 기본색으로 갈색이나 분홍색 같은색을 만드는 방법을 보여주려고 색상환colour wheel을 만들었습니다.

반면에 화가는 빨간색, 파란색, 노란색을 섞어 물감을 만듭니다. 직물 제조업자도 비슷한 방법으로 염료를 만듭니다. 어쩌면 빨강, 파랑, 노랑이라는 세 가지 색에는 특별한 점이 있는지도 모릅니다. 영국 의사이자 물리학자인 토머스 영(Thomas Young, 1773~1829년)은 눈에는 빨간색, 파란색, 노란색을 수용하는 세 종류의 색 수용체가 있을 것으로 추론했지만, 그 생각을 더 넓게 확장하지는 못했습니다.

맥스웰은 포브스의 실험실에서 색채 이론colour theory에 관심을 두게 되었습니다. 포브스는 구간별로 다른 색을 칠한 부채형 도표처럼 생긴 색상환을 만들어 빙글빙글 돌리면서 다양한 색이 나타나게 하는 실험을 했습니다. 그런데 어떻게 해도 빨간색, 노란색, 파란색을 섞으면 흰색이 되지 않았습니다. 포브스는 한발 물러서서 이번에는 회전판에 파란색과 노란색만 칠해보았습니다. 화가가 녹색을 만들 때 쓰는 재료들을 섞은 것입니다. 놀랍게도 돌아가는 회전판에서 나타난 것은 탁한 분홍색이었습니다.

포브스의 실험실에서, 맥스웰은 1854년에 그 실험 결과를 전해 들었습니다. 맥스웰은 빛의 혼합과 염료의 혼합에는 근본적으로 다른 점이 있다고 생각했습니다. 염료는 색을 뽑아냅니다. 염료는 어떤 색을 섞어도 혼합한 두 색 가운데 그 어느 색도 다른 색에 흡수되지 않습니다. 반대로 빛은 두 빛이 섞여 최종 색을 만듭니다. 맥스웰은 이런 통찰력을 발휘해 회전판에 빨간색, 초록색, 파란색을 칠함으로써 백색광을 만들 수 있었습니다. 그는 회전판을 돌려 두 색을 조합하면 그 옆에 섞인 색이 나오는 장치도 만들었습니다.

회전판 끝에 있는 눈금을 이용해 맥스웰은(이제는 빨간색, 초록색, 파란색임을 아는) 빛의 기본색이 섞이는 비율도 측정할 수 있었습니다. 이 실험으로 맥스웰은 현재 맥스웰의 색 삼각형Maxwell colour triangle이라고 알려진 색채 도표를 만들었습니다. 이 색채 도표가 현대인이 만든 모든 텔레비전과 컴퓨터 모니터에 숨겨진 원리입니다. 맥스웰은 빛의 기본색을 섞어 다양한 색을 만드는 수학 공식을 이끌어 냈습니다.

이 시기에 맥스웰은 전자기학에 혁명을 불러올 논문도 세 편 썼습니다. 3장에서 본 것처럼 패러데이와 패러데이 시대에 살았던 과학자들 덕분에 전기와 자기를 아는 사람은 많았습니다. 하지만 그 지식은 단편적일 뿐 통합적이고 일관성 있는 중요한 이론으로 자리 잡지는 못하고 있었습니다.

맥스웰이 전자기학을 연구하기 전까지 전지기학을 연구하는 방법은 두 가지였습니다. 수학에 익숙한 물리학자들은 전극과 자극은 중력처럼 떨어진 상태로 작용한다고 가정하고 방정식을 세웠습니다. 한편 패러데이는 전극과 자극은 공간 속에서 '장field'을 만든다고 생각했습니다. 패러데이가 세운 모형에서는 한 전극이나 자극에서 나온 역선이 다른 전극이나 자극을 지나갈 때, 해당 전극이나 자극은 그 힘을 느낍니다.

과학자들은 대부분 명확하게 공식을 유도할 수 있는 원격작용(서로 떨어져 있는 두 물체가 중간 매질을 통하지 않고 순간적으로 힘을 주고받는 현상-옮긴이)을 더 선호했습니다. 공식으로 유도한 법칙들은 뉴턴이 확립한, 물리학자에게는 너무나도 익숙한 역제곱 법칙을 따릅니다. 과학자들은 대부분 보이지 않는 역선으로 가득 찬 공간이라는 패러데이의 생각은 터무니없다고 여겼습니다. 하지만 패러데이의 연구 내용을 읽은 맥스웰은 장이라는 개념에 엄청난 힘이 있음을 깨달았습니다. 패러데이의 역선 개념은 좀 더 연구할 가치가 있는 중요한 이론임이 분명했습니다. 하지만 패러데이의 이론에는 수학적 토대가 없었습니다.

맥스웰은 움직이지 않는 역선은 움직이지 않는 자석이나 움직이지 않는 전하를 만든다고 추론했습니다. 역선은 3차원일 텐데, 공간에 있는 모든 점에는 역선을 따라 흐르면서 그 점을 통과하는 특별한 힘이 작용합니다. 장은 크기와 방향으로 정해지는 양인 벡터(크기와 방향을 동시에 나타내는 물리량-옮긴이)들의 합입니다. 맥스웰의 시대에 벡터라는 수학 개념은 이제 막 생겨나고 있었지만, 맥스웰은 벡터라는 개념을 잘 알았으므로 수학 체계를 세울 때 활용할 수 있었습니다.

도움의 손길은 열의 흐름을 연구하던 윌리엄 톰슨에게서 왔습니다. 톰슨은 정전기력electrostatic force의 세기와 방향을 구하는 데 필요한 방정식이 고체에서 열의 흐름을 묘사하는 방정식과 수학적으로 같은 형식을 띤다는 사실을 알아냈습니다. 맥스웰은 톰슨에게 도움을 요청했고, 톰슨의 도움을 받아 벡터장vector field이라고 알려질 수학 개념을 확립하는 작업에 속도를 낼 수 있었습니다.

톰슨은 정전기력의 선과 열의 흐름에 유사한 점이 있음을 밝혔지만, 맥스웰은 정전기력을 다른 식으로 생각해보았습니다. 맥스웰은 다공질多孔質 매질에서 움직이면서, 무게가 없고 압축되지 않은 액체를 상상했습니다. 이런 액체가 흐르면서 만드는 유선流線은 정전기장이나 자기장에서 형성되는 역선을 나타냅니다. 다양한 다공질 매질을 상상함으로써 맥스웰은 전기와 자기에서 다른 특성을 나타내는 물질들을 설명할 수 있었습니다.

패러데이의 모형에서 역선은 자석이나 전극에서 촉수처럼 뻗어 나옵니다. 맥스웰은 이 개념을 좀 더 보완해 선속(flux, 주어진 방향에 대해서 수직인 단위 면적을 통해 단위 시간당 특정 물리량이 수송되는 비율-옮긴이)이라는 더 연속적인 개념을 정립했습니다. '선속'의 밀도가 높을수록 전기력이나 자기력의 세기는 커집니다. 모든 점에서 가상의 액체가 흐르는 방향은 선속의 방향과 일치하며, 액체가 흐르는 속도는 곧 '선속 밀도flux density'를 나타냅니다. 가상의 액체도 관을 타고 흐르는 진짜 액체처럼 압력 차 때문에 흐릅니다.

맥스웰은 자신이 그저 한 가지 모형을 추론했을 뿐임을 알았지만,

그 추론은 올바른 결론을 이끌어 냈습니다. 더구나 맥스웰의 모형은 원격작용 모형에서는 설명할 수 없는, 여러 물질의 경계에서 일어나는 몇 가지 전자기 효과도 설명할 수 있습니다. 맥스웰의 모형에서는 액체가 압축되지 않으므로 자동으로 전기력과 자기력은 거리의 제곱에 비례해 줄어듭니다.

그다음으로 맥스웰은 자신이 만든 모형을 이용하면 전선 가까이에서 자석을 움직이면 전류가 생기는 현상을 방정식으로 나타낼 수 있는지를 알아보았습니다. 그는 공간에서 단일한 작은 부분을 택해 앞으로 '미분 형식differential form'이라고 부를 법칙들을 다시 표현해보았습니다. 쉽지 않은 일이었지만, 맥스웰은 그 결과가 벡터임을 확인했습니다. 전선 가까이에서 자석을 움직이면 전류가 생기는 현상을 설명하려고 패러데이가 제시했던 내용과 정확하게 일치하는 결과였습니다. 여기까지가 맥스웰이 1855년에 해낸 일입니다. 맥스웰이 세운 방정식은 정지해 있는 전기와 자기의 효과를 설명합니다. 그는 움직이는 전기와 자기의 효과도 설명해야 한다는 사실은 알았지만, 어떻게 설명해야 할지는 알지 못했습니다.

맥스웰은 「패러데이의 역선에 관하여On Faraday's Lines of Force」라는 논문을 케임브리지철학학회Cambridge Philosophical Society에 제출했습니다. 그때 맥스웰은 자신이 고안한 모형이 현실을 기술한다고 생각하면 안 된다고 강조했습니다. 그는 또한 논문 한 부를 패러데이에게 보냈고, 다음과 같은 답장을 받았습니다.

보내주신 논문은 정말 감사히 잘 받았습니다. 내가 감히 당신이 내가 제시했던 '역선'에 관해 다루었다고 해서 감사를 표하는 건 아닙니다. 연구야 자연철학의 진실을 알고 싶어서 자발적으로 하셨다는 걸 잘 아니까요. 하지만 내가 정말로 당신이 해낸 일에 고마워하며, 그 때문에 정말 많은 것을 생각하게 되었음을 알아주었으면 합니다. 처음에는 거의 공포에 질릴 뻔했습니다. 그 주제를 아우르는 수학의 힘을 보았을 때는 말입니다. 하지만 곧 경이로웠습니다. 그 주제를 아주 제대로 해결했다는 사실 때문에 말입니다.

1856년 2월에 맥스웰은 마음을 심란하게 하는 제안을 받습니다. 포브스는 맥스웰에게 애버딘Aberdeen에 있는 매리셜칼리지Marischal College 자연철학과 교수 자리에 지원하라고 했습니다. 그때 맥스웰은 고작 스물네 살이었습니다. 하지만 맥스웰과 비슷한 나이에 교수가 된 사람은 이미 있었습니다. 윌리엄 톰슨은 스물두 살에 글래스고우대학교 자연철학과 교수가 되었고, 맥스웰과 함께 에든버러학교에 다닌 테이트도 스물세 살의 나이에 벨파스트Belfast에 있는 퀸즈대학교Queen's University 수학 교수가 되었습니다.

매리셜칼리지에 지원서를 보낸 뒤에 맥스웰은 1856년도 부활절 휴가를 아버지와 함께 보냈습니다. 당시 맥스웰의 아버지는 폐감염에서 회복하는 중이었습니다. 맥스웰의 아버지 존은 아들이 성취한 일들을 기뻐했지만, 안타깝게도 병세는 나빠졌고, 결국 아들 곁에서 숨을 거두었습니다. 맥스웰은 이제 학문의 세계로 들어가 놀라운 업적을 쌓아야 하는 동시에 글렌레어 영지도 관리해야 했습니다.

케임브리지로 돌아온 맥스웰은 매리셜칼리지에 합격했다는 소식을 들었습니다. 여름 학기가 끝나자 맥스웰은 짐을 싸서 글렌레어로 돌아갔습니다. 여름 내내 글렌레어 영지를 관리할 계획을 짜고 11월에 애버딘으로 떠났습니다. 그는 그때까지 매리셜칼리지에 부임한 최연소 교수였고, 그 기록은 그 뒤 15년 정도가 흐를 때까지 깨지지 않았습니다.

매리셜칼리지는 학생에게 폭넓은 교육을 제공했습니다. 학생은 대부분 법률가나 성직자 혹은 교사나 의사가 되기를 희망했습니다. 맥스웰은 취임 축하 공개 강의에서 교수로서 자신이 해야 할 일은 그저 과학을 가르치는 것이 아니라 학생이 스스로 생각할 수 있게 하는 것임을 분명히 했습니다. 또한, 학생에게 실험이 가장 중심이 되는 수업 과정이 되리라는 점을 분명히 했는데, 그 시대에 쉽게 볼 수 있는 수업 방식은 아니었습니다.

맥스웰은 대학에서 벌어지는 학내 정치에는 거의 관심이 없었지만, 애버딘에 있는 또 다른 교육기관인 킹스칼리지King's College와 매리셜칼리지가 경쟁 상대라는 이야기에는 귀를 막고 있을 수 없었습니다. 그 무렵에 스코틀랜드에는 대학교가 다섯 곳 있었습니다(애버딘 외에는 에든버러, 글래스고우, 세인트앤드루스St Andrews에 각각 하나씩 있었습니다). 애버딘 주민은 애버딘에서만 대학교 두 곳에 예산을 쓰는 건 터무니없는 일이라고 생각했습니다. 그 때문에 왕립위원회는 두 학교를 통합하는 방안을 검토하기 시작했는데, 이제 막 교수가 된 맥스웰은 그 생각이 머리에서 떠나지 않았습니다.

매리셜칼리지에서 맥스웰은 200년 동안 천문학자들이 풀지 못했던 토성의 고리 문제를 푸는 일을 맡았습니다. 케임브리지대학 세인트존스칼리지St John's College Cambridge에서 그 문제를 저명한 애덤스상Adams Prize의 수상 조건으로 내걸었기 때문입니다. 기존 수학 계산법과 새로운 계산법을 함께 사용해 여러 차례 정교하게 계산한 맥스웰은 토성의 고리는 움직이지 않는 단단한 고체일 수는 없다는 것을 입증해냈습니다. 그렇다면 토성의 고리는 액체일 수도 있지 않을까요? 그 무렵에 새로 개발한 푸리에 분석(Fourier analysis, 진동의 주파수를 분석하는 방법−옮긴이)을 이용해 맥스웰은 토성의 고리가 액체라면 액체 방울로 나누어져야 함을 증명해 보였습니다. 이런 식으로 세울 수 있는 여러 추론의 타당성을 검증하고, 틀린 추론을 하나씩 제거한 뒤에 맥스웰은 토성의 고리는 너무 멀리 있어서 눈으로는 식별할 수 없는 아주 작은 입자들로 구성되어 있다는 주장을 내놓았습니다.

맥스웰은 계산 결과를 애덤스상 심사 기관에 보냈고, 결국 상을 받았습니다. 사실 논문을 출품한 사람은 맥스웰뿐이었는데, 그 사실이 맥스웰의 수상이 갖는 의미를 훼손하지는 않습니다. 오히려 맥스웰이 얼마나 어려운 문제를 풀었는지를 잘 알려줍니다. 왕실천문학자 조지 에어리(George Airy, 1801~1892년) 경은 맥스웰의 업적을 "수학을 아주 경이로운 방법으로 물리학에 적용한 예"라고 했습니다. 그 뒤로 지금까지 150년이 지났지만, 토성의 고리에 대해서는 맥스웰의 설명을 뛰어넘은 사람이 나오지 않고 있습니다.

하지만 맥스웰이 세운 가장 중요한 업적은 뭐니 뭐니 해도 '기체 분자 운동론kinetic theory of gases'입니다. 열을 가한 기체의 운동에 관해서는 1700년대 후반과 1800년대 초반에 많은 내용을 알게 되었고, 그 결과 '열역학thermodynamics'이라는 물리학의 새로운 분과 학문이 탄생했습니다. 맥스웰은 독일 물리학자 루돌프 클라우지우스(Rudolf Clausius, 1822~1888년)가 1859년에 발표한 '기체의 확산'에 관한 논문을 읽고 열역학에 관심을 두게 되었습니다. 우리가 다른 사람이 뿌린 향수 냄새를 맡을 수 있는 이유도 기체의 확산 현상 때문입니다.

18세기에 스위스 수학자 다니엘 베르누이(Daniel Bernoulli, 1700~1782년)는 기체의 확산을 설명하는 이론을 발표했는데, 현재 그 이론을 '기체운동론kinetic theory'이라고 부릅니다. 기체운동론에 따르면 기체는 모든 방향으로 움직이는 수많은 분자로 이루어졌으며, 기체의 압력은 기체 분자가 기체를 담은 용기의 내벽에 부딪치기 때문에 생깁니다. 또한, 기온이 올라가면 기체 분자의 움직임도 빨라지므로 용기에 부딪치는 분자의 수도 늘어납니다. 1800년대 중반이 되면 기체운동론으로 기체의 거의 모든 특성을 설명할 수 있게 됩니다.

하지만 확산은 쉽게 설명할 수 있는 문제가 아니었습니다. 상온에서도 기체 분자는 1초에 수백 미터를 이동할 정도로 아주 빠르게 움직입니다. 그렇다면 소량을 뿌린 향수가 방 안 전체에 퍼지는 데 걸리는 시간은 왜 그렇게 긴 걸까요? 클라우지우스는 그 이유를 기체 분자들이 서로 끊임없이 부딪치면서 방향을 바꾸기 때문이라고 설명했습니다. 그 때문에 기체 분자 하나가 방을 가로지르려면 수 킬로미터를 움직여야 한다고 말입니다.

맥스웰은 클라우지우스의 주장에 흥미를 느꼈습니다. 클라우지우스는 온도가 일정하면 분자는 종류에 관계없이 동일한 속도로 움직인다고 했습니다. 하지만 맥스웰은 그 주장은 틀렸다고 생각했고, 기체 분자의 운동 속도는 평균값 근처에 분포해 있을 것이라고 추론했습니다. 이 문제를 고민할 때 맥스웰은 일반적인 뉴턴 역학은 사용할 수 없었습니다. 운동 속도가 다른 여러 분자를 한꺼번에 다루어야 했기 때문입니다.

맥스웰은 이전에는 그 누구도 쓰지 않았던 통계적 방법을 열역학 연구에 적용했습니다. 그는 기체 분자의 운동 속도를 구하려고 '맥스웰분포Maxwell distribution'라는 방법을 고안했습니다. 맥스웰분포에서는 속도의 범위를 온도 함수로 나타냅니다. 맥스웰은 물리학과 씨름하는 전적으로 새로운 방법을 만들어낸 것입니다. 맥스웰이 이 업적 외에는 아무것도 해낸 일이 없다고 해도, 이 사실 하나만으로 맥스웰은 19세기를 대표하는 주요 과학자 가운데 한 명으로 뽑힐 수 있습니다.

이 무렵에 맥스웰은 정기적으로 매리셜칼리지 학장 대니얼 듀어(Daniel Dewar, 보온병을 만든 제임스 듀어James Dewar와는 아무 관계가 없습니다) 목사의 집에 갔습니다. 시간이 흐르면서 맥스웰은 듀어 학장의 딸, 캐서린 메리Katherine Mary와 가까워졌습니다. 두 사람은 1858년 2월에 약혼하고 6월에 애버딘에서 결혼했습니다. 캐서린은 맥스웰보다 일곱 살 많은데, 두 사람 사이에 아이는 없었지만, 두 사람은 평생을 함께 했습니다.

1860년에 왕립위원회는 애버딘의 두 대학을 하나로 통합해야 한다는 결정을 내립니다. 대학이 통합되면 자연철학과 교수는 한 명밖에 필요가 없습니다. 맥스웰의 경쟁자였던 데이비드 톰슨David Thomson은 킹스칼리지의 부학장이자 사무장이었습니다. 나이도 많고 인맥도 풍부한 경쟁자가 당연히 하나뿐인 교수 자리를 차지하자 맥스웰은 실직하고 말았습니다.

맥스웰은 에든버러대학교에 지원서를 냈지만, 제임스 포브스가 물러난 뒤에 에든버러대학 자연철학과 교수 자리는 어린 시절부터 친구인 테이트에게 돌아갔습니다. 하지만 1860년 말이 되면 맥스웰은 런던 킹스칼리지에서 자연철학과 교수 자리를 얻습니다. 여름 내내 맥스웰은 색채 이론에 관한 논문을 써서 런던 왕립학회에 보냈습니다. 런던 왕립학회는 맥스웰에게 아주 중요한 물리학상인 럼퍼드메달Rumford Medal을 수여했습니다. 그해 여름에 천연두에 걸려 죽을 뻔했던 맥스웰은 10월에는 캐서린과 함께 런던으로 떠났습니다.

런던 중심부 스트랜드Strand가에 있는 킹스칼리지는 모든 신앙인이 입학할 수 있는 유니버시티칼리지University College에 대항한다는 목적으로 한 성공회 신자가 1828년에 설립했습니다. 케임브리지나 애버딘과 달리 런던에 있는 킹스칼리지에서 이수해야 하는 학문은 중세 교육제도를 떠오르게 하는 부분이 거의 없었습니다. 킹스칼리지 학생은 화학·물리학·식물학·지리학 등을 배우고, 심지어 공학도 배웠습니다. 모두 다른 교육기관에서는 쉽게 접하지 못하는 과목들이었습니다.

런던에서 처음 살게 된 맥스웰은 왕립학회와 왕립과학연구소에서 진행하는 강의와 토론회에 열심히 참석했습니다. 그때까지 맥스웰은 패러데이와 몇 년 동안이나 편지를 주고받았지만 한 번도 만난 적은 없었습니다. 1860년 말, 전기역학의 탄생을 책임졌던 두 거인은 마침내 만났습니다.

　1861년 5월에 맥스웰은 왕립과학연구소에서 색채 이론을 강연해달라는 요청을 받습니다. 그는 그 무렵에 빠른 속도로 발전하던 사진 촬영 기술을 활용해 실용적인 강연을 해야겠다고 결심합니다. 맥스웰은 빨간색·초록색·파란색 필터로 모두 세 번, 타탄(스코틀랜드 전통 의상을 만들 때 쓰는 격자무늬 옷감-옮긴이)으로 만든 리본을 촬영했습니다. 그리고 따로 찍은 세 사진 원판을 합쳐 세계 최초로 컬러 사진을 만들었습니다(맥스웰은 정말 운이 좋았습니다. 맥스웰이 사용한 사진 건판은 빨간빛을 감지하지 못합니다. 하지만 자외선에 반응해서 리본에서 빨간색이 나타나야 하는 부분도 색채를 띨 수 있었습니다). 이 강연이 끝나고 몇 주 뒤인, 서른 번째 생일이 되기 직전에, 맥스웰은 왕립학회 회원이 되었습니다.

　5년이 지난 뒤에야 맥스웰은 전기와 자기의 관계를 다시 고민할 수 있었습니다. 그는 액체의 흐름으로 장을 설명하는 방식은 변하는 장에는 적용할 수 없음을 익히 잘 알았습니다. 변하는 장은 완전히 다른 방식으로 설명해야 합니다. 그래서 맥스웰은 역학 모형을 바꿔야겠다고 결심합니다.

　맥스웰이 제일 먼저 연구를 시작한 전자기 문제는 '다른 자극은 서로 끌어당기고 같은 자극은 서로 밀어내는 이유'였습니다. 두 자극 사이에서 작용하는 힘은 거리의 제곱에 반비례하며, 자극은 항상 쌍으로 작용합니다. 맥스웰은 공간을 가득 메운 상태로 자극에 인력引力과 척력斥力을 유도하는 매개 물질이 있는지 알아보기로 했습니다. 그런 매개 물질을 알아보려면 자기의 역선을 따라 작용하는 장력tension과 역선에 직각으로 작용하는 압력을 측정해야 합니다. 장이 셀수록 역선에 작용하는 장력과 압력은 커집니다.

맥스웰은 조밀하게 쌓인, 회전할 수 있고 밀도가 낮고 작고 둥근 셀cell이 가득 찬 공간 모형을 생각했습니다. 셀이 회전하면 원심력이 작용해 셀의 가운데 부분은 팽창하고 회전축과 나란한 부분은 수축합니다. 자전하는 지구에서 극지방보다 적도 지방이 더 볼록한 것처럼 말입니다. 회전하는 셀의 옆 부분이 팽창하면 이웃한 셀들은 그 셀을 밀쳐 냅니다. 맥스웰은 모든 셀이 같은 방향으로 동시에 회전하면 모든 셀이 다른 셀을 동시에 밀쳐내므로 자전축에 수직인 방향으로 작용하는 압력이 생긴다고 생각했습니다.

이때 셀의 회전축과 나란한 방향에서는 반대 현상이 생깁니다. 셀의 회전축 방향으로는 수축 현상이 일어나므로 장력이 생깁니다. 회전축이 역선과 나란한 방향으로 놓여 있으면 작은 셀들은 인력을 형성하고, 회전축이 역선과 수직인 방향으로 놓여 있으면 척력을 형성합니다. 이때 셀의 회전 속도가 빠르면 빠를수록 회전축을 따라 생기는 인력의 크기와 수직 방향으로 생기는 척력의 크기가 커집니다. 다시 말해서 강한 자기장이 형성되는 것입니다.

N극에서 S극으로 향하는 방향이 자기력의 방향이라는 것은 임의로 정한 약속입니다. 자기장의 방향을 설명하고자 맥스웰은 장의 방향은 작은 셀들이 회전하는 방향에 따라 정해진다는 임의의 약속을 더 추가했습니다. 맥스웰은 셀들이 오른나사가 돌아가는 쪽으로 동시에 회

전하는 방향을 정방향이라고 했습니다(오른손을 엄지손가락을 쭉 뻗은 상태에서 나머지 손가락을 오므렸을 때 네 손가락이 가리키는 방향입니다). 셀들이 반대 방향으로 돌아가면 자기장의 방향도 반대로 바뀝니다.

그런데 애초에 셀들을 회전하게 하는 것은 무엇일까요? 그리고 셀들이 서로를 밀치면서 시계 방향으로 회전한다면 오른쪽의 한 셀이 위로 올라갈 때 왼쪽에 있는 인접한 셀은 아래로 내려가면서 서로 부딪칠 텐데, 그러면 마찰력이 작용해 결국 멈춰야 하지 않을까요?

맥스웰은 한 가지 답으로 이 두 문제를 모두 해결했습니다. 그는 셀 사이에 더 작은 구球가 있는 모습을 상상했습니다. 바퀴가 회전할 때 마찰력이 생기지 않도록 바퀴 허브 사이에 끼우는 작은 볼베어링 같은 구를 말입니다. 엉뚱한 생각이었지만 효과가 있었습니다. 회전하는 셀 사이에 있는 이 작은 구는 전하를 띤 입자(전자, electron)일 수도 있습니다. 이 개념을 건전지에 적용하면 이 작은 구가 셀 사이에 있는 홈을 따라 움직이면서 전류를 생성한다고 설명할 수도 있습니다. 작은 구들이 움직이므로 셀들이 회전해 자기장이 형성되는지도 모릅니다. 전류가 흐르는 전선 주위에 자기장이 형성되는 것처럼 말입니다.

각기 다른 물질의 전기 전도성을 설명할 때도 맥스웰은 작은 구가 얼마나 잘 움직일 수 있는지가 전기 전도성을 결정한다고 설명했습니다. 구리는 작은 구가 쉽게 움직이지만, 유리는 셀이나 셀 무리가 작은 구를 붙잡아 움직이지 못하게 한다고 설명했습니다.

전류가 흐르지 않는 자기장은 셀이 회전할 때 작은 구도 같이 회전하게 합니다. 작은 구가 회전하지 않고 그저 움직이기만 한다면 셀을 밀치고 나가므로 구의 양편에 있는 셀들은 반대 방향으로 회전할 것입니다. 그렇게 되면 전류가 흐르는 전선 주위로 원형 자기장이 생깁니다. 작은 구가 회전하면서 움직이면 셀이 회전하면서 만든 자기장 위에 원형 자기장이 생깁니다.

이 모형으로 맥스웰은 전기와 자기의 네 가지 주요 특성을 설명할 수 있었습니다. 하지만 해결해야 할 문제는 더 있었습니다. 움직이는 자기장이 전류를 생성하는 이유 말입니다. 회로에 전류가 흐르면 근처에 있는 전선에 변조전류(pulse, 지속 시간이 극히. 짧은 전류-옮긴이)가 생성됩니다. 바로 이것이 패러데이가 발견한 '전자기유도electromagnetic induction' 현상입니다(116쪽 참고). 패러데이는 두 전선의 연결 고리는 전류가 흐르기 시작할 때 첫 번째 전선 주위에서 생성되는 변하는 자기장이라고 생각했습니다. 변하는 자기장이 두 번째 전선에서 잠시 생겼다가 사라지는 전류를 유도한다고 말입니다.

맥스웰은 자기가 제시한 모형을 설명하려고 모식도를 몇 개 그렸는데, 모식도에서 셀은 원이 아니라 육각형입니다. 아래쪽 전선은 건전지에 연결되어 있지만, 위쪽 전선은 그렇지 않습니다. 스위치가 열려 있

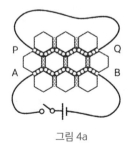

그림 4a

을 때는 아무것도 움직이지 않습니다(그림 4a). 이런 상태에서는 전류가 흐르지 않으므로 자기장도 생성되지 않습니다.

그림 4b에서는 스위치가 닫혀 있으므로 아래쪽 전선에서는 전류가 흐릅니다. 전류는 임의로 양극에서 음극으로 흐른다고 정했습니다. 맥스웰의 모형에서는 물리적으로 움직이기는 하지만, 회전하지 않는 작은 구들이 A에서 B로, 아래층에 있는 셀과 중간층에 있는 셀 사이로 움직이면서 전류를 만듭니다(맥스웰은 그 구들을 '유동바퀴idle wheel'라고 했습니다). 작은 구들이 움직이면서 맨 밑에 있는 셀은 시계 방향으로, 가운데 있는 셀은 반시계 방향으로 회전합니다. 아래 그림처럼 두 층에 있는 셀들은 다른 방향으로 회전하는 것입니다.

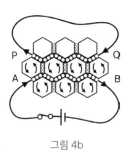

그림 4b

두 층의 셀들이 회전하면서 아래쪽 전선에는 원형 자기장이 형성됩니다. 반면에 중간층 셀들과 위층 셀들 사이에 있는 구들은 반시계 방향으로 회전하는 중간층 셀들과 전혀 회전하지 않는 위층 셀들 사이에 끼어 있게 됩니다. 그 때문에 작은 구들은 시계 방향으로 회전하면서 실제로 오른쪽에서 왼쪽으로, Q에서 P 방향으로, A에서 B로 움직이는 중간층과 아래층 구들이 이동하는 방향과는 정반대 방향으로 이동합니다.

P에서 Q까지 이어진 전선을 포함하는 회로에는 모든 전선이 그렇듯이 저항이 있으므로 작은 구들은 초기에 격렬하게 회전한 뒤로는 회전 속도가 느려져서 위층 셀들도 반시계 방향으로 회전하기 시작합니다. 오른쪽에서 왼쪽으로 진행되던 작은 구들의 움직임은 곧 멈추지만, 작은 구들이 계속해서 회전은 합니다. 그리고 이때쯤이면 위층의 셀들이 회전하는 속도도 중간층 셀들이 회전하는 속도와 같아집니다 (그림4c).

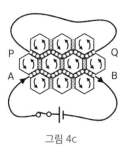

그림 4c

이제 스위치를 열면 A에서 B로 이동하던 작은 구들이 멈추므로 아래층과 중간층 셀들도 더는 회전하지 않습니다. 그렇게 되면 중간층과 위층에 끼어 있는, P에서 Q에 있는, 작은 구들은 아래쪽에는 정지한 셀들이 있고 위층에는 회전하는 셀들이 있으므로 이번에는 왼쪽에서 오른쪽으로, 처음에 전류가 흘렀던 A에서 B 방향으로 움직이기 시작합니다(그림 4d). 그리고 이번에도 위쪽 전선의 저항 때문에 작은 구의 속도는 느려지는데, 처음과 달리 움직임을 멈출 때는 회전도 함께 멈추므로 그림 4a 상태로 돌아갑니다.

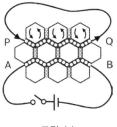

그림 4d

간단히 말해서 스위치를 닫아 A에서 B로 정상전류steady current가 흐르면 AB 구간을 흐르는 전류와는 반대 방향으로 PQ 구간을 흐르는 일시적인 변조전류가 생깁니다. 그리고 스위치를 열어 A에서 B로 흐르는 정상전류가 사라지면, 이번에는 PQ 구간에서는 정상전류와 같은 방향으로 흐르는 변조전류가 생깁니다. 회로 AB를 흐르는 전류에 변화가 생기면 두 전선을 연결하는 변하는 자기장 때문에 PQ 회로에 전류가 흐릅니다. 이것이 바로 패러데이가 발견한 전자기유도 현상 모형입니다.

이제 맥스웰은 전기와 자기가 드러내는 네 가지 작용 가운데 세 가지 작용을 설명했습니다. 전하 사이에 작용하는 정전기력은 설명할 방법을 찾지 못했지만, 다른 세 가지 작용을 설명하는 역학 모형을 찾아낸 것입니다.

맥스웰은 연구 결과를 정리해「물리적 역선에 관하여on Physical Lines of Force」라는 논문으로 세 차례에 걸쳐 발표했습니다.「물리적 역선에 관하여」1부는 1861년 3월에 발표했고, 2부는 둘로 나누어 각각 1861년 4월과 5월에 발표했습니다. 논문에서 맥스웰은 자신이 만든 모형은 현실을 기술한 것이 아니라 유추라는 방식을 이용해 관찰되는 현상을 묘사한 것임을 분명히 했습니다.

1861년 여름에 맥스웰과 캐서린은 런던을 떠나 글렌레어 영지에서 시간을 보냅니다. 그때 맥스웰은 쉬면서 영지를 돌볼 생각이었지만, 편히 쉴 수가 없었습니다. 맥스웰은 자신이 중요한 것을 놓쳤음을 깨달았습니다. 자기장에서 셀들이 동시에 회전하려면 셀 내부에서 회전운동이 변해야 하며, 에너지 손실 없이 회전운동을 바꾸려면 셀에 탄성이 있어야 합니다. 맥스웰은 탄성이 정전기력을 만드는 원인일지도 모른다고 생각하게 되었습니다.

맥스웰의 모형에서 전류는 도선을 타고 흐릅니다. 왜냐하면, 건전지에 생긴 기전력(electromotive force, 높은 전위에서 낮은 전위로 전기가 이동하려는 힘-옮긴이)에 반응한 작은 구들이 자유롭게 움직이기 때문입니다. 절연체에서 전류가 흐르지 않는 이유는 작은 구들이 이웃한 셀들에게 붙잡혀 있기 때문입니다. 하지만 셀에 탄성이 있다면 모양이 변할 수 있으므로 작은 구들이 짧은 거리는 이동할 수 있습니다. 셀의 탄성력 덕분에 변형된 셀에는 복원력이 생기므로 모양이 바뀐 셀은 다시 원래 모양으로 돌아갑니다. 셀 사이에 있는 작은 구들은 복원력이 전지가 공급하는 기전력과 균형을 이룰 때까지 움직입니다.

맥스웰은 가운데 절연체를 끼워 서로 떨어져 있는 두 금속판을 도선으로 전지에 연결하면, 금속판 사이에 있는 절연체 내부에서 전기를 띤 입자들이 작은 변위變位를 일으켜 한 금속판에서는 멀어져서 다른 금속판으로 향하리라고 생각했습니다. 그리고 이 작은 변위가 일시적으로 생기는 변조전류일 수도 있음을, 맥스웰은 깨달았습니다. 그런데 금속판 사이에 끼운 절연체에서 생기는 이 작은 움직임은 금속판과 전지를 연결하는 전선과 작은 입자들이 자유롭게 움직이는 전선에서도 나타날 수 있습니다.

따라서 전선에도 짧은 시간 일시적으로 생기는 전류가 발생하면서 한 금속판에는 전도 입자가 쌓이고 다른 금속판에는 전도 입자가 부족하게 될 수도 있습니다. 한 금속판은 양의 전하로 대전帶電하고 다른 금속판은 음의 전하로 대전하며, 절연체 내부에서 변형된 셀은 두 금속판 사이에서 인력을 만들어내는 잔뜩 긴장한 스프링처럼 작용할 수도 있는 것입니다. 맥스웰은 금속판 사이에서 작용하는 (정전기적) 힘을 탄성이 있어서 모양이 바뀌는 셀을 이용해 설명할 수 있었습니다.

전지를 분리하면 절연체 내부의 셀들은 에너지를 저장한 상태로 잔뜩 긴장해 있습니다. 이때 절연체를 전선으로 두 금속판에 연결하면, 저장되어 있던 에너지가 절연체 쪽에서 방출되면서 두 금속판에 연결된 전선으로 잠시 전류가 흐릅니다. 그리고 두 금속판의 대전 상태는 풀립니다. 셀과 작은 구도 맥스웰의 모형에서 묘사한 대로 정지 상태로 돌아갑니다.

맥스웰은 셀의 탄성력은 물질의 특성에 따라 달라진다고 추론했습니다. 좋은 전도체라면 잘 늘어나지 않는 스프링처럼 탄성이 작습니다. 절연체는 탄성이 커서 같은 양의 기전력이 생겨도 아주 크게 전기에 변위가 생기는 것입니다.

맥스웰은 자신의 모형에 새롭게 추가한 내용을 수학으로 상세하게 설명했는데, 그 결과는 잘 들어맞았습니다. 그는 전기력과 자기력은 물체들 주변과 사이에 있는 공간에 저장된 에너지 때문에 생길 수 있음을 보여주었습니다. 정전기력은 압축된 스프링처럼 위치에너지가 있으며 자기력은 속도 조절 바퀴처럼 회전에너지가 있는데, 두 에너지 모두 공간에 저장됩니다. 더구나 두 에너지는 서로 연결되어 있습니다. 한쪽 에너지가 변하면 다른 쪽 에너지도 바뀝니다. 맥스웰의 전자기유도 현상 모형은 두 에너지가 어떤 식으로 함께 작용해 전자기 현상이라고 알려진 상태를 만들어내는지 설명해줍니다.

여기까지는 모든 것이 좋습니다. 문제는 맥스웰의 모형이 한 번도 관측한 적이 없는 두 가지를 예측한다는 것입니다. 하나는 맥스웰의 모형이 옳다면 전류는 어디에서든 생길 수 있다는 것입니다. 진공 상태에서도, 전기적으로 완전한 절연체의 내부에서도 말입니다. 완전한 절연체 내부에서는 탄성을 가진 셀의 복원력 때문에 멈추기 전까지 전하가 움직이면서 잠깐 전류가 흘러야 합니다. 모든 공간은 셀로 채워져 있으므로 텅 비어 있어도 전류가 흘러야 합니다.

맥스웰이 세운 초기 방정식들은 일반적이고 친숙한 전도전류 conduction current를 다룹니다. 그리고 이제 맥스웰은 새로 등장한 '변위 전류displacement current'를 방정식에 추가해야 한다고 생각했습니다. 그 일을 해냈을 때 맥스웰이 만든 방정식들은 서로 아름답게 연결된 하나의 세트가 되었습니다. 문제는 탄성을 가진 셀은 훨씬 더 흥미로운 사실을 예언한다는 것이었습니다.

탄성을 가진 물체는 모두 파동을 전달합니다. 맥스웰이 생각한 탄성체 셀은 모든 공간을 채우고 있습니다. 따라서 심지어 텅 빈 곳에서도 한 줄의 구가 움직이면(잠깐 변위전류가 생기면) 그 움직임은 옆에 있는 셀에 전달되고, 옆에 있는 셀은 또 옆에 있는 셀을 움직이는 식으로 퍼져나갑니다. 셀에는 관성이 있어서 한 층에서 퍼져 나가는 움직임이 잠깐 지연되면 다음 층으로 움직임이 퍼져 나가는 시간도 지연됩니다. 전기장에 이 같은 변화가 생기는 것은 공간으로 파동이 퍼져 나간다는 것을 의미합니다.

더구나 작은 구 층이 갑자기 움직이면 그 층에 접한 셀들이 살짝 회전할 수도 있습니다. 회전하는 셀은 자기장을 만듭니다. 전기장에 조금이라도 변화가 생기면 자기장도 변하고, 자기장이 변하면 전기장도 변합니다. 공간에서 퍼져 나가는 파동은 전기장과 자기장에 모두 생긴 변화를 전달하는지도 모릅니다. 자기장과 전기장의 변화는 파동이 움직이는 방향과 수직인 방향으로 일어나므로 맥스웰은 전자기파는 '횡파(transverse, 가로 파동)'라고 추론했습니다. 옆으로 진동하면서 퍼져 나간다고 말입니다. 그때도 빛이 횡파임은 이미 알려져 있었습니다. 맥스웰은 자신의 모형에서 예측한 파동이 빛일 수도 있는지 궁금했습니다. 빛의 속도는 그 이전 200년 동안 점점 더 정확하게 측정할 수 있게 되어서, 그때는 탄성 매질 안에서 움직이는 파동의 속도는 '매질의 밀도 대 매질의 탄성률 간 비율'이 결정한다는 사실도 알려졌습니다. 맥스웰의 모형에서 셀의 탄성력은 복원력을 조절하며, 셀의 밀도는 자기력(회전력)을 결정합니다.

맥스웰이 매질의 밀도와 매질의 탄성률로 구한, 공기나 진공 속에서의 파동의 속도는 정확히 전하의 전자기 단위와 정전기 단위 사이의 비와 같았습니다(지금은 이 단위들을 자유공간(무한히 퍼져 나가는 진공 공간—옮긴이)에서의 '투자율permeability'과 '유전율permittivity'이라고 부릅니다).

맥스웰은 자신이 만든 모형으로 파동의 속도를 구할 수는 있었지만, 글렌레어 영지에는 참고할 만한 책이 없어서 파동의 속도를 빛의 속도와 비교할 수가 없었습니다. 두 속도를 비교하려면 런던으로 돌아가는 10월까지 기다릴 수밖에 없었습니다.

맥스웰의 모형이 예측한 전자기파의 속도는 초속 31만 740킬로미터였습니다. 그 당시에 알려진 빛의 속도는 프랑스의 아르망 이폴리트 루이 피조(Armand-Hippolyte-Louis Fizeau, 1817~1896년)가 계산한 값으로 초속 31만 4850킬로미터였습니다. 우연이라기에는 너무나도 비슷한 값이었습니다. 빛에는 전자기파가 들어 있음이 분명했습니다. 맥스웰은 과학의 역사에서 으뜸으로 꼽을 수 있는 발견을 해낸 것입니다.

1861년 마지막 몇 달 동안을 맥스웰은 이 연구 결과를 바탕으로 역선에 관한 논문의 3부와 4부를 쓰면서 보냈습니다. 3부에서는 정전기, 변위전류, 전자기파에 관한 내용을 다루었고, 4부에서는 패러데이가 발견한 자기광학 현상을 다루었습니다. 자기광학 현상이란 강력한 자기장을 통과할 때 편광파의 진동면이 변하는 현상입니다.

논문은 1862년에 출간했습니다. 맥스웰은 자기 연구에 여전히 만족하지 않는데, 그 이유는 자신의 모형이 자연을 그대로 반영하지는 못한다는 사실을 알았기 때문입니다. 맥스웰에게는 자신의 모형을 좀 더 현실적으로 만드는 과제가 남아 있었습니다.

논문을 출간한 뒤에 맥스웰은 잠시 전자기학 연구에서 벗어났습니다. 그는 대신 기체의 점성viscosity 문제로 관심을 돌려서, 일련의 아름다운 실험을 진행해 기체의 점성은 압력의 크기와는 상관이 없으며, 흔히 알려진 것과는 달리 온도의 제곱근이 아니라 온도에 따라 다르게 변한다는 사실을 밝혔습니다. 이 실험은 기체의 행동에 관한 맥스웰의 모형과 나중에 다시 고민해보려고 머릿속에 처리해야 할 파일로 차곡차곡 쌓아두었던 문제에서 벗어난 주제였습니다.

이 시기에 영국과학진흥협회British Association for the Advancement of Science는 맥스웰에게 그때까지 체계가 잡히지 않았던 과학 단위계를 정비해달라고 요청합니다. 자기·정전기·전류는 분명히 관계가 있지만, 측정하는 방법은 전혀 달랐습니다. 맥스웰은 헨리 플리밍 젱킨Henry Fleeming Jenkin의 도움을 받아 한 과학 단위계를 추천했고, 국제 과학계는 그 단위계를 받아들였습니다. 훗날 가우스단위계Gaussian system라고 부르는 단위 체계입니다.

1865년에 맥스웰은 「전자기장에 관한 동역학 이론A Dynamical Theory of the Electromagnetic Field」이라는 엄청난 논문을 발표합니다. 그는 역선에 관한 기존 모형을 과감하게 버리고 방정식을 처음부터 다시 세워 나갔습니다. 맥스웰은 18세기에 수학자 조제프 루이 라그랑주(Joseph Louis Lagrange, 1736~1813년)가 했던 연구로 시선을 돌렸습니다.

라그랑주는 물체의 운동량으로 물체의 운동 속도를 구하는 미분방정식과 물체의 운동이 계의 운동에너지에 미치는 효과를 구하는 미분

방정식을 발명했습니다. 라그랑주의 미분방정식은 계를 '블랙박스(기능은 알지만 작동 원리를 이해할 수 없는 복잡한 기계장치-옮긴이)'처럼 다룹니다. 입력할 내용을 알고 해당 계의 특성을 명확하게 기술할 수 있다면, 계가 작동하는 방식을 알지 못해도 결과를 산출할 수 있습니다.

맥스웰에게는 바로 그런 방식이 필요했습니다. 전자기 현상이 역학 법칙을 따르는 한 맥스웰은 모형을 세우지 않아도 방정식을 유도할 수 있습니다. 물론 너무나도 어려운 과제였습니다. 맥스웰은 라그랑주의 수학을 확장해 전자기학에 적용해야 했습니다. 그리고 방정식을 세울 때 잊으면 안 되는 중요한 조건이 몇 가지 있었습니다. 진공 속에서도 작용하도록 전자기장이 에너지를 보유하는 데 필요한 조건 같은 것들 말입니다. 전류와 전류가 만드는 자기장은 운동에너지를 운반하고, 전기장에는 위치에너지가 있습니다.

수학적으로는 몹시 어려운 작업이었지만, 전자기 현상과 미분방정식은 놀라울 정도로 잘 어울렸습니다. 맥스웰은 빛의 확산을 비롯한 전자기계에서 일어나는 일들은 역학 법칙으로 설명할 수 있음을 입증해 보였습니다. 여섯 가지 주요 양적 특성(전기, 자기, 전기장, 자기장, 전하밀도, 전류밀도)이 생성되는 이유를 네 가지 미분방정식으로 나타낸, 근사할 정도로 우아한 맥스웰의 연구 결과는 현재 맥스웰 방정식Maxwell's Equations이라고 부릅니다.

맥스웰은 1865년에 「전자기장에 관한 동역학 이론」을 출간했습니다. 이 논문에 실은 내용은 1864년 12월에 열린 왕립학회 회의에서 발표하긴 했지만, 솔직히 말해서 맥스웰의 발표를 들은 사람 가운데 곤혹스러워하지 않은 사람은 거의 없었다고 말해도 과언이 아닙니다. 윌리엄 톰슨에게는 맥스웰의 이론을 완벽하게 이해하는 일은 거의 불가능했는데, 그런 사람이 톰슨만은 아니었습니다. 사실 대부분이 그저 믿기를 거부했습니다. 그도 그럴 것이 그때까지 전자기파는 존재조차 알려지지 않았기 때문입니다. 전자기파는 그 뒤로도 20년이 지난 뒤에 독일 물리학자 하인리히 헤르츠(Heinrich Hertz, 1857~1894년)가 발견합니다. 맥스웰은 그때는 존재하는지조차 몰랐던 무언가를 믿어달라고 했던 것입니다.

그런데 대학 당국이 맥스웰의 부담을 덜어주려고 보조 강사를 선임해주기까지 했지만, 맥스웰로서는 킹스칼리지에서 해야 할 일 때문에 시간에 쫓기는 상황을 견딜 수가 없었습니다. 결국, 그는 교수직에서 물러나 집안 돈으로 독자적으로 연구하기로 합니다. 런던에 도착한 지 5년 만인 1865년 봄에 맥스웰과 캐서린은 글렌레어로 돌아갔습니다.

의무에서 풀려난 맥스웰은 엄청난 양의 편지를 썼습니다. 발신인은 주로 그때도 에든버러대학교 자연철학과 교수로 있었던 테이트와 톰슨이었습니다. 당시 두 사람은 『자연철학 논문*Treatise on Natural Philosophy*』을 함께 집필하고 있었는데, 이는 그때까지 물리학이 밝힌 모든 지식을 요약해 담겠다는 엄청난 시도였습니다. 두 사람은 맥스웰에게 초고를 검토해달라고 부탁했습니다. 그때 맥스웰은 자신도 『전기와 자기에 관한 논문*Treatise on Electricity and Magnetism*』이라는 책을 쓰려고 구상하던 중이었습니다. 『전기와 자기에 관한 논문』 역시 엄청난 대작으로, 완성하기까지 7년이 걸립니다.

맥스웰은 그 뒤로 6년 동안 글렌레어 영지에서 살았습니다. 그 기간에 『전기와 자기에 관한 논문』을 쓰고, 『열 이론*The Theory of Heat*』이라는 책을 출간하고, 다양한 주제로 논문을 열여섯 편 썼습니다. 케임브리지대학의 요청으로 수학 졸업 시험을 개선하는 작업도 도왔습니다. 맥스웰이 졸업한 이후로도 수학은 크게 발전했지만, 케임브리지대학교 수학 졸업 시험 문제는 거의 바뀌지 않았습니다. 맥스웰은 수학 시험을 좀 더 흥미 있고 의미 있는 과정으로 바꾸는 일에 착수했습니다.

1866년에 맥스웰은 1860년에 발표한 결함이 많았던 논문을 수정해 『기체의 동역학 이론에 관하여*On the Dynamical Theory of Gases*』를 출간했습니다. 맥스웰과 캐서린은 집에서 기체에 관한 실험을 했고, 맥스웰의 이론이 예측한 대로 기체의 점성은 기체 온도의 제곱근 함수에 따라 달라지는 것이 아님을 입증했습니다. 맥스웰은 기체 분자들은 충돌하기보다는 서로 밀어내며 당구공처럼 행동한다는 사실을 알아냈고, 완화시간(relaxation time, 한 번 평형상태가 흐트러진 계가 다시 평형상태로 돌아가는 시간)이라는 개념을 도입함으로써 기체의 점성은 기온에 비례한다는 결정적인 결과를 끌어냈습니다.

맥스웰은 자신이 예측한 전자기파의 속도도 실험해보고 싶었습니다. 케임브리지대학교의 찰스 호킹Charles Hockin과 함께 맥스웰은 이전보다 훨씬 정확하게 공간 속에서의 자기 투자율과 전기 유전율을 구하는 실험을 진행했습니다.

두 사람은 금속판 사이에서 작용하는 정전기적 인력과 전류가 흐르는 두 코일 사이에서 작용하는 자기적 척력이 균형을 이룬 두 금속판을

사용해 실험했습니다. 이 실험에는 높은 전압이 필요했으므로 두 사람
은 런던 교외에 있는 클래펌Clapham의 포도주 제조업자 존 피터 가시오
John Peter Gassiot를 만났습니다. 가시오의 개인 실험실에는 영국에서 가
장 큰 전지가 여러 개 있었기 때문입니다. 가시오가 맥스웰과 호킹에게
전지를 2600개 제공해줘서 두 사람은 3000볼트 전압을 출력할 수 있었
습니다.

맥스웰은 1868년 봄에 런던을 방문해 실험을 진행하기로 했습니
다. 전지는 엄청나게 빠른 속도로 닳았지만, 두 사람 모두 눈금을 읽는
데는 뛰어난 기술이 있었으므로 투자율과 유전율을 알아낼 수 있었습
니다. 실험값을 이용해 맥스웰은 전자기파의 속도는 초속 28만 8000킬
로미터라는 계산값을 얻었습니다. 1863년에 프랑스 물리학자 레옹 푸
코(Leon Foucault, 1819~1868년)가 측정한 빛의 속도와 3퍼센트 가량 차
이가 나는 값이었습니다. 이로써 빛은 전자기파의 한 형태라는 맥스웰
의 이론은 좀 더 단단한 토대를 얻게 되었습니다.

『열 이론』에서 맥스웰은 기체의 엔트로피(무질서도)와 기온·부피·
압력의 관계를 다시 정립했습니다. 『열 이론』은 또한 앞으로 스스로 생
명을 이어갈 새로운 존재도 발명했습니다. 맥스웰은 열역학 제2법칙에
딴죽을 걸면서, 열이 차가운 물질에서 뜨거운 물질로 이동하는 것을 방
해하는 무언가가 있다고 상상했습니다. 톰슨은 분자 크기만 한 그 존재
를 '맥스웰의 악마Maxwell's demon'라고 했는데, 이 악마는 곧 유명해졌습니
다. 맥스웰의 사고실험에서 이 악마는 두 칸으로 기체를 나눈 칸막이에
뚫려 있는 구멍을 지키고 있습니다. 이 악마는 구멍에 달린 덮개를 여닫

는 일을 합니다. 양쪽 칸에 들어 있는 기체 분자들은 모든 방향으로 움직일 수 있고, 분자의 평균속도는 칸막이 양옆에 있는 기온이 결정합니다.

이 사고실험에서 칸막이 양쪽에 있는 칸의 기온은 처음에는 똑같습니다. 그런데 한쪽 칸에서 평균속도보다 빠른 속도로 움직이는 분자들이 생겨납니다. 맥스웰의 악마가 빠른 분자는 구멍을 통과해 다른 쪽 칸으로 이동하게 하고 느린 분자는 통과하지 못하게 막습니다. 그리고 다른 칸에서는 반대로 느린 분자를 반대쪽 칸으로 이동하게 합니다. 그 결과, 한 칸의 평균기온은 높아지고 다른 칸의 평균기온은 낮아집니다.

현실에서는 이런 일이 일어날 수 없지만, 그렇다고 해서 이 사고실험이 유도하는 흥미로운 질문까지 무시할 수는 없습니다. 맥스웰은 악마가 그런 일을 하려면 모든 분자의 위치와 점성을 알아야 할 필요가 있다는 멋진 설명을 내놓았지만, 실제로 그런 일은 가능할 것 같지 않습니다. 그에 대한 해법은 1929년에 레오 실라르드(Leó Szilárd, 1898~1964년)가 내놓았습니다. 실라르드는 한 계에서 정보를 얻는 행위는 그 계의 엔트로피를 증가시키며, 그 때문에 그 계가 일할 수 있는 양은 줄어들게 된다는 것을 보여주었습니다. 정보를 많이 얻을수록 반대로 그 계가 얻을 수 있는 에너지는 줄어드는 것입니다. 맥스웰의 악마는 오늘날 통신과 컴퓨터 기술에서 중요한 역할을 하는 새로운 이론(정보론)이 탄생하는 계기를 마련해주었습니다.

『전기와 자기에 관한 논문』을 쓸 때 맥스웰은 아일랜드 수학자 윌리엄 로언 해밀턴(William Rowan Hamilton, 1805~1865년) 경이 발명한 '사원수quaternions' 체계를 사용해 방정식을 간단하게 해야겠다고 결심합니다. 네 가지 성분을 사용하는 사원수 체계는 벡터 체계보다 훨씬 복잡합니다. 맥스웰은 사원수 체계가 자신의 방정식을 훨씬 명료하게 해주리라고 생각했습니다. 어떤 경우에는 상징 아홉 개를 두 개로 바꿀 수도 있었기 때문입니다. 맥스웰은 지금도 벡터 미적분학을 배우는 사람이라면 누구나 사용하는 '회전curl', '수렴convergence', '기울기gradient'라는 용어를 만들었습니다(지금은 수렴의 역 개념으로 '발산divergence'이라는 용어도 사용합니다). 맥스웰이 시작한 이 작업은 20년 뒤에 맥스웰의 방정식을 현대식으로 표기한 영국인 올리버 헤비사이드(Oliver Heaviside, 1850~1925년)와 미국인 조사이어 윌러드 기브스(Josiah Willard Gibbs, 1839~1903년)가 완성했습니다.

맥스웰은 세인트앤드루스대학에 학장으로 부임하고자 했지만 실패하고, 그 대신에 1871년에 케임브리지대학에서 새로 신설한 실험물리학과 교수로 부임해달라는 요청을 받습니다. 케임브리지대학의 총장이자 데번셔Devonshire 공작인 윌리엄 캐번디시William Cavendish는 자기 모교에 실험실을 지으라며 거액의 돈을 기부했습니다. 캐번디시는 1829년에 2등 랭글러가 되었고 스미스상을 받았습니다. 그는 또한 헨리 캐번디시Henry Cavendish의 종손從孫이기도 합니다. 헨리 캐번디시는 지구의 질량을 계산하다가 뉴턴의 중력 방정식에 나오는 보편 중력 상수 'G'의 값을 최초로 측정한 사람입니다.

케임브리지는 새로 신설한 학과를 이끌고 실험실을 만들 초대 캐번디시 교수가 필요했습니다. 맥스웰은 윌리엄 톰슨과 헤르만 헬름홀츠를 이어 케임브리지에서 세 번째로 염두에 둔 후보였습니다. 맥스웰은 1871년 3월에 케임브리지의 제안을 받아들였고, 슬픔과 기대가 섞인 마음을 안고 캐서린과 함께 글렌레어를 떠나 다시 케임브리지로 돌아왔습니다.

　자신이 맡을 새로운 역할을 준비하면서 맥스웰은 영국에서 가장 뛰어난 대학 실험실들을 방문했고, 향후 100년 동안 케임브리지대학에 엄청나게 이바지하고 많은 현대물리학이 태동할 보금자리가 될 현대적인 실험실을 설계했습니다. 대학 신입생을 위한 강의는 실험실 건물이 완공되기 전에 시작했고, 실험실은 1874년 봄부터 운영했습니다. 처음에는 실험실 건물 이름이 데번셔빌딩Devonshire building이었는데, 맥스웰은 기증자인 윌리엄과 그 조상인 헨리를 기려 캐번디시연구소Cavendish Laboratories로 이름을 바꾸자고 제안했습니다.

　1873년에 맥스웰은 마침내 『전기와 자기에 관한 논문』을 출간했습니다. 아름다운 문장과 수학으로 1000여 쪽을 채운 이 논문에는 전자기에 관한 모든 내용이 담겨 있었습니다. 『전기와 자기에 관한 논문』에서 맥스웰은 또다시 중요한 예측을 합니다. 전자기파는 압력을 생성한다는 예측 말입니다. 맥스웰은 태양은 1헥타르당 7그램의 압력을 만든다고 계산했습니다. 이 값은 너무 작아서 그때는 측정할 수가 없었지만, 그로부터 25년 뒤에 러시아 물리학자 표트르 레베데프(Pyotr Lebedev, 1866~1912년)가 맥스웰의 예측이 옳았음을 확인합니다. 복사압radiation pressure은 항성이 중력 때문에 붕괴하는 것을 막아줍니다. 바깥으로 향하는 복사압이 중심으로 향하는 중력과 균형을 이루기 때문입니다. 복사압은 혜성의 꼬리가 태양 반대쪽으로 향하는 이유도 설명해줍니다. 혜성의 꼬리는 몇 세기 동안 천문학자들이 풀지 못했던 문제였습니다.

1868년부터 1872년까지, 루트비히 볼츠만(1844~1906년)은 '기체운 동론kinetic theory of gases'에 관한 논문을 몇 편 발표했습니다. 볼츠만은 맥스웰이 세운 분자의 에너지 분포에 관한 이론을 좀 더 일반적인 법칙으로 다듬었는데, 지금은 그 법칙을 맥스웰·볼츠만분포라고 부릅니다. 볼츠만의 작업에 영감을 받은 맥스웰은 이번에는 단 한 쪽짜리 글을 써서 《네이처》에 발표했습니다. 그렇게까지 했는데도 맥스웰이 세운 이론은 여전히 틀린 결과가 몇 가지 있었습니다. 새로 관찰한 내용에 따르면 기체 분자는 회전할 뿐 아니라 진동하기도 했습니다. 이론과 관찰에 존재하는 이런 차이를 해결하려면 양자론이 등장할 수밖에 없었습니다.

1877년 봄이 되면 맥스웰은 가슴앓이 때문에 고생합니다. 점점 더 무언가를 삼키기가 힘들어진 맥스웰은 1879년 4월에 주치의에게 그 사실을 알렸고, 주치의는 맥스웰에게 고기 대신 우유를 먹으라고 했습니다. 고통이 극심해졌을 때, 맥스웰은 복부암이 많이 진행된 상태임을 알았습니다. 제임스 클라크 맥스웰은 1879년 11월 5일에 세상을 떠났습니다. 캐서린이 임종을 지켰고, 그의 나이는 마흔여덟 살이었습니다.

오늘날 매일 같이 보는 현대 기술에서 우리는 전자기학과 색채 이론에 이바지한 맥스웰의 연구를 봅니다. 이런 기술을 가능하게 했다는 것보다도 훨씬 중요한 맥스웰의 업적은 물리학자들이 세상을 보는 방식을 획기적으로 바꾸었다는 것입니다. 그는 우리가 보는 것이 훨씬 깊은 어떤 것, 우리가 직접 감지할 수도 없는 것의 '물리적 현신physical manifestation'일 수도 있음을 누구보다도 먼저 제시했습니다. 맥스웰의 전자기 방정식은 아인슈타인에게 영감을 불어넣었고, 그 결과 특수상 대성이론이 탄생할 수 있었습니다.

다음 장에 나오는 인물은 훨씬 더 두툼한 베일에 싸인 자연의 비밀을 푸는 데 앞장선 사람입니다. 바로 마리 퀴리입니다.

5장

마리 퀴리
방사능의 비밀을 최초로 풀어낸 여성 과학자

Marie Curie

위대한 물리학자 톱10에서 7위를 차지한 사람은 마리 퀴리다. 우리 목록에서 유일한 여성이며, 우리 목록에 오른 물리학자 가운데 유일하게 노벨상을 두 번 탄 사람이다. 1903년에는 노벨 물리학상을 받았고, 1911년에는 노벨 화학상을 받았다. 소르본대학Sorbonne에 부임한 첫 여자 교수로서 몇 가지 원소를 발견하고, 방사능의 비밀을 푸는 데 이바지했다. 말년에는 방사능을 이용해 암을 고치는 연구에 헌신했다.

마리 퀴리는 1867년 11월 7일에 폴란드 바르샤바에서 태어났습니다. 언니가 세 명, 오빠가 한 명 있는 다섯 형제 가운데 막내로, 태어났을 때 이름은 마리아 살로메아 스크워도프스카Maria Salomea Skłodowska였습니다. 부모는 두 분 모두 교사였습니다. 아버지 부아디슬라프 스크워도프스키Władysław Skłodowski는 과학 교사였고, 어머니 브로니수아바Bronisława는 교장이었습니다.

그 당시 폴란드는 러시아, 프로이센, 오스트리아 · 헝가리제국이 분할통치하고 있었습니다. 바르샤바는 러시아의 통치를 받았습니다.

러시아 군인이 거리에 돌아다니고, 학교에 시찰을 나왔습니다. 수업은 러시아어로 받아야 하고, 교사들은 폴란드 역사를 가르칠 수 없었습니다. 러시아 당국의 이런 조치는 폴란드인의 정신을 앗아가는 대신 오히려 불붙였습니다. 퀴리의 부모도 러시아의 통치를 받는다는 사실에 분노하는 사람이었습니다. 부아디슬라프와 브로니수아바는 다섯 아이를 러시아에 대항하고 러시아를 미워하는 사람으로 길렀습니다. 이러한 투쟁심은 훗날 퀴리가 계속해서 자기 앞을 가로막는 장애를 극복하는 데 도움이 됩니다.

퀴리는 영리하고 호기심 많은 아이였습니다. 아이들이 학교에 가기 전에도 퀴리의 아버지는 아이들과 대화하는 시간을 비정규 수업 시간으로 활용했습니다. 퀴리는 아버지가 가진 과학 도구에 온통 마음이 빼앗기고, 아버지가 퀴리와 형제들에게 과학과 지리와 역사를 가르치려고 고안한 게임에 매혹되었습니다. 부아디슬라프는 아이들에게 수학 문제도 냈습니다. 퀴리는 수학 문제를 너무나도 좋아하고, 그 누구보다도 빨리 풀었습니다.

학교에 입학한 퀴리는 학교에서도 쉽게 우등생이 됐습니다. 퀴리의 기억력은 정말 놀라웠습니다. 학교에서는 러시아어로 수업해야 하지만, 교사들은 러시아 군인이 없을 때는 폴란드어로 수업했습니다. 그런데 한 번은 수업하고 있을 때 러시아 군인이 불쑥 퀴리의 교실로 들어왔습니다. 러시아어로 바꾸어 급하게 수업을 진행한 선생님은 우등생인 퀴리에게 어려운 문제를 냈고, 퀴리는 능숙하게 대답했습니다. 퀴리는 자랑스럽기도 했지만, 러시아 압제자 앞에서 비굴하게 행동했다는 생각에 죄의식도 느꼈습니다.

그 뒤 몇 년 동안 퀴리 가족의 삶은 점점 더 어려워졌습니다. 퀴리의 어머니는 결핵에 걸려 직장을 그만두어야 했고, 퀴리 가족은 아버지의 수입만으로 생활해야 했습니다. 하지만 아버지도 곧 러시아 감독관에게 반항했다는 이유로 학교를 그만두어야 했습니다. 부아디슬라프는 생활비를 벌려고 집에서 학생을 가르치기로 했습니다. 곧 남학생 스무 명이 모이고, 하숙하는 학생들도 생겼습니다. 퀴리의 집은 늘 사람이 붐비고, 시끌벅적했습니다. 그런 환경은 끝까지 사라지지 않은 퀴리의 호기심을 길러주었습니다.

하지만 많은 사람이 집에 모여 있으니 질병도 끊이지 않았습니다. 퀴리의 언니 조시아Zosia는 발진티푸스에 걸려 세상을 떠났고, 몇 년 뒤에는 어머니가 결국 결핵으로 돌아가셨습니다. 천하태평이던 어린 퀴리는 자기 어깨에 이 세상 모든 고민을 짊어진 사람처럼 보이는 내성적인 10대 소녀로 자라났습니다. 졸업을 앞두고 퀴리의 선생님은 퀴리가 어머니를 잃은 슬픔을 극복할 시간을 두고 조금 쉬기를 바랐지만, 퀴리의 아버지는 오히려 새로운 도전을 하는 것이 더 도움이 되리라고 생각했습니다. 부아디슬라프는 퀴리를 엄격한 러시아 학교로 보냈고, 그곳에서 퀴리는 우등생으로 금메달을 받았습니다.

열다섯 살이 되었을 때, 퀴리는 시골에 있는 삼촌 집에서 1년을 보내게 되었습니다. 아버지의 관리를 받지 않게 된 퀴리는 아침 늦게까지 잠을 자고 그동안은 할 수 없었던 야외 활동을 어린아이처럼 마음껏 할 수 있었습니다. 퀴리는 밖에 나가 낚시질하고, 야생 딸기를 모으고, 게임을 즐기고 춤을 추었습니다. 이때가 퀴리의 인생에서 가장 평온한 시기였을 것입니다.

바르샤바에 돌아온 퀴리는 당연히 공부를 더 하고 싶었겠지만, 그때는 어디나 그렇듯이 바르샤바대학Warsaw University도 여자는 다닐 수가 없었습니다. 하지만 아버지처럼 과학자가 되고 싶었던 퀴리는 독학하겠다고 결심합니다. 하지만 실험실도 없는데 어떻게 과학을 공부할 수 있을까요? 다행히 야드비가 다비도바Jadwiga Dawidowa라는 사람이 폴란드 여성을 교육할 비공식 대학교를 설립했습니다.

러시아 당국의 단속을 피하려고 다비도바는 더 큰 건물로 옮기기 전에 가정집에서 수업하고, 가끔 학교 실험실을 빌려 실험도 했습니다. 다비도바는 발각되지 않도록 계속 수업 장소를 옮겼습니다. 다비도바는 바르샤바에 있는 유수한 대학교 교수들에게 자유 시간을 포기하고 여학생을 가르쳐달라고 부탁했습니다. 퀴리와 퀴리의 언니 브로니아Bronia도 다비도바의 학교에 나갔지만, 두 사람 모두 이 방법으로는 오래 공부할 수가 없음을 잘 알았습니다. 다비도바의 학교에서는 정식 졸업장을 받을 수 없었으므로 퀴리와 언니는 다른 곳을 찾아야 했습니다.

가장 좋은 방법은 파리에 있는 소르본대학에 입학하는 것이었습니다. 소르본대학은 유럽 유수의 대학일 뿐 아니라 여자도 입학할 수 있었습니다. 퀴리 자매는 차례대로 소르본에 가자고 약속했습니다. 브로니아가 먼저 소르본대학에 입학하고, 퀴리는 폴란드에 남아 일하면서 브로니아의 학비를 대고 장차 자신이 공부할 때 필요한 돈을 벌기로 했습니다.

마리 퀴리 : 방사능의 비밀을 최초로 풀어낸 여성 과학자

퀴리는 입주 가정교사가 되었습니다. 퀴리가 훗날 이야기한 대로 처음에 일했던 집은 '변호사의 집'이었습니다. "…… 이 가족은 램프에 쓸 기름도 아낄 정도로 쩨쩨한 사람들이었지만, 엉뚱한 곳으로 돈이 물밀 듯이 새어 나가서 가정교사의 월급도 6개월이나 주지 못할 정도였습니다. 이 변호사의 집에는 고용인이 다섯 명 있었습니다. 스스로 진보주의자라고 자처했지만, 사실은 정말 어리석음에 푹 빠진 사람들이었습니다." 퀴리는 그때의 경험을 떠올리면 정말로 불쾌해했습니다. "나로서는 정말 끔찍한 원수라고 해도 그런 지옥에서 산다면 마음이 좋지 않을 것 같아요."라고 말했을 정도로 말입니다. 1885년 12월에 퀴리는 사촌인 헨리에타 미하워브스카Henrietta Michałowska에게 편지를 썼습니다. 그리고 변호사의 집을 떠나 바르샤바 외곽 시골 마을에서 새로 가정교사 자리를 얻었습니다. 새 가정교사 일은 1886년 1월부터 시작하기로 했습니다. 이제 막 열여덟 살이 되었을 때 퀴리는 바르샤바를 떠나 북쪽으로 80킬로미터 떨어진 슈추키Szczuki의 조라브스키Zorawski 가문의 영지로 갔습니다.

조라브스키 집안에는 대학에 다니는 아들이 세 명 있었고, 장원에서 사는 아들이 네 명(열여덟 살 브론카Bronka, 열 살 안지아Andzia, 세 살 스타스Stas, 생후 6개월인 마리스흐나Maryshna) 있었습니다. 퀴리는 조라브스키 부부가 '훌륭한 사람'임을 알았습니다. 브론카하고는 처음부터 정말로 잘 지냈습니다(브론카의 본명은 브로니수아바Bronisława입니다). 하지만 브론카하고는 동갑이었으므로 어려운 점이 있었습니다. 퀴리는 브론카의 가정교사이지만, 사실 학교에 다닌다면 친구 사이여야 하는 나이였습니다. 퀴리는 매일 일곱 시간을 가르쳐야 했습니다. 안지아를 네 시간, 브론카를 세 시간 가르쳤습니다. 스타스랑 노는 일은 정말 즐거웠습니다. 퀴리의 하루는 아주 바빴지만, 조라브스키 집안의 분위기에 흠뻑 빠져 행복했습니다. 퀴리는 또한 기꺼이 폴란드 소작인의 아이들을 모아 수업하고, 소르본에 가는 날을 꿈꾸며 자기 공부도 해 나갔습니다.

언니에게 보낸 편지에서, 퀴리는 계층이 다른 사람들의 사랑을 다룬 『니에멘 강변에서 *On the Banks of the Nieman*』라는 소설을 많이 이야기합니다.

> 오제슈코바Orzeszkowa가 쓴 소설이 나를 마구 흔들어. 『니에멘 강변에서』라는 소설이야. 내 머릿속에서 떠나질 않아서 어떻게 해야 할지, 이젠 모르겠어. 우리 꿈은 모두 거기에 있어. 열정적인 대사 때문에 내 뺨에서 불이 날 것만 같아. 난 진짜 세 살짜리 아이처럼 울고 싶은걸. 왜, 왜 이런 꿈이 시들어가야 하는 거야?

이 편지를 썼던 1888년 1월에 퀴리는 힘든 일을 겪었습니다. 자기가 가르치는 학생들의 형인 카지미에르스Kazimierz와 사랑에 빠졌기 때문입니다. 퀴리보다 한 살 많은 카지미에르스는 바르샤바대학교에서 수학을 공부하고 있었습니다. 두 사람은 결혼하고 싶어했지만, 조라브스키 부부가 반대했습니다. 일개 가정교사와 아들이 결혼하는 것을 허락할 수가 없었던 것입니다.

두 연인의 사랑은 1887년 여름에 잠시 다시 불붙지만, 그해 12월이 되면 퀴리는 두 사람이 절대로 결혼할 수 없다는 사실을 받아들입니다. 그 뒤로도 15개월 동안 퀴리는 조라브스키 집안에서 가정교사로 일합니다. 처음에는 절망에 빠져 있었지만, 1889년 3월이 되면 퀴리는 다시 기운을 차립니다.

여전히 언니에게 아무 소식도 듣지 못했으므로 퀴리는 발트 해 연안 휴양지에 사는 푸흐Fuchs 가족의 가정교사로 갑니다. 그리고 1년 뒤에, 퀴리는 마침내 바르샤바로 돌아와 다비도바의 대학에서 또다시 수업을 듣습니다. 이제 곧 소르본으로 가게 되리라는 걸 알았기 때문입니다.

브로니아는 편지로 퀴리에게 자신이 소르본대학을 졸업하고 결혼도 했다는 소식을 알리고, 퀴리가 파리에 와서 공부할 수 있도록 동생을 초대합니다. 브로니아는 1891년 가을에 바르샤바로 돌아와 동생이 파리로 떠날 준비를 도왔습니다. 브로니아는 그해 7월에 의과대학을 졸업했는데, 수천 명에 달하는 소르본대학교 졸업생 가운데 여성은 브로니아를 포함해 세 명밖에 없었습니다. 소르본을 졸업하려면 어떻게 해야 하는지 잘 알았던 브로니아는 동생에게 자신이 아는 모든 것을 알려주려고 애썼습니다.

그리고 1891년 11월에 거의 스물네 살이 된 퀴리는 파리로 떠나는 기차에 몸을 실었습니다. 마리아라는 폴란드식 이름을 마리라는 프랑스식 이름으로 바꾸고 말입니다. 소르본에서 퀴리는 제 실력을 유감없이 발휘했습니다. 누구보다도 뛰어난 성적을 거두며, 새로운 환경에서 맛보는 자유를 한껏 만끽했습니다. 유일하게 힘든 부분은 브로니아 부부와 함께 살아야 한다는 것이었습니다. 세 사람이 사는 비좁은 아파트는 언니 부부의 진료실이기도 해서 늘 환자로 붐볐습니다.

6개월 뒤에 퀴리는 소르본대학과 가까운 카르티에라탱에서 자취방을 얻었습니다. 그 방은 아파트 건물 꼭대기에 있는 아주 작은 방이어서, 퀴리는 건강을 제대로 챙길 수가 없었으므로 대학 실험실에서 기절할 때도 있었습니다. 겨울이면 밤새 세면대가 얼어붙었습니다. 밤이면 퀴리는 온기를 유지하려고 옷을 최대한 껴입은 후, 옷장에 있는 옷을 모두 꺼내 침대에 쌓아 놓고 자야 하는 날이 많았습니다.

파리에 왔을 때 퀴리는 프랑스어를 조금 알 뿐이지 유창하게 말할 수는 없었습니다. 소르본에는 9000명이 넘는 학생이 있었는데, 그 가운데 여성은 210명뿐이었습니다. 과학 학부에 등록한 학생 1825명 가운데 여성은 스물세 명뿐이었습니다. 처음에는 퀴리도 소르본에 조금 와 있던 폴란드 학생들과 교류했습니다. 하지만 1학년이 끝날 무렵이 되어서는 공부에 집중하려고 더는 모임에 나가지 않았습니다.

퀴리가 도착했을 때, 소르본대학은 대규모 공사를 하고 있었습니다. 프랑스 제3공화국은 소르본대학을 프랑스 교육의 메카로 만들고자 했습니다. 과학부 강의실과 실험실은 아직 공사 중이어서, 건축가 앙리 폴 네노Henri-Paul Nénot의 지휘 아래 세상에서 가장 현대적이고 시설을 잘 갖춘 시험실이 건설되는 동안, 퀴리는 여러 곳에 임시로 마련한 강의실에서 수업을 받아야 했습니다. 소르본 과학학부는 1876년부터 1900년까지 규모가 두 배로 커졌습니다. 돈은 재능을 끌어모았습니다. 퀴리는 뒤에 이렇게 썼습니다. "교수가 학생에게 미칠 영향력은 권위가 아니라 과학에 대한 사랑과 개인의 자질이 결정했습니다."

퀴리는 학업을 마치면 당연히 바르샤바로 돌아가려고 했습니다. 언제나 고향에 돌아가 사는 것을 꿈꾸었습니다. 장차 남편이 될 사람을 만나기 전까지는 말입니다. 하지만 인생은 늘 다른 방향으로 흘러가게 마련입니다. 수석으로 졸업한 퀴리에게 소르본대학은 장학금을 제안하며 계속 소르본에 남아 수학 학위를 받으라고 했습니다. 퀴리는 이 제안을 거절할 수 없었습니다. 과학은 그녀의 생명이었으니까요.

1893년 말부터 1894년 초까지 퀴리는 앞으로도 계속해서 고민거리가 될 문제에 골몰하고 있었습니다. 더 큰 실험실을 확보하는 문제에 말입니다. 그때 퀴리는 수학 학위를 수월하게 준비하고 있었고, 여러 가지 강철의 자기적 특성을 연구하는 일도 진행하고 있었습니다. 퀴리는 지도교수인 가브리엘 리프만(Gabriel Lippmann, 1845~1921년)의 실험실에서 연구했는데, 그곳은 좁을 뿐 아니라 실험 장비도 제대로 갖추어져 있지 않았습니다.

1894년 봄에 자신을 찾아온 폴란드 친구 유제프 코발스키Józef Kowalski 부부에게 퀴리는 실험실에 대해 불만을 터트렸습니다. 그때 프리부르(독일어로는 프라이부르크)대학교University of Fribourg의 물리학 교수였던 코발스키는 가까운 곳에서 프랑스 사람 피에르 퀴리(Pierre Curie, 1859~1906년)가 실험실을 운영한다는 사실을 알았습니다. 피에르는 형제인 자크Jacques와 함께 전하를 띠는 수정을 발견해 불과 스물한 살의 나이로 유명해진 사람이었습니다. 그 뒤로 피에르는 아주 약한 전류를 측정할 때 사용하는 전위계를 발명했습니다.

피에르를 처음 만났을 때 퀴리는 자기 인생이 영원히 바뀌었음을 알았습니다. 카지미에르스와 힘든 사랑을 한 뒤로 퀴리는 오직 공부에만 전념했습니다. 하지만 피에르는 퀴리의 마음을 단번에 사로잡았습니다. 퀴리는 피에르가 자신과 같은 사람임을 알 수 있었습니다. 두 사람은 곧 떨어질 수 없는 사이가 되었습니다. 피에르는 퀴리가 아는 그어떤 사람과도 달랐습니다. 지적이고 조용하며, 퀴리만큼이나 과학을 사랑했습니다. 퀴리의 가족처럼 피에르의 가족도 교육을 아주 중요하게 생각했지만, 피에르는 전통적인 교육과정을 밟지는 않았습니다.

피에르는 학교에 다니지 않고 집에서 공부했습니다. 열여덟 살에 소르본대학에서 이학사 학위를 받은 뒤에는 소르본대학 실험 수업에 조교로 들어갔습니다. 그는 곧 논문을 발표하기 시작했습니다. 피에르는 결코 박사 학위는 받지 않았지만, 박사 학위를 몇 개나 받아도 좋을 만큼 많은 논문을 발표했습니다. 사람들 사이에서 그는 아웃사이더로 통했습니다. 1893년에 피에르는 소르본을 떠나 새로 설립한 산학협동학교인 물리화학산업공립학교EPCI, École Municipale de Physique et Chimie Industrielles로 옮겨 갔습니다.

피에르도 퀴리에게 강한 인상을 받았습니다. 그는 퀴리가 아주 영리하다는 사실을 알았습니다. 두 사람은 우정이 깊어졌고, 곧 피에르는 퀴리에게 결혼해달라고 청혼했습니다. 퀴리는 피에르를 사랑했지만, 카지미에르스와의 경험 때문에 두 번 다시 마음이 다치고 싶지 않았습니다. 1894년 여름에 퀴리는 파리를 떠나 바르샤바로 돌아가기로 합니다. 자신은 결혼할 준비가 되지 않았고, 가족과 폴란드를 버릴 수 없다고 생각했기 때문입니다.

하지만 피에르는 이 놀라운 여성을 포기할 준비가 전혀 되어 있지 않았습니다. 그는 계속해서 편지를 보내 퀴리에게 파리로 돌아와 달라고 사정했습니다. 자신이 프랑스를 떠나 폴란드에 가서 살겠다고까지 했습니다. 무엇보다도 프랑스를 떠나겠다는 말이 피에르의 진심을 분명하게 퀴리에게 전달했을 것입니다. 결국 퀴리는 피에르에게 돌아와 프랑스에서 살기로 마음먹고 파리로 돌아옵니다. 하지만 같은 아파트에서 살자는 피에르의 제안은 거절하고 샤토됭Châteaudun 거리에 있는 브로니아의 사무실 옆에 새로 아파트를 얻었습니다.

피에르는 퀴리가 돌아오면 되도록 많은 시간을 함께 보내겠다고 약속했지만, 피에르의 어머니가 병들어 아픈 바람에 그는 파리 남부에 있는 소Sceaux에서 어머니를 돌보아야 했습니다. 한 번은 피에르가 퀴리에게 편지를 썼습니다. "우리 아버지께서 (의사이신데) 회진을 가셔야 합니다. 어머니 혼자 계시게 할 수 없으니 내일 오후까지 제가 소에 머물러야 합니다. …… 이제 그대는 나를 존중하는 마음이 점점 더 사라지고 있겠지요. 지금 제 마음속에 당신을 사모하는 마음은 매일같이 커지는데 말입니다."

피에르는 마침내 박사 학위 논문을 소르본대학에 제출하기로 했습니다. 아마도 퀴리의 뜻에 따른 결정이었을 것입니다. 1895년 3월 두 사람이 처음 만나고 1년 정도 지났을 때, 피에르는 소르본대학 이학부 박사 학위 논문 심사를 받았고, 피에르의 논문은 이견 없이 통과됐습니다. 박사 학위를 딴 직후에 피에르는 물리화학산업공립학교에 교수로 부임했고, 압전기(piezoelectricity, 수정에 압력을 가하면 생기는 전기)를 연구한 공로로 자크와 함께 플랑테상prix Planté을 받았습니다.

그해 봄에 퀴리는 피에르의 청혼에 마침내 화답했고, 1895년 7월 26일에 소마을회관Sceaux town hall에서 결혼식을 올렸습니다. 결혼식 피로연은 회관에서 가까웠던 퀴리 집안의 정원에서 열렸습니다. 퀴리의 아버지와 언니 헬레나Helena도 바르샤바에서 왔고, 브로니아 부부도 참석했습니다. 퀴리 부부는 한 사촌이 준 결혼식 축의금으로 자전거를 두 대 산 뒤에 브르타뉴로 신혼여행을 떠났습니다. 그곳에서 두 사람은 어촌을 돌아다녔습니다. 퀴리는 훗날 "우리는 고즈넉한 브르타뉴 해변을 사랑했습니다. 히스와 가시금작화가 핀 강의 하류도 사랑했어요."라고 썼습니다.

길었던 신혼여행에서 돌아온 퀴리 부부는 퀴리가 학생이었을 때 살았던 곳에서 멀지 않은 글라시에르Glacière 거리에서 아파트를 구했습니다. 그 당시 두 사람이 함께 벌었던 수입은 월급과 상금, 수수료, 장학금을 모두 합쳐 6000프랑 정도였습니다. 평범한 학교 교사가 버는 수입의 세 배 정도 되는 금액이었습니다. 두 사람은 안락한 생활을 할 수 있었지만, 두 사람 모두 낭비하는 성격이 아니었습니다. 두 사람은 하인도 고용하지 않았습니다.

퀴리는 다시 자기 현상을 연구하고, 근무 시간이 끝나면 과학과 수학을 계속 공부했습니다. 퀴리는 두 강의를 들었는데, 그 가운데 하나는 다양한 분야에 흥미가 있었던 이론물리학자 마르셀 브릴루앙(Marcel Brillouin, 1854~1948년)이 진행하는 강의였습니다. 그동안 피에르는 물리화학산업공립학교에서 첫 수업을 했습니다. 강의 주제는 전기였습니다. 뒤에 퀴리가 말한 대로라면 '파리에서 가장 완벽하고 현대적인' 수업이었습니다.

처음부터 퀴리 부부는 될 수 있으면 자주 함께 연구했습니다. 프랑스 수학자 앙리 푸앵카레(Henri Poincaré, 1854~1912년)의 말처럼 두 사람은 의견을 나누었을 뿐 아니라 "에너지도 교환했습니다. 두 사람은 서로에게 연구하는 사람이라면 누구나 경험하는 일시적인 의기소침을 치료해줄 확실한 치료제가 되어주었습니다."

1897년 초반에 퀴리는 임신했음을 알게 됩니다. 퀴리는 입덧과 어지럼증에 자주 시달렸습니다. 몸 상태 때문에 일할 수 없을 때가 많았고, 엎친 데 덮친 격으로 시어머니까지 유방암 말기라는 사실을 알게 되었습니다. 퀴리는 시어머니가 돌아가실 때 아이가 태어날까 봐 두렵고, 어머니의 죽음이 남편에게 나쁜 영향을 미칠까 봐 걱정됐습니다.

여름이 되어 퀴리는 임신 7개월에 접어들었습니다. 퀴리는 휴양차 브르타뉴 지방으로 떠났지만, 피에르는 파리에 남아 수업을 계속하며 아픈 어머니를 돌보았습니다. 자크가 어머니를 돌볼 차례가 되었을 때에야 피에르는 퀴리가 있는 북쪽 해안의 포트블랑Port-Blanc으로 왔습니다. 퀴리가 임신한 몸이지만, 퀴리 부부는 다시 자전거를 탔습니다. 퀴리 부부가 파리로 돌아온 직후에 퀴리는 진통을 시작했고, 1897년 9월 12일에 첫 딸 이렌Irène을 낳았습니다. 퀴리가 꼼꼼하게 적은 가계부를 보면, 이날 부부는 딸의 출생을 축하하려고 포도주를 한 병 샀습니다.

퀴리의 가계부를 보면 고용인에게 지급해야 할 돈이 9월에는 27프랑이었지만, 12월이 되면 135프랑으로 훌쩍 뛰어올랐다는 사실을 알 수 있습니다. 퀴리는 이렌을 위해 유모와 보모를 고용했습니다. 퀴리가 두려워했던 것처럼 이렌이 태어나고 2주가 채 되지 않았을 때 시어머니가 돌아가셨습니다. 피에르의 아버지는 이제 막 손녀가 태어난 아들의 집으로 옮겨 왔습니다.

그 무렵에 퀴리는 교사가 될 수 있는 자격증을 취득했고, 1897년 말에는 프랑스 산업진흥학회 회보에 발표할 '담금질한 강철의 자력'에 관한 글을 쓸 때 필요한 표와 사진을 모았습니다. 퀴리와 피에르는 퀴리가 전적으로 새로운 연구를 진행해 박사 학위를 받는 것이 좋겠다고 결정했습니다.

그때까지 2년 동안, 물리학계는 계속 흥분 상태였습니다. 1895년에 빌헬름 뢴트겐이 엑스선을 발견한 뒤부터 물리학자들은 이 이상한 현상을 누구보다도 빨리 설명하려고 애쓰고 있었습니다. 그리고 1896년에는 자기는 엑스선 실험을 한다고 생각했던 앙리 베크렐(Henri Becquerel, 1852~1908년)이 자신도 모르게 세계 최초로 베크렐선을 발견했습니다. 이 새로운 방사선은 알려진 것이 거의 없었으므로 퀴리는 이 방사선을 박사 학위 연구 주제로 삼기로 했습니다.

베크렐선에 관해 알려진 것이라고는 우라늄에서 나오며, 종이를 관통하고, 어둠 속에서 몇몇 물질을 빛나게 한다는 것뿐이었습니다. 하지만 우라늄이 발산하는 방사선에 관한 연구는 활력을 잃어가고 있었습니다. 1896년에 프랑스학회Académie française에 제출한 엑스선에 관한 논문은 거의 100편에 달했지만, 베크렐선에 관한 논문은 손꼽을 수 있을 정도로 적었습니다. 사람들은 우라늄에서 나오는 방사선은 엑스선이 생기는 과정에서 부수적으로 나오는 것이라고 생각했습니다. 우라늄 방사선이 독자적인 과정을 거쳐 생성된다고 생각하는 사람은 없었습니다.

피에르의 도움을 받아 퀴리는 물리화학산업공립학교 건물 지하에 있는 낡은 창고에 실험실을 꾸밀 수 있었습니다. 창고는 춥고 더러웠지만, 퀴리는 자신이 택한 연구에 몰두할 수 있다는 사실이 그저 행복했습니다. 1897년 12월 16일에 퀴리는 처음으로 실험 공책에 기록을 적었습니다. 퀴리와 피에르는 우라늄이 발산하는 에너지를 측정하고자 '이온화 상자ionization chamber'를 설치했습니다. 우라늄의 에너지를 측정하기란 무척 어려운 일이어서 베크렐은 실패했지만, 퀴리는 신중하고 근면하게 애쓴다면 측정할 수 있다고 믿었고, 결국 측정해냈습니다.

퀴리가 연구를 시작한 이유는 박사 학위 논문을 쓰는 데 있었으므로 더욱 정확하게 측정하려고만 생각했지, 새로운 발견을 하리라고 기대하지는 않았습니다. 우라늄으로 실험하면서 정체를 알 수 없는 베크렐선에서 아주 작은 전하를 측정한 뒤에, 퀴리는 다른 원소들로도 실험해보았습니다. 1898년 2월에는 금과 구리를 포함해 하루에 열세 개 원소를 실험했는데, 우라늄 방사선을 방출하는 원소는 하나도 없었습니다.

계속 순수한 원소만으로 실험했다면 퀴리를 유명하게 만든 발견을 하지 못했을 것입니다. 그러나 퀴리는 2월 17일에는 시꺼멓고 무거운 역청우라늄광pitchblende으로 실험했습니다. 그 역청우라늄광은 요하힘슈탈Joachimsthal에서 1세기 전에 가져 온 광물이었습니다. 요하힘슈탈은 광물이 풍부하게 매장되어 있던 독일과 체코의 국경 지역입니다. 1789년에 마르틴 하인리히 클라프로트(Martin Heinrich Klaproth, 1743~1817년)가 역청우라늄광에서 회색빛 금속 원소를 추출했습니다. 그는 그 원소를 그 무렵에 새로 발견한 행성(천왕성, Uranus)의 이름을 따서 '우라늄 uranium'이라고 불렀습니다.

역청우라늄광에는 우라늄이 아주 소량 들어 있습니다. 그러므로 퀴리는 당연히 순수한 우라늄보다 역청우라늄광에서 방출하는 방사선의 양이 더 적으리라고 생각했습니다. 놀랍게도 결과는 그 반대였습니다. 처음에는 실험 결과가 잘못됐다고 생각했지만, 다시 실험해본 결과도 같았습니다. 어째서 역청우라늄광에서 더 강한 방사선이 방출되는 것일까요? 퀴리는 다른 물질로도 실험했는데, 일주일 뒤에는 또다시 예상하지 못했던 발견을 했습니다. 우라늄이 전혀 들어 있지 않은 에스킨석 aeschynite도 역청우라늄광처럼 우라늄보다 더 강한 방사선을 방출했던 것입니다. 이제 퀴리에게는 풀어야 할 문제가 두 개로 늘었습니다.

퀴리는 베크렐이 발견한 것이 단순히 우라늄에서만 나타나는 현상이 아니라 좀 더 보편적인 현상일 수도 있다는 생각이 들었습니다. 퀴리의 연구가 전혀 예상하지 못했던 방향으로 나아가는 동안 피에르는 소르본대학교 교수직에 지원했지만 떨어지고 맙니다. 하지만 이 부부가 실망했던 것 같지는 않습니다. 교수 임용에 실패한 뒤에 두 사람은 좀 더 긴밀하게 협조하면서 일했고, 실험 공책에도 퀴리의 글 옆에 피에르가 글을 써놓는 경우가 훨씬 많아졌습니다.

실험을 계속할수록 역청우라늄광에는 방사선을 방출하는, 우라늄보다 훨씬 강력한 물질이 있음이 분명해보였습니다. 하지만 그것이 어떤 원소인지는 알 수 없었습니다. 역청우라늄광에는 너무나 많은 물질이 섞여 있어서 실험실에서는 똑같은 원소로 역청우라늄광을 만들어낼 수가 없었습니다.

이 무렵에 퀴리 부부는 우라늄이 든 또 다른 광물을 발견했습니다. 칼시트Chalcite라고 부르는 이 광물도 순수한 우라늄보다 더 많은 방사선을 방출했습니다. 칼시트는 역청우라늄광보다 만들기가 쉬웠습니다. 퀴리 부부는 이미 알려진 성분으로 칼시트를 만들면 방사선을 방출하는 원소는 빠질 테고, 그 결과 방사선 방출량이 줄어들지도 모른다는 추론을 했습니다. 퀴리는 인산구리와 우라늄을 섞어 인공 칼시트를 만들었습니다. 인공 칼시트의 방사선 방출량은 순수한 우라늄보다 많지 않았습니다. 결론은 분명했습니다. 칼시트와 역청우라늄광에는 지금까지 알려지지 않았던 원소가 든 것이 틀림없었습니다. 퀴리는 자신이 발견한 내용을 정리해서 「우라늄 혼합물과 토륨 혼합물이 방출하는 방사선Rays Emitted by Uranium and Thorium Compounds」이라는 논문을 썼고, 1898년 4월 12일에 그 논문을 프랑스 과학학회Académie des Sciences에서 발표했습니다. 퀴리와 피에르는 둘 다 과학학회 회원이 아니었으므로 발언할 자격이 없었지만, 다행히 퀴리의 지도교수였고 이제는 좋은 친구가 된 가브리엘 리프만이 기꺼이 두 사람을 대신해 논문을 읽어주었습니다. 과학학회 회원들은 퀴리의 연구에 흥미를 보였지만, 돌이켜 생각해보면 논문에서 가장 중요한 두 가지는 이해하지 못했던 것이 분명합니다.

퀴리는 역청우라늄광과 칼시트에는 방사선의 양을 증가시키는 에너지가 있는 새로운 원소가 있으리라고 추론했습니다. 이는 미지의 물질을 검출하는 새로운 기술을 소개한 것입니다. 한 물질이 지닌 방사성 특성을 이용하면 그 물질의 존재를 알 수 있다는 사실을 말입니다. 두 번째로 퀴리는 논문에서 이렇게 썼습니다. "우라늄 혼합물은 모두 활동성을 띤다. …… 활동성을 더 많이 띨수록 일반적으로 더 많은 우라늄이 그 안에 포함되어 있다." 이 진술은 방사선이 원자의 특성이라는 의미를 내포하는데, 이는 앞으로 일어날 일을 예언합니다. 하지만 과학학회 회원들은 새로운 원소가 있다는 의견에 전적으로 찬성할 수는 없었습니다.

과학학회 회원들을 설득할 방법은 새로운 원소를 분리해내는 것뿐이었는데, 그러려면 퀴리 부부는 베크렐과 함께 연구해야 했습니다. 하지만 베크렐을 상대하는 일은 퀴리 부부에게는 조금 곤란한 문제였습니다. 베크렐은 퀴리 부부가 실험실을 마련할 수 있도록 돈을 대주었고, 여러 의미로 친구라고 할 수 있는 사이였습니다. 하지만 퀴리는 베크렐이 항상 피에르를 무시한다고 생각했습니다. 또한, 자신을 아랫사람처럼 대하면서도 자기 생각을 도용해 제 연구를 위협할 비슷한 연구를 한다고 생각했습니다.

피에르는 아내에게 베크렐은 경쟁자가 아니라고 알려주려고 했지만, 퀴리는 남편보다 훨씬 추진력이 있었습니다. 그녀는 그 누구와도 연구 성과를 나누고 싶지 않았습니다. 더구나 과학학회 회원이자 여성 과학자를 낮추어 보는 것이 분명한 남자들과는 더더욱 나누고 싶지 않았습니다. 퀴리는 베크렐보다 먼저 새로운 원소를 발견하겠다고 마음먹습니다.

　과학학회에서 논문을 발표하고 며칠 뒤에 퀴리와 피에르는 다시 실험실로 돌아와서, 미지의 새 원소를 분리해내려고 역청우라늄광 100그램을 가루로 빻았습니다. 두 사람은 다양한 화학물질을 역청우라늄광 가루에 첨가해서 화학반응 결과 만들어진 생성물의 반응성을 측정했습니다. 반응성이 큰 부산물은 추가로 더 많은 실험을 했습니다. 실험을 시작하고 두 주 정도 지났을 때 퀴리 부부는 방사선을 방출하는 물질을 충분히 추출했다고 확신하고, 그 물질의 원자량을 분광기로 측정했습니다. 원자량을 측정하면 두 사람이 새 원소를 발견한 것인지를 분명하게 알 수 있을 테니까요.

　실망스럽게도 두 사람이 분리한 물질에서는 새로운 스펙트럼선이 나타나지 않았습니다. 빛의 스펙트럼에서 밝은 선은 원소를 구별할 수 있는 지문과 같은 역할을 합니다. 결국 새로운 원소가 있다는 퀴리의 믿음이 틀린 것인지도 몰랐습니다. 하지만 퀴리는 물질을 충분히 분리해내지 못했다고 생각했습니다. 퀴리 부부는 물리화학산업공립학교 실험실 책임자 구스타브 베몽Gustave Bémont에게 역청우라늄광에서 화학물질을 분리하고 정제하는 일을 도와달라고 부탁했습니다. 베몽이 나서자 즉시 효과가 있었습니다. 베몽은 새로 가져온 역청우라늄광 표본을 유리관에 넣고 가열하는 증류 방식으로 반응성이 강한 물질을 분리해냈습니다. 5월 초가 되면 세 사람은 역청우라늄광보다 훨씬 반응성이 강한 물질을 손에 넣습니다.

　실험 공책을 보면 이때부터 퀴리와 피에르가 각각 따로 실험했음을 알 수 있습니다. 두 사람은 곧 기준이 되는 우라늄보다 방사성이 열일 곱 배나 센 물질을 분리해냅니다. 6월 25일에 퀴리는 우라늄보다 300배 활동성이 강한 물질을 분리하고, 같은 날 피에르는 우라늄보다 330배 나 활동성이 강한 물질을 분리해냅니다.

이제 퀴리 부부는 역청우라늄광에는 새로운 원소가 한 가지가 아 니라 두 가지가 들어 있을 수도 있다고 생각합니다. 한 물질은 역청우 라늄광에 든 비스무트와 관계가 있는 것 같았고, 다른 한 물질은 바륨 과 관계가 있는 것 같았습니다. 비스무트와 관계가 있는 물질을 충분히 분리했다고 생각한 두 사람은 스펙트럼 전문가 외젠 드마르세(Eugène Demarçay, 1852~1904년)의 도움을 받아 분리한 물질의 스펙트럼을 조 사했지만, 새로운 스펙트럼선은 나타나지 않았습니다. 증거를 확보하 지는 못했지만, 퀴리 부부는 비스무트에는 알려지지 않은 원소가 숨어 있다고 확신했습니다. 7월 13일에 피에르는 실험 공책에 중요한 기록을 남깁니다. 두 사람이 존재한다고 생각하는 원소를 '포Po'라고 불렀음을 알게 해주는 기록입니다. 포는 퀴리 부부가 마리의 고향을 기념하려고 만든 원소 이름인 '폴로늄polonium'의 약자입니다.

그로부터 닷새 뒤에 앙리 베크렐은 두 사람을 대신해 과학학회에 논문을 제출합니다. 논문에서 퀴리 부부는 "아직 비스무트에서 활성 물 질을 분리하는 방법을 발견하지는 못했다."라고 시인합니다. 하지만 두 사람은 "우라늄보다 반응성이 400배나 큰 물질을 획득했다."라고 했습니다. 계속해서 두 사람은 이렇게 썼습니다.

따라서 우리는 우리가 역청우라늄광에서 지금까지 알려지지 않았던 금속 물질을 추출했다고 믿는다. 그 물질은 화학조성을 분석하면 비스무트와 비슷한 특성을 나타냈다. 이 금속 물질의 존재가 확증되면, 우리는 우리 가운데 한 명의 고국 이름을 본 따 그 물질을 폴로늄이라고 부를 것을 제안하는 바다.

두 사람은 논문에서 처음으로 '방사성'이라는 용어를 사용했습니다. 논문 제목은 「역청우라늄광에 든 새로운 방사성 물질에 대하여*On a New Radio-Active Substance Contained in Pitchblende*」였습니다. 곧 방사능이라는 용어를 모든 곳에서 채택하면서 베크렐선, 우라늄선 같은 용어는 폐기됐습니다. 이 무렵부터는 실험 공책에 폴로늄에 관한 언급이 한참 동안 나오지 않는 것으로 보아, 퀴리 부부의 연구는 석 달 동안 별다른 진척이 없었던 것으로 보입니다. 그 이유는 새로 역청우라늄광이 도착하기를 기다렸기 때문일 수도 있지만, 어쩌면 긴 여름휴가 동안에는 몇 달 동안 학계 인사들이 파리를 떠나 있던 관습 때문일 수도 있습니다.

다시 연구를 시작한 뒤에는 빠른 속도로 성과가 나타났습니다. 1898년 11월 말이면 퀴리 부부는 바륨에 감추어져 있던 반응성이 큰 물질을 분리해냅니다. 베몽의 도움으로 퀴리 부부는 순수한 우라늄보다 900배나 방사능이 강한 물질을 추출할 수 있었습니다. 그리고 이번에는 분광기 전문가 드마르세가 두 사람이 원하는 결과를 찾아냈습니다. 그때까지 알려진 원소들과는 전혀 다른 스펙트럼선을 발견한 것입니다. 12월 말에 피에르는 실험 공책 한가운데에 자신들이 발견한 두 번째 원소 이름을 적었습니다. 바로 '라듐radium'입니다.

퀴리 부부가 새로운 원소를 발견했음을 분명하게 입증하려면 아직 한 가지 할 일이 더 남았습니다. 새로운 원소를 분리해 원자량을 측정하는 일 말입니다. 몇 주 동안 퀴리 부부는 라듐이 섞인 바륨 표본의 질량과 바륨의 질량을 비교했지만, 다른 점은 찾을 수가 없었습니다. 두 사람은 그 이유는 라듐의 양이 너무나도 적기 때문이라고 생각했습니다. 12월 말에 두 사람은 과학학회에 새 논문을 제출했습니다.

「역청우라늄광에 든 새롭고도 강력한 방사성 물질에 관하여On a New, Strongly Radio-Active Substance Contained in Pitchblende」라는 제목의 이 논문은 퀴리 부부와 구스타브 베몽이 함께 썼습니다. 드마르세도 이 논문에 첨가할 보고서를 써주었습니다. 그는 스펙트럼을 분석하자 새로운 스펙트럼선이 나타났을 뿐 아니라 그 특별한 선들은 "방사능이 증폭되면 이 선들도 동시에 증폭되는 것으로 보아…… 우리가 발견한 방사성은 이 물질 때문이라고 생각할 이유가 충분히 있다."라고 했습니다. 드마르세는 또한 이 스펙트럼선들은 "지금까지 알려진 그 어떤 원소에도 속한다고 볼 수 없다. …… (이런 스펙트럼이 존재한다는 것은) 퀴리 부부의 염화바륨에 새로운 원소가 아주 소량 들어 있다는 증거임이 분명하다."라고도 했습니다.

이 논문을 발표한 뒤로 퀴리 부부의 연구 방식은 크게 바뀌었습니다. 두 사람은 같은 주제를 함께 연구해왔지만, 이제는 각자 독자적으로 연구해 나가기로 했습니다. 1899년 초에 퀴리는 라듐을 분리하는 작업을 맡고, 피에르는 같은 연구실에서 함께 연구하지만 방사능의 특성을 알아내는 일에 주력합니다. 피에르는 물리학을 맡고 퀴리는 화학을 맡은 것입니다. 퀴리는 정말로 순수한 라듐을 추출하고 싶다는 소망에 사로잡혔습니다. 그리고 라듐을 추출해내야만 회의론자의 의심을 잠재울 수 있다는 것도 잘 알았습니다.

퀴리는 거의 공장에서나 사용할 법한 방법을 써야 했으므로 아주 큰 실험실이 필요했습니다. 퀴리 부부는 소르본대학에 실험실을 내줄 수 있는지 물어봤지만, 소르본대학에서 제공할 수 있는 곳은 전에는 해부학 실험실이었지만 이제는 쓰지 않는 폐건물뿐이었습니다. 그곳은 아주 넓었지만 난방시설을 갖추고 있지 않아서 겨울이면 정말 끔찍하게 추웠습니다. 피에르와 퀴리는 일단 작은 난로 옆에 서서 몸을 데운 뒤에 연구해야 하는 추운 곳으로 되돌아가고는 했습니다. 실험실에는 퀴리가 다루는 화학물질이 내뿜는 유독한 연기를 밖으로 내보낼 환풍기도 없었습니다. 그 때문에 퀴리는 대학 안뜰에서 작업했는데, 날씨가 나쁠 때면 실험실 안에서 창문을 열어놓고 작업해야 했습니다.

1899년 봄에 퀴리는 마침내 원하던 물질을 추출해냈습니다. 그리고 그때 일을 자세히 적어두었습니다.

> 한 번에 내가 작업해야 하는 양은 20킬로그램 정도였다. …… 그 때문에 격납고는 침전물과 액체가 가득 든 거대한 용기로 꽉 차 있었다. 그 작업은 큰 상자를 이리저리 옮기며 액체를 운반하고, 한 번에 몇 시간이나 철 막대로 무쇠 용기 안에서 끓고 있는 용액을 휘저어야 하는, 정말 진이 빠지는 일이었다.

작업 초기부터 바륨에서 라듐을 분리하는 과정은 비스무트에서 폴로늄을 분리하는 과정보다는 쉬우리라는 사실이 분명하게 드러났습니다. 라듐을 분리하는 일은 오랜 시간 끈기 있게 해야 하는 일이었지만, 퀴리는 도전을 즐기는 사람이었습니다. 라듐을 분리하는 동안 퀴리 부부는 생각지도 않았던 즐거움을 맛보았습니다. 농축한 라듐 혼합물이 스스로 빛을 냈던 것입니다. 저녁을 먹은 뒤에 퀴리 부부는 실험실까지 산책 삼아 가서 기괴하게 빛을 내는 라듐을 감상하기도 했습니다. 두 사람은 전 세계 과학자 동료들에게 라듐 표본을 조금씩 나누어주었습니다.

방사성 물질에 어떤 위험이 도사리고 있는지를 몰랐으므로 퀴리 부부는 라듐을 유리병에 담아 침대 옆에 두기도 했습니다. 하지만 몇 달 뒤, 퀴리 부부와 베크렐은 방사성 물질이 위험할 수도 있음을 깨달았습니다. 재킷에 라듐염을 담은 시험관을 넣고 다녔던 베크렐이 피부에 화상을 입었기 때문입니다.

피에르의 작업에도 성과가 있었습니다. 그는 자기장이 라듐의 방사 현상에 미치는 영향력에 관해 발표했고, 그 뒤로 퀴리 부부는 많은 논문을 출간했습니다. 두 사람은 1900년에 열린 파리 물리학학술대회 Congès International de Physique에서 그 어느 때보다도 긴 논문을 발표했습니다. 제목이 「새로운 방사성 물질 The New Radioactive Substances」이었던 이 논문에서 두 사람은 자신들이 발견한 내용뿐 아니라 영국과 독일에서 발표한 내용까지 요약해 실었습니다.

그때 과학자들은 이미 방사선은 자석에 영향을 받는 것과 받지 않는 것이 있다는 사실을 알고 있었습니다. 또한, 두꺼운 장벽을 통과하는 방사선도 있고 통과하지 않는 방사선이 있다는 사실도 알았습니다. 또한, 퀴리 부부의 실험실에서 그랬던 것처럼 방사성 원소는 다른 물질의 방사능을 유도할 수 있다는 사실도 알았습니다. 하지만 왜 그런 현상들이 나타나는지는 아무도 몰랐습니다. 퀴리 부부가 논문에 적은 대로 "복사선의 자발성은 불가사의한 현상으로, 정말로 경악스러운 주제"였습니다.

역청우라늄광에서 라듐을 분리해내는 일은 시간이 많이 드는 힘든 작업이었습니다. 라듐을 추출하는 동안 퀴리는 1899년 11월과 1900년 8월에 과학학회지《콩트랑뒤*Comptes Rendus*》에 실험 경과 보고서를 발표했습니다. 그리고 마침내 1902년에 퀴리는 염화라듐 0.1그램을 추출하는 데 성공했다고 발표합니다. 퀴리는 논문에서 라듐의 원자량은 225라고 발표했는데, 이는 현재 인정하는 라듐 원자량인 226과 아주 비슷한 값입니다. 퀴리는 "원자량을 보면 (라듐은) 멘델레예프의 (주기율)표에서 바륨 다음에 놓을 알칼리토금속 족이어야 한다."라는 결론을 내렸습니다.

퀴리가 라듐을 분리해낸 일은 끈질긴 노력이 이루어낸 성취일 뿐 아니라 방사능을 이해하는 데도 결정적으로 이바지했습니다. 1924년에 물리학자 장 바티스트 페렝(Jean Baptiste Perrin, 1870~1942년)은 "(라듐을 분리한 일이) 오늘날 방사능에 관한 전체 지식 체계를 구축할 수 있게 해준 초석이라고 해도 전혀 과장이 아니다."라고 했습니다.

퀴리는 연구한 내용을 정리해 박사 학위 논문을 작성했고, 소르본 대학에 제출했습니다. 1903년 5월에 퀴리는 박사 학위를 땄는데, 박사 학위 취득을 축하하는 자리에서 우연히 어니스트 러더퍼드를 만났습니다(우리 목록에서 9위를 차지한 인물로 6장의 주인공이기도 합니다). 그때 러더퍼드는 아내와 함께 파리에 와 있었습니다. 러더퍼드는 1890년대 중반에 캐번디시연구소에 연구 장학생으로 왔던 폴 랑주뱅(Paul Langevin, 1872~1946년)에게 만나자고 전화했고, 랑주뱅이 러더퍼드 부부와 퀴리 부부를 만찬에 초대했습니다. 러더퍼드는 그날, 저녁을 먹은 뒤에 만찬에 참석한 사람들이 모두 정원에 나갔다고 했습니다. 그는 그때 피에르가 "황화아연으로 일부를 코팅한 시험관을 꺼냈는데, 시험관 용액 안에는 상당량의 라듐이 들어 있었다. 시험관은 어둠 속에서도 밝게 빛났다. 잊을 수 없는 날을 마무리하는 멋진 장관이었다."라고 회상했습니다.

박사 학위를 받고 두 달밖에 지나지 않은 8월에 퀴리는 유산합니다. 그 무렵에 브로니아의 둘째 아이가 뇌막염으로 죽었다는 소식을 들은 퀴리는 더없이 큰 슬픔에 휩싸입니다. 빈혈도 퀴리를 괴롭힙니다. 결국, 퀴리는 몇 달 동안 연구할 수가 없었습니다. 하지만 11월이 되면 퀴리 부부의 운명은 극적으로 바뀌기 시작합니다. 11월 5일에 두 사람은 런던 왕립학회에서 그해에 가장 중요한 화학 발견을 한 사람에게 수상하는 험프리데이비메달Humphry Davy medal을 두 사람에게 수여하기로 했다는 소식을 듣습니다. 퀴리는 여행할 상태가 아니었으므로 런던에는 피에르 혼자 다녀왔습니다. 피에르가 런던에서 돌아오자마자 두 사람은 스웨덴학회Swedish Academy에서 온 편지를 받습니다. 퀴리 부부와 앙리 베크렐이 1903년도 노벨 물리학상을 받게 됐다는 소식이었습니다.

그때 노벨상은 이제 막 만들어진 상이었습니다. 제일 처음 노벨 물리학상을 받은 사람은 뢴트겐으로 1901년에 엑스선을 발견한 공로로 받았습니다. 1903년도 노벨 물리학상은 '스스로 빛을 발하는 방사능을 발견한 공로'로 베크렐이, '앙리 베크렐 교수가 발견한 방사선 현상을 함께 연구한 공로'로 퀴리 부부가 받았습니다. 세 사람의 수상이 결정되기 전에 스웨덴 노벨상위원회는 방사능을 물리학의 범위에 넣을 것인가 화학의 범위에 넣을 것인가를 놓고 논쟁을 벌였습니다. 결국, 스웨덴 노벨상위원회는 장차 노벨 화학상을 수여할 가능성을 배제하지 않으려고 라듐 발견은 언급하지 않은 채 퀴리 부부에게 노벨 물리학상을 수여하기로 했습니다. 이로써 퀴리는 최초로 노벨상을 받은 여성이되었는데, 1935년에 퀴리의 딸 이렌이 받기 전까지는 유일하게 노벨상은 받은 여성이기도 했습니다.

피에르는 스웨덴학회에 감사를 표했지만, 자신도 퀴리도 학생을 가르쳐야 하며 중요한 연구도 해야 하고, 퀴리의 몸 상태도 좋지 않아서 수상식에는 참석할 수 없다고 했습니다. 혼자서 수상식에 참석한 베크렐은 노벨상 수상 연설에서 퀴리 부부를 거의 언급하지 않았지만, 언론은 노벨상 첫 여성 수상자인 퀴리를 대대적으로 보도했습니다. 퀴리 부부는 유명해지는 걸 좋아하지 않았지만, 그 때문에 좋은 점도 생겼습니다. 소르본대학은 피에르에게 교수직을 제안하고, 퀴리에게는 더 좋은 실험실을 제공했습니다. 피에르는 또한 프랑스 과학학회 회원이 되었습니다.

그 사이에 라듐은 더 많은 양을 추출했는데, 세상 사람들은 이 신비한 물질과 사랑에 빠져버렸습니다. 사람들은 아름다운 빛을 내는 물질이라면 분명히 몸에도 좋으리라고 생각해서, 라듐은 아주 빠른 속도로 만병통치약이 되었습니다. 라듐을 넣은 물을 판매하는 사람도 있었고, 라듐을 넣어 어둠 속에서도 빛이 나는 화장품을 바르는 배우도 있었습니다. 파리에서는 몽마르트르 언덕에 있는 한 극단에서 '메두사의 라듐'이라는 연극을 공연하고, 미국 샌프란시스코에서는 '어둠 속에서 소리도 없이 가볍게 움직이지만 라듐을 섞은 화장품 때문에 밝게 빛나는, 아름답지만 보이지 않는 소녀 여든 명이 일사불란하게 만들어내는 환상적인' 공연도 기획했습니다. 손목시계와 벽시계 숫자판에도 라듐을 묻혔고, 립스틱까지 라듐을 넣은 제품이 나왔습니다. 그때까지는 그 누구도 라듐이 해로울 수 있음을 깨닫지 못했지만, 퀴리와 피에르는 이미 라듐이 해로운 작용을 할 수도 있다고 느꼈습니다.

라듐을 직접 손으로 만지며 작업했던 피에르는 혼자서는 옷을 입기도 어려울 정도로 고생하고 있었습니다. 피에르는 뼈가 아팠고, 20년이나 30년은 더 나이가 든 사람처럼 걸었습니다. 퀴리도 자주 아팠습니다. 두 사람의 건강이 악화된 이유를 매일 접하는 방사선에서 찾지 않는다면, 그것이 오히려 더 이상할 것입니다. 이 시기에 피에르는 방사성 물질이 있는 갇힌 공간에 실험동물을 넣자 몇 시간 안에 죽었다는 글을 씁니다. 그 글에서 피에르는 "우리는 라듐 방출로 일어나는 해로운 독성 작용이 호흡기에 영향을 준다는 사실을 인정하지 않을 수 없다."라는 결론을 내렸습니다.

퀴리는 자주 발작을 일으키고 계속 몸이 나빠졌지만, 1904년 12월에 둘째 딸 에브Eve를 낳습니다. 노벨상위원회에서 7만 700스웨덴크로

나(스웨덴 화폐 단위)를 받았으므로 퀴리 부부는 아이들과 함께하는 시간을 더 많이 낼 수 있었습니다. 7만 700스웨덴크로나는 현재 미국 달러로 환산하면 45만 달러 정도 됩니다. 퀴리 가족은 더 좋은 옷을 사 입고, 폴란드에 있는 퀴리의 가족에게도 상당한 돈을 보냈습니다. 마침내 퀴리는 사적으로도 직업적으로도 행복을 찾은 것만 같았습니다.

하지만 이 행복은 오래 가지 못했습니다. 1906년 4월의 어느 비 내리는 날, 피에르는 회의에 참석했다가 소르본대학으로 걸어가고 있었습니다. 라듐 때문에 거동이 불편했던 피에르는 길을 걷다 잠시 멈추었는데, 그 순간 커다란 마차가 피에르를 덮쳤습니다. 마부는 최선을 다해 피에르를 피해보려고 했지만, 커다란 바퀴는 피에르의 두개골을 완전히 으깨버리고 말았습니다. 퀴리는 실험실에서 집으로 돌아온 뒤에야 그 끔찍한 소식을 들었고, 당연히 큰 슬픔에 빠졌습니다.

하지만 연구 덕분에 퀴리는 천천히 슬픔을 극복할 수 있었습니다. 소르본대학은 피에르의 자리를 퀴리에게 대신 맡아달라고 부탁했고, 퀴리는 소르본대학 최초로 여성 교수가 되었습니다. 첫 강의는 1906년 11월 5일에 열렸습니다. 강의 시작 시각은 오후 한 시 반이었지만 열두 시가 되기도 전에 소르본대학교 정문 앞에는 역사적 현장을 보려는 수많은 사람이 잔뜩 몰려와 있었습니다. 문이 열리자 사람들은 물밀 듯이 밀려들어 왔고, 강의실 좌석은 물론 통로까지 꽉 채웠습니다. 노벨상을 받은 일이 퀴리를 유명하게 했다면, 포기하지 않고 자기 일을 계속하겠다는 결심은 프랑스인들이 퀴리를 받아들이게 했습니다.

퀴리는 파리를 떠나기로 마음먹고, 수많은 추억이 서린 아파트를 떠나 시골로 이사했습니다. 그곳에서 퀴리는 아이들에게 가정교사를 구해주었습니다. 첫 딸 이렌은 부모의 뒤를 따를 것이 분명해 보였습니다. 이렌은 어려서부터 과학과 수학에 재능이 있었습니다. 그에 반해 에브는 음악을 사랑했습니다.

그리고 퀴리의 친구들은 곧 퀴리가 다시 사랑에 빠졌음을 알았습니다. 그 상대는 피에르의 옛 제자인 폴 랑주뱅이었습니다. 하지만 랑주뱅은 결혼한 사람이었습니다. 랑주뱅의 아내는 퀴리가 남편에게 보낸 편지를 발견하고, 퀴리를 죽여버리겠다고 협박했습니다. 퀴리는 랑주뱅에게 이혼하고 자기에게 와달라고 애원했지만, 랑주뱅은 가정을 버릴 마음이 없었습니다. 그는 아내에게 학문적인 일이 아니라면 다시는 퀴리를 만나지 않겠다고 약속했습니다. 같은 해에 프랑스 과학학회는 퀴리를 최초의 여성 회원 후보로 추천했습니다. 하지만 1911년 1월에 열린 찬반 투표에서 퀴리는 떨어졌고, 퀴리의 친구들은 분노했습니다. 하지만 퀴리는 그런 일쯤은 무시해버렸습니다.

1911년 11월에 퀴리는 아인슈타인, 러더퍼드, 베크렐, 뢴트겐, 랑주뱅처럼 쟁쟁한 물리학자들과 함께 브뤼셀에서 열린 역사적인 솔베이 회의Solvay conference에 참석했습니다. 랑주뱅의 아내는 퀴리와 더는 만나지 않는다는 남편의 말을 거짓말이라고 생각했습니다. 불같이 화가 난 랑주뱅의 아내는 퀴리가 남편에게 보낸 편지를 신문사에 보냈습니다. 당연히 기사가 날 것을 알고 말입니다. 퀴리가 파리에 돌아온 다음 날, 《르주르날Le Journal》은 '퀴리 여사와 랑주뱅 교수의 사랑 이야기 A Story of Love: Madame Curie and Professor Langevin'라는 기사를 1면 머리기사로 내보냅니다.

며칠 동안 프랑스 신문을 도배한 퀴리의 불륜 기사 때문에 퀴리가 두 번째로 노벨상을 받았다는 역사적 사건은 거의 묻혀버리고 말았습니다. 이번에는 노벨 화학상이었습니다. 퀴리의 수상 이유는 "라듐을 분리해 라듐 원소와 폴로늄 원소를 발견하고, 이 놀라운 원소의 혼합물과 원소의 특성을 연구한 공로" 때문이었습니다. 하지만 랑주뱅과의 불륜 사건이 너무나도 떠들썩했으므로 스웨덴 노벨상위원회는 퀴리에게 수상을 거절하는 것이 좋겠다고 건의했습니다. 퀴리는 사생활과 연구의 질은 아무 관계가 없다는 답장을 보냈습니다. 퀴리는 두 번째 노벨상을 받았고, 이번에는 직접 수상식에 참석했습니다. 1911년 12월에 스웨덴 국왕이 퀴리에게 노벨상을 줄 때, 퀴리 옆에는 브로니아와 이렌이 있었습니다.

그해 12월 29일, 퀴리는 갑자기 병원으로 실려갔고, 그 뒤로 2년 동안 신장병으로 고생합니다. 1912년 1월은 대부분 블로메가rue Blomet에 있는 성모 마리아 가정 수녀원에서 요양하며 보내야 했습니다. 집으로 돌아온 뒤에도 퀴리의 건강은 나아지지 않았고, 3월에는 수술을 받으러 다시 병원에 입원해야 했습니다.

이 무렵에 퀴리의 몸무게는 47킬로그램이었습니다. 3년 전보다 9킬로그램이나 줄어든 것입니다. 퀴리는 소르본대학 학장에게 휴직계를 제출한 후, 6개월 동안 병 때문에 학교에 나가지 못했습니다. 발작하는 횟수도 점점 늘어났습니다. 지금은 이런 발작 증세가 방사선 때문에 생기는 증상임이 알려졌지만, 그때는 원인을 알 수 없는 질환이었습니다.

랑주뱅과의 사랑은 끝났지만, 그 추문은 퀴리에게 큰 타격을 주었습니다. 한때 퀴리를 사랑했던 대중은 그녀를 쉽게 용서하지 않았습니다. 퀴리에게는 랑주뱅을 유혹했다는 주홍 글씨가 새겨졌습니다. 사람들은 퀴리의 집 창문에 돌을 던지고, 언론은 계속해서 퀴리를 비난했습니다. 몇 년 동안 퀴리는 대중 앞에서 사라졌습니다.

학계의 발전에 뒤처지지 않도록 연구하면서, 퀴리는 두 딸을 가정교사에게 맡기고 가명으로 여행을 다녔습니다. 시간이 흐르면서 언론은 서서히 퀴리 여사의 연애사에 관심을 잃고 멀어져 갔습니다. 퀴리는 다시 두려움을 느끼지 않고도 파리 시내를 돌아다닐 수 있게 되었습니다.

1914년 여름에 이렌은 대입 입학 자격시험baccalauréat에 합격했고, 소르본에 가기로 마음먹습니다. 여전히 이렌은 과학에 뛰어난 재능을 보였고, 대학에서 과학을 전공하기를 원했으므로, 모녀는 이제 함께 연구하는 동료가 되어갔습니다. 두 사람은 언젠가는 같은 실험실에서 연구할 날이 오리라고 생각했지만, 세상일은 그렇게 호락호락하게 돌아가지 않았습니다. 프랑스 정부는 퀴리가 연구에 전념할 수 있도록 연구소를 세워주기로 했습니다. 하지만 라듐연구소Institut du Radium가 문을 열었을 때 곧바로 제1차 세계대전이 발발합니다(라듐연구소는 뒤에 퀴리연구소Institut Curie로 이름을 바꿉니다).

파리가 침공을 당할 위험에 처한 1914년 8월에 프랑스 정부는 "파리에서 활동하는 과학 교수 퀴리 여사가 보유한 라듐은 굉장한 가치가 있는 국가 자산으로 지정한다."라고 발표했습니다. 9월 3일에 퀴리는 납으로 내벽을 코팅한 상자에 프랑스가 모은 모든 라듐을 담아 보르도에 있는 한 대학교 지하 저장실에 숨겼습니다. 다시 파리로 돌아왔을 때 퀴리는 독일 군대가 퇴각했음을 알았습니다. 그리고 곧 마른전투(Battle of Marne, 1914년 9월 6일부터 12일까지 파리를 놓고 독일과 영불 연합군이 벌인 전투-옮긴이)가 시작됐습니다. 파리에서 택시를 타고 전선으로 이동한 프랑스 군인들 덕분에 전투력이 상승한 프랑스군과 영국 원정군은 독일군을 제압하고 마른전투에서 승리를 거두었습니다. 파리는, 적어도 당분간은, 안전해졌습니다.

퀴리는 전쟁은 새로운 의미와 기회를 제공한다는 사실을 깨달았습니다. 위기의 시대에는 심지어 소르본대학 교수의 도덕적 해이조차도 하찮은 일처럼 보인다는 사실을 말입니다. 전쟁은 퀴리를 괴롭혔던 사랑의 고통도 잊게 했습니다. 퀴리는 또한 러시아와 독일의 격전지가 된 자신의 조국 폴란드를 도울 방법도 찾았습니다.

전쟁이 발발하고 열엿새쯤 지났을 때 러시아 차르는 폴란드에 자치를 허용하겠다고 선포했습니다. 퀴리는 《르탕Le Temps》에 보낸 편지에서 "차르의 선언은 러시아와 화해하고 폴란드의 통일을 이룩한다는 아주 중요한 문제를 풀 해결책을 향한 첫걸음"이라고 했습니다.

열정적인 퀴리답게 전쟁이 발발하자 자신이 할 수 있는 모든 방법을 동원해 프랑스 전시 정부를 도왔습니다. 퀴리가 모든 지출 내역을 기록한 가계부를 보면 엄청나게 기부했음을 알 수 있습니다. 퀴리는 폴란드에 원조를 보내려고, 프랑스 정부를 지원하려고, 군인을 도우려고, 특히 군인에게 쓸 뜨개실을 구매하려고, 가난한 사람들이 머무는 시설을 지으려고 돈을 썼습니다. 딸 에브는 어머니가 두 번째 받은 노벨상 상금으로는 전쟁 채권을 샀다고 했습니다. 당시 전쟁 채권을 산다는 것은 그냥 돈을 버리는 일과 같았습니다. 퀴리는 노벨상 메달까지 기부하려고 했지만, 프랑스 은행 관리들이 메달을 녹일 수 없다며 거절했습니다.

저명한 방사선 전문가 앙투완 베클레르(Antoine Béclère, 1856~1939년) 박사와 이야기를 나눈 뒤에 퀴리는 마침내 자신의 전문 지식을 제대로 활용할 방법을 찾았습니다. 베클레르 박사는 엑스선 장비가 아주 부족하다고 말하면서 "장비가 있어도 상태가 나쁘거나 장비를 제대로 다룰 수 있는 사람이 없다."라고 했습니다. 퀴리는 전쟁터에서 다친 군인을 검사할 엑스선 장비를 만들기로 마음먹었습니다. 퀴리는 방사선 전문가는 아니었지만, 엑스선을 만드는 방법은 잘 알았습니다. 퀴리는 이렌에게 이런 편지를 썼습니다. "내가 제일 먼저 한 생각은 군대에 동원된 군의관 실험실 같은 곳에서 쓰지 않고 내버려둔 장비를 활용해서 병원에 방사선 부대를 만드는 거란다."

병원 일은 좋은 훈련장이 되어주었습니다. 퀴리는 베클레르 박사에게서 엑스선 검사를 하는 기본적인 방법을 배웠고, 자신이 배운 내용을 엑스선 부대에 자원한 사람들에게 가르쳤습니다. 그런데 병원에서 교육을 받을수록 퀴리는 정말로 필요한 것은 엑스선 장비와 부속 장비들을 실어 나를 차량임을 깨달았습니다. 퀴리는 차량을 지원해줄 시설을 찾아냈습니다. 프랑스 적십자사와 프랑스여성연합Union des Femmes de France에서 차량을 지원하기로 했습니다. 마침내 필요한 장비를 모두 갖춘 것입니다.

전쟁이 끝난 뒤에 퀴리는 이렇게 말했습니다. "꼭 필요한 장비만 실은…… 이 작은 차는 분명히 파리 지구에 수많은 추억을 남겼습니다. 처음에는 고등사법학교École normale에 다녔던 학생이나 교수 같은 자원봉사자를 차량에 배치했어요. …… 이 작은 차는 전쟁을 치르는 상당 기간에 파리로 퇴각하는 군인에게 봉사했습니다. 특히 마른전투가 끝난 1914년 9월에는 엄청나게 많은 부상병을 검사했어요."

10월에 두 번째 차량을 기증받은 퀴리는 군대에 자신이 만든 엑스선 차량을 공식적으로 승인해달라고 요청합니다. 퀴리의 요청이 여러 단계를 거쳐 전쟁부 장관의 책상에 올라가기까지는 몇 주가 지나야 했습니다. 그리고 11월 1일, 프랑스 전쟁부 장관은 퀴리의 엑스선 차량이 전선으로 가도 좋다고 허락합니다. 퀴리, 이렌, 기술자 루이 라고Louis Ragot, 운전사, 이 네 사람은 2호 차를 타고 콩피에뉴Compiègne 전선에서 32킬로미터 떨어진 크레이Creil에 있는 육군 제2부대 후송병원으로 달려갔습니다. 퀴리는 엑스선 차량 열여덟 대로 만 명에 달하는 부상병을 검사하는 등, 전시에 엄청나게 이바지했습니다. 1916년에는 운전면허증을 따서 필요할 때는 자신이 직접 운전했습니다.

퀴리는 훈련을 받지 않으면 엑스선 장비는 아무 쓸모가 없다는 사실을 잘 알았으므로 부지런히 사람들을 훈련했습니다. 프랑스 군대에서 엑스선 장비 기술자를 양성하는 훈련 과정을 개설해달라고 요청했지만, 군인은 전투 때문에 훈련에 참가하기 어려웠습니다. 결국, 엑스선 장비 기술자 양성 과정은 아무 진전이 없었고, 퀴리는 몇 달을 성과 없이 그저 흘려보내야 했습니다. 그래서 퀴리는 군인 대신 간호사를 훈련하기로 마음먹었습니다. 1916년 10월에 퀴리는 여성 방사선 전문가 양성 학교를 열었고, 전쟁이 끝날 때까지 졸업생을 150명 배출했습니다. 이 학교에서 6주 동안 훈련을 받고 방사선 전문가가 된 여성을 프랑스 전역에 있는 방사선 부대에 배치했습니다.

훗날 퀴리는 이때의 기억을 담아 『방사능과 전쟁*Radiologie et la Guerre*』 (1921년)을 출간합니다. 이 책에서 퀴리는 전쟁 내내 어머니 곁에서 함께 일하고, 불과 열여덟 살의 나이로 여성 방사선 전문가를 양성하는 교사 역할을 했던 이렌을 크게 칭찬합니다. 전쟁을 겪으면서 형성된 모녀 관계는 그 뒤로도 퀴리가 죽을 때까지 변하지 않습니다. 1916년 9월에 이렌은 벨기에에서 얼마 남지 않았던 독일군 비점령 지역인 훅슈타데 Hoogstade에서 직접 방사선 전문가로 활동했습니다. 놀랍게도 이렌은 그런 활동을 하면서도 소르본대학에서 우수한 성적으로 학위를 취득했습니다. 1915년에는 수학 학위를, 1916년에는 물리학 학위를, 1917년에는 화학 학위를 받았습니다.

1919년에 체결한 베르사유조약으로 폴란드는 123년 만에 마침내 주권국가가 되었습니다. 퀴리는 "정말 많은 사람이 희생한 끝에 획득한 승리의 결과는 나에게 커다란 기쁨을 느끼게 해주었다."라고 썼습니다. 전쟁이 끝난 뒤, 퀴리는 과학계가 겪은 상처를 치료하는 일에 도움이 되고 싶었습니다. 국제연맹에 설치한 지식인국제협력위원회 commission on intellectual cooperation of League of Nations는 퀴리에게 함께해달라고 요청했고, 퀴리는 12년 동안 위원회를 위해 일했습니다.

퀴리는 야심 찬 미국 언론인 마리 멜로니Marie Meloney와도 만나게 됩니다. 멜로니는 퀴리에게 취재할 수 있게 해달라고 편지를 썼습니다. 퀴리를 직접 보기 전까지 멜로니는 "샹젤리제 거리에 있는 하얀 궁전에서" 사는 프랑스 과학계의 거물을 만나리라고 생각했지만, 실제로 만난 사람은 "시설이 빈약한 실험실에서 연구하고, 교수 월급으로 간신히 소박한 아파트에서 거주하는 검소한 여인"이었습니다. 멜로니는 퀴리를 도와야겠다고 결심했는데, 그런 멜로니를 보고 퀴리는 자신에게 미국이 보유한 라듐을 일부 얻을 기회가 왔음을 직감했습니다.

멜로니는 퀴리가 이렇게 말했다고 했습니다. "미국은 라듐을 50그램 정도 가지고 있지요. 볼티모어에 4그램, 덴버에 6그램, 뉴욕에 7그램이 있고요." 퀴리는 미국에 있는 모든 라듐의 소재를 나열한 뒤에 자기 실험실에 있는 라듐은 "1그램도 채 되지 않는다."라는 말을 덧붙였습니다. 그 즉시 멜로니는 퀴리의 실험실에 라듐 1그램을 기증할 돈을 마련하면 퀴리에게 크게 도움이 되리라는 사실을 깨달았습니다. 멜로니는 자금을 모으는 일에 착수했습니다. 진실과는 거리가 먼 '몹시 가난한' 퀴리라는 이미지를 만들면서 말입니다.

1921년 6월이 되면 멜로니는 목표했던 기금을 거의 마련합니다. 라듐 1그램을 살 수 있는 돈 10만 달러를 모은 것입니다. 멜로니는 5월에 퀴리가 미국을 방문해 강연도 하고 명예 학위도 받고 백악관에서 하딩 Warren G. Harding 대통령에게 라듐도 선물로 받을 수 있도록 일정을 짭니다. 하지만 퀴리는 그렇게 일찍 미국에 가고 싶지 않았으므로 10월에 가겠다고 고집을 부립니다. 멜로니는 파리 과학학회 회장에게 퀴리가 움직이도록 압력을 넣어달라고 부탁합니다.

결국, 퀴리는 자기주장을 꺾고, 1921년 5월 4일에 항구도시 셰르부르Cherbourg에서 딸들과 함께 전함 올림픽Olympic호를 타고 출발했습니다. 점심과 저녁에 열린 수많은 만찬과 수상식에 참석하고, 잠깐 시간을 내어 나이아가라폭포와 그랜드캐니언까지 다녀오면서, 퀴리가 미국에서 10주간 머무는 동안 멜로니는 퀴리를 지극정성으로 돌봤습니다. 뉴욕에 도착했을 때는 엄청난 인파가 퀴리를 환영하려고 부두에 모여 있었으므로 여행을 시작하자마자 퀴리는 신나기도 하지만, 한편으로는 지치기도 했습니다. 사람들은 퀴리를 엄청난 유명 인사처럼 대했습니다. 몇 년 앞서 미국을 방문했던 아인슈타인처럼 말입니다. 적어도 대부분 장소에서요.

많은 대학에서 퀴리에게 명예 학위를 수여했지만, 하버드대학교 물리학부는 투표를 거쳐 명예 학위를 주지 않기로 했습니다. 훗날 멜로니가 은퇴한 하버드대학교 학장 찰스 엘리엇Charles Eliot에게 그런 결정을 내린 이유를 물었을 때, 엘리엇은 이렇게 대답했습니다. "하버드 물리학자들은 라듐을 발견한 공로를 전적으로 퀴리에게 돌릴 수는 없고, 남편이 죽은 뒤에 퀴리가 중요한 업적을 전혀 쌓지 않았다고 생각했기 때문이다." 하버드는 퀴리를 따뜻하게 맞아 주었으므로 퀴리로서는 보이지 않은 곳에서 괄시를 받았음은 알지 못했을 것입니다.

1921년 5월 20일에 마리 퀴리는 백악관 2층에 있는 대통령 접견실 Blue Room에서 열린 환영회에 참석했습니다. 그날 워렌 하딩 미국 대통령은 모래시계가 든 녹색 가죽 상자를 열 수 있도록 퀴리에게 열쇠를 한 개 주었습니다. 모래시계는 '라듐 1그램의 부피를 나타내는 상징물'이었습니다(진짜 라듐은 한 실험실에 안전하게 보관해두었습니다). 퀴리는 대통령의 호의에 간결하게 반응했습니다. 힘든 여행 때문에 지치고, 너무나도 피곤해서 여러 약속을 취소해야 했습니다. 두 딸이 어머니를 대신해 명예 학위나 상장을 받아야 할 때도 있었습니다.

언론은 퀴리가 피곤한 이유를 다양하게 추론했습니다. 사람을 사귄 적이 별로 없고 실험실을 떠난 적이 거의 없었으므로 다른 사람들과 담소를 나누는 일이 너무 힘들어서라는 기사도 나왔습니다. 하지만 퀴리가 아픈 주요 이유가 너무나도 오랫동안 방사선에 노출되었기 때문임은 의심할 여지가 없었습니다. 퀴리 자신도 미국을 여행하는 동안 사적인 자리에서 이렇게 말했습니다. "라듐을 다루어야 했던 일이……, 특히 전쟁 때 해야 했던 일이 내 건강을 너무나도 크게 해쳐서 실험실이나 대학에서 내가 진정으로 흥미를 두었던 일들을 제대로 진행할 수가 없었습니다." 퀴리 가족은 미국 전역을 여행한 뒤에 올림픽호를 타고 다시 프랑스로, 퀴리가 사랑하는 라듐연구소로 돌아갔습니다.

라듐연구소는 방사능을 연구할 실험실을 세우고 싶다는 파스퇴르연구소Institut Pasteur와 소르본대학의 욕망에서 비롯한 작품입니다. 두 기관은 얼마간 갈등을 겪은 뒤에 각자 단독으로 라듐연구소를 세웠습니다. 소르본대학은 퀴리를 소장으로 임명하고 방사성원소를 물리·화학적으로 연구하는 연구소를, 파스퇴르연구소는 방사능을 의학에 응용하는 방법을 연구하는 연구소를 각각 설립했습니다. 파스퇴르연구소의 소장은 리옹 출신 의학 연구가 클라우디우스 레고Claudius Regaud 박사였습니다. 두 연구소는 나란히 붙어 있었습니다.

1914년에 문을 열었을 때부터 퀴리의 연구소는 여자 연구원을 정말 많이 뽑았습니다. 1931년에는 전체 연구원 서른일곱 명 가운데 열두 명이 여자였습니다. 1939년에는 퀴리의 연구소에서 일하는 마르그리트 페레(Marguerite Perey, 1909~1975년)가 프랑슘francium을 발견한 공로로 여성 최초로 프랑스 과학학회 회원이 되었습니다. 프랑스 과학학회가 퀴리를 거부한 지 50년 만의 일이었습니다.

제1차 세계대전을 치르는 동안 연구소 안팎으로 방사선을 가지고 일하면 위험하다는 사실이 좀 더 분명하게 밝혀졌습니다. 1925년에는 미국 뉴저지 주에서 시계에 발광 물질을 칠하는 일을 하던 마거릿 칼로 Margaret Carlough라는 여성이 자신이 다니는 회사US Radium Corporation를 상대로 소송을 걸었습니다. 칼로는 입으로 붓을 다듬으며 일해야 하는 작업 방식 때문에 자신의 건강이 돌이킬 수 없을 정도로 나빠졌다고 했습니다. 소송이 진행되는 동안 같은 공장에서 시계 판을 칠하던 노동자가 아홉 명이나 사망했다는 사실이 밝혀졌고, 결국 법원은 노동자들이 사망한 이유는 방사선 때문이라는 결론을 내렸습니다. 1928년까지 시계 판에 라듐을 칠했던 노동자 가운데 열다섯 명이 사망했습니다.

퀴리의 연구소에서도 방사선은 조종을 울리기 시작했습니다. 1925년 6월에는 연구소 기술자인 마르셀 드맬롱드Marcel Demalander와 모리스 드메니루Maurice Demenitroux가 의료용 방사성 물질에 노출된 뒤에 나흘 간격으로 세상을 떠났습니다. 한 방사선 학자는 손가락을 잘라내고 손을 잘라내고 팔을 잘라내는 절단 수술을 차례로 받아야 했습니다. 시력을 잃은 사람도 있고, 끔찍한 통증으로 힘들어하다가 죽은 사람도 있었습

그림 5. 1934년 무렵의 라듐연구소. 왼쪽 건물이 퀴리가 소장으로 있던 퀴리연구소이고, 오른쪽은 당시 클라우디우스 레고가 소장이던 파스퇴르연구소다.

니다. 1925년 11월에 이렌은 연구소에서 가깝게 일하면서 이렌이 폴로늄을 추출하는 일을 돕던 일본 과학자 야마다 노부스Nobus Yamada가 보낸 편지를 받았습니다. 그때 노부스는 집으로 돌아가서 2주 뒤에 쓰러졌는데, 아직 침대에서 일어나지 못한다고 했습니다. 2년 뒤에 노부스는 세상을 떠났습니다.

퀴리는 애써 부정하고 있었지만, 퀴리의 건강이 나빠졌다는 사실은 그 자신에게도, 가까이 있던 사람들에게도 분명해졌습니다. 퀴리는 그 사실을 숨기려고 정말 노력했습니다. 그는 언니 브로니아에게 이런 편지를 보냅니다. "이게 날 괴롭히는 문제들이야. 하지만 누구한테도 이런 말은 하면 안 돼. 절대로. 이런 소문이 나는 거 원치 않아." 1920년대 초가 되면 퀴리의 시력은 아주 약해지고 귀에서는 윙윙거리는 소리가 끊이지 않고 들렸습니다. 둘째 딸 에브는 어머니가 시력이 약해졌다는 사실을 들키지 않으려고 엄청나게 노력했다고 했습니다. 실험 도구는 다른 색을 칠해 구별하고, 강의 노트는 큰 글씨로 적었습니다. 에브는 "학생이 사진에 찍힌 가는 선을 내밀면서 질문하면 어머니는 정말 교묘하게도 아주 까다로운 질문을 하면서 머릿속으로 그 사진을 재구성할 수 있는 정보를 학생에게서 끌어냈습니다. 어머니는 혼자가 된 뒤에야 유리판을 꺼내 곰곰이 생각하면서 그 선들을 관찰하는 것 같았습니다."라고 썼습니다.

결국 퀴리는 백내장 수술을 세 번 받아야 했지만, 에브에게는 "내 눈이 망가졌다는 건 아무도 알 필요 없어."라고 말했습니다. 방사선 때문에 건강이 나빠지고 있을 때도 퀴리는 은퇴한다는 생각은 하지 않았습니다. 1927년에 퀴리는 브로니아에게 편지를 썼습니다. "가끔은 용기가 사라질 때가 있어. 일은 그만두고 시골에서 살아야겠다고 생각하는 거야. 농사일하면서. 하지만 1000개 결합이 날 묶고 있는걸. …… 과학책을 집필할 수도 있겠지만, 실험실 밖에서 내가 살아갈 수 있을지는 잘 모르겠어."

퀴리는 미국 여성들에게 한 약속을 지키려고 1929년에 미국으로 다시 한 번 건너갑니다. 퀴리의 고국 폴란드에 새로 건립하는 연구소를 위해 미국 여성들이 또다시 라듐 1그램을 살 수 있는 돈을 마련했기 때문입니다. 이 연구소는 1932년에 문을 열었습니다. 퀴리는 후버Herbert Clark Hoover 대통령을 만나 폴란드에 전할 라듐을 구입할 수표를 받았는데, 몸이 너무 약해져서 몇몇 친구만을 만났을 뿐 처음 방문했을 때처럼 여러 곳을 둘러볼 수는 없었습니다.

퀴리의 건강은 몹시 빠른 속도로 나빠졌습니다. 1934년 1월에 퀴리는 딸 이렌과 이렌의 남편 프레데리크 졸리오(Frédéric Joliot, 1900~1958년)와 함께 사부아Savoie 산맥으로 갔습니다. 부활절 휴가 때는 브로니아와 함께 마지막으로 카발레르Cavalaire에 있는 자기 집으로 갔습니다. 하지만 기관지염 때문에 빨리 돌아와야 했습니다. 5주 동안 요양하고 에브가 기다리는 파리로 돌아왔지만, 퀴리는 점점 더 열이 나고 오한이 났습니다.

5월이 되면 에브는 어머니의 상태가 급격하게 나빠진다고 느낍니다. 엑스선 사진에서 오래된 결핵 병변을 발견한 의사들은 퀴리를 사부아 알프스에 있는 결핵 요양소로 보냅니다. 기차를 타고 사부아로 가던 퀴리는 기절했지만, 요양소로 실려 왔을 때 의사들은 어떠한 결핵 징후도 퀴리에게서는 찾아내지 못했습니다. 그때 스위스 의사가 퀴리의 혈액을 검사해서, '극단적인 악성 빈혈'에 걸렸다고 진단합니다. 1934년 7월 4일 새벽, 퀴리는 사부아 산맥의 평화로운 요양소에서 몸에 서서히 축적된 방사선 때문에 세상을 떠납니다.

퀴리는 반응성이 아주 높은 방사성원소를 처음으로 발견했습니다. 그리고 다음 장에 나오는 어니스트 러더퍼드는 방사성원소가 어떻게 퀴리를 죽일 수 있었는지를 밝혀냅니다.

6장

어니스트 러더퍼드

원자핵을 최초로 발견한
유쾌한 물리학자

Ernest Rutherford

위대한 물리학자 톱10에서 9위를 차지한 뉴질랜드의 러더퍼드는 동료들과 함께 원자를 쪼개는 데 성공했다. 그는 흔히 내성적이라고 알려진 과학자들과는 전혀 다른 사람이었다. 활기차게 유머를 구사하고 언제나 시끌벅적했던 러더퍼드는 "세상에는 물리학이 있고, 그 나머지는 모두 우표 수집이다."라는 말로 과학을 분류하면서 악명을 얻었다. 생물학, 화학, 천문학 같은 경쟁 학문은 주로 분류하는 학문이지만, 물리학은 본질적인 이론을 확립하는 학문임을 강조하려고 한 말인데, 재미있는 점은 1911년에 러더퍼드에게 노벨상을 안겨준 분야는 물리학이 아니라 화학이라는 것이다.

대부분 과학자가 혼자서 연구하거나 비슷한 지역에 사는 사람끼리만 모여 연구할 때, 러더퍼드는 전 세계에서 가장 뛰어난 과학자들을 한데 모으고 새로운 인재들의 재능을 길러준 사람으로 유명합니다. 러더퍼드는 자신이 모르는 일이라면 그 일을 아는 사람을 찾아 함께 연구했습니다. 뉴질랜드의 농장에서 일을 시작한 러더퍼드는 세상에서 가장 뛰어난 물리학 연구소(케임브리지에 있는 캐번디시연구소)를 이끄는 사람으로 성장했습니다.

러더퍼드는 1871년 8월 30일에 뉴질랜드 스프링그로브Spring Grove에서 태어났습니다. 지금은 브라이트워터Brightwater라고 부르는 스프링그로브는 넬슨Nelson에서 남서쪽으로 20킬로미터 떨어진 곳에 있는, 뉴질랜드 남섬South Island의 북쪽 해안과 가까운 작은 마을입니다. 러더퍼드의 아버지 제임스James Rutherford는 스코틀랜드 퍼스Perth에서 왔습니다. 다섯 살 때 여섯 달 반 동안 배를 타고 전혀 와본 적이 없는, 하지만 너무나도 친숙한 땅으로 옮겨 온 것입니다.

제임스 러더퍼드는 농부였는데, 전혀 부자가 아니었습니다. 대영제국의 변두리 지방이었던 뉴질랜드는 열심히 일해야 근근이 살아갈 수 있는 땅이었습니다. 결국, 젊은 어니스트 러더퍼드도 아주 강한 노동윤리를 가질 수밖에 없었습니다. 학교에 입학하기 전에도 졸업한 뒤에도 러더퍼드는 자신이 농사를 짓게 되리라고 생각했습니다. 러더퍼드의 가족에게는 느긋하게 여름휴가를 즐길 여유는 없었습니다. 빈약하나마 수익을 내려면 누구나 열심히 다양한 일을 해내야 했습니다.

러더퍼드의 어머니 마사 톰프슨Martha Thompson도 어렸을 때 가족과 함께 영국 에식스Essex 주 혼처치Hornchurch를 떠나 뉴질랜드로 이민을 왔습니다. 제임스와 결혼하기 전까지 교사였던 마사는 장차 남편이 될 사람보다 훨씬 많은 교육을 받았습니다. 개척지에서 고귀함의 상징이었던 브로드우드Broadwood 피아노가 있었다는 것만으로도 그 사실은 충분히 입증할 수 있습니다.

러더퍼드는 제임스와 마사가 낳은 열두 자녀 가운데 둘째 아들이자 넷째 아이였습니다. 마사는 러더퍼드가 열 살 때 처음으로 과학책을 읽었다고 했습니다. 밸푸어 스튜어트Balfour Stewart가 쓴『과학 입문서Primer of Physics』였는데, 어머니는 아들이 꼼꼼하게 읽은 책을 끝까지 간직해두었습니다. 러더퍼드는 해블록Havelock의 주립 초등학교에 입학했고, 개교 이래 가장 뛰어난 학생이 되었습니다.

열다섯 살에 러더퍼드는 넬슨사립학교Nelson Collegiate School에 장학생으로 입학하는 시험을 치렀습니다. 시골 마을에서는 굉장한 인재가 탄생한 것이어서 시험 장소에는 마을 사람들이 자신들의 영웅을 보려고 몰려와 있었습니다. 러더퍼드는 600점 만점에 580점이라는 역대 최고 점수로 장학금을 받았습니다. 넬슨사립학교에서 러더퍼드는 영어, 역사, 프랑스어, 라틴어를 포함해 다양한 과목에서 상과 상금을 받았습니다. 하지만 뭐니 뭐니 해도 러더퍼드가 누구보다도 잘했던 과목은 수학과 과학이었습니다.

열여덟 살에 러더퍼드는 뉴질랜드대학교University of New Zealand 부속기관인 캔터베리Canterbury의 크라이스트처치칼리지Christchurch College에 장학금을 받고 진학합니다. 1892년에 학사 학위를 따고, 1년 장학금을 받으면서 대학원에 진학했습니다. 1893년에 러더퍼드는 물리학, 수학, 수리물리학 석사 학위를 받습니다. 크라이스트처치칼리지는 러더퍼드에게 1년 더 연구원으로 머물라고 설득했고, 1894년에 러더퍼드는「고주파방전이 유도하는 철의 자기화Magnetization of Iron by High-Frequency Discharges」라는 논문으로 박사 학위를 땁니다.

러더퍼드는 영국 케임브리지 캐번디시연구소에 박사 후 연구원으로 가려고 1851년도 만국박람회 장학금을 신청합니다. 1851년도 만국박람회 장학금은 런던 하이드파크Hyde Park 수정궁Crystal Palace에서 열렸던 만국박람회가 남긴 멋진 유산입니다. 만국박람회는 엄청난 인기를 끌면서 500만 명의 방문객을 남기고 다섯 달 동안이나 계속되었던 세계 최초로 열린 무역 박람회입니다. 1851년 10월에 만국박람회가 끝났을 때 왕실위원회는 박람회에서 올린 수익을 과학과 산업 발달에 투자하기로 합니다.

왕실위원회는 먼저 사우스켄싱턴South Kensington에 87에이커에 달하는 땅을 사들여서, 그곳에 빅토리아앤드앨버트박물관Victoria & Albert Museum, 과학박물관Science Museum, 자연사박물관Natural History Museum, 앨버트홀Albert Hall, 임피리얼칼리지Imperial College 같은 굵직한 건물들을 건설했습니다. 이 땅은 아직도 대부분 왕실위원회 소유입니다. 그리고도 많은 돈이 남아서 왕실위원회는 교육 신탁 기관을 설립했습니다. 이 신탁 기관은 1891년부터 과학 연구자들에게 장학금을 지급해왔고, 지금도 해마다 박사 후 연구원과 대학원생 스물다섯 명에게 장학금을 수여합니다.

장학금을 신청한 뉴질랜드인은 러더퍼드만이 아니었습니다. 러더퍼드는 매클로린J. C. Maclaurin이라는 화학자와 한 자리를 놓고 경쟁해야 했습니다. 러더퍼드는 나이 많은 경쟁자에게 밀려나서, 다른 직업을 찾아봐야 할 것처럼 보였습니다. 하지만 마지막 순간에 매클로린이 약혼해버립니다. 규정대로라면 결혼한 사람은 장학금을 받을 수 없었습니다. 러더퍼드는 이 소식을 밭에서 일하다가 들었습니다. 사실인지 아닌지는 모르지만, 그 소식을 들은 러더퍼드는 삽을 집어던지고 이렇게 외쳤다고 합니다. "이게 내가 뽑는 마지막 감자일 거야!" 러더퍼드는 캐번디시의 첫 번째 뉴질랜드 연구생이 되었습니다.

위대한 물리학자 톱10 목록에서 5위를 차지한 맥스웰이 기초를 세운 캐번디시연구소를 1884년에 이끌던 사람은 조지프 존 톰슨(Joseph John Thomson, 1856~1940년)이었습니다. 1890년대가 되면 캐번디시연구소는 전 세계 물리학계를 이끄는 실험물리학 연구소로 성장합니다. 러더퍼드는 맥스웰의 뒤를 따라 교류전류가 만든 자기장에 자성을 띤 바늘을 넣으면 바늘의 자성이 일부 사라지는 현상을 연구했습니다. 그 다음 해에 러더퍼드는 장비의 민감성을 개선해 800미터 떨어진 거리에서 전자기파를 감지했는데, 그 당시로써는 최고 기록입니다. 성능이 뛰어난 전자기파 검출기를 만들어낸 것입니다.

그런데 당시 영국 과학계는 순수 연구와 기술 개발을 완전히 다른 분야라고 생각했으므로 캐번디시연구소에서 일하는 과학자들은 러더퍼드가 발명품을 산업적인 목적으로 이용하려 한다는 사실을 불쾌하게 생각했습니다. 그 무렵에는 이탈리아의 발명가이자 기업가인 굴리엘모 마르코니(Guglielmo Marconi, 1874~1937년)도 러더퍼드와 비슷한 연구를 하고 있었습니다. 러더퍼드는 마르코니보다 앞서 전자기파 검출기를 만들었지만, 상업적으로 활용한 (무선) 라디오 기술을 개발한 사람은 마르코니입니다. 러더퍼드는 '순수' 과학 연구에 매진하라는 충고를 받았습니다.

톰슨은 그 무렵, 뢴트겐과 베크렐이 각각 발견한 엑스선과 방사능 현상을 연구할 전담 팀을 꾸리기로 했습니다. 러더퍼드는 일찌감치 톰슨의 선택을 받았습니다. 러더퍼드가 엄청난 재능을 보유한 데다가, 성공하겠다는 야망을 불태우고 있었기 때문입니다. 러더퍼드가 1896년 10월에 뉴질랜드에 있던 약혼녀 메리Mary에게 보낸 편지에도 그 같은 사실이 잘 드러납니다.

정말 엄청난 생각을 하고 있어. 꼭 실현해보고 싶은데, 만약 성공한다면 난 정말 대단한 사람이 되어 있을 거야. 어느 날 아침에 당신이 사랑하는 사람이 새로운 원소를 여러 개 찾아냈다는 외신 기사를 봐도 놀라면 안 돼.

톰슨은 엑스선을 사용해 눈에 보이지 않는 이온이 만들어지는 과정을 연구할 생각이었습니다. 이온은 전하를 얻거나 잃은 원자입니다. '이온ion'이라는 말은 그리스어로 '방랑자'라는 뜻인데, 전하를 띤 이온은 전기장이나 자기장에서 이리저리 떠돌아다니는 모습을 보이기 때문입니다. 그때까지 이온의 성질이 정확하게 알려지지 않았으므로 톰슨은 이온의 특성을 밝히고 싶었습니다. 러더퍼드는 톰슨이 부여한 과제를 사랑했는데, 이온의 경로를 추적할 수 있었기 때문입니다. 이온의 경로를 추적하면 다른 방식으로는 알 수 없는 이온의 움직임과 에너지 상태를 알 수 있습니다. 원자 규모의 세계를 처음으로 들여다볼 수 있는 것입니다. 러더퍼드는 이온을 "거의 볼 수도 있는…… 유쾌한 작은 녀석들이다."라고 했습니다.

톰슨은 가장 평범한 이온의 전하와 질량 간 비율을 집중적으로 연구하기로 했습니다. 이온의 전하와 질량이 맺고 있는 관계를 알아낸다면 원자의 구조를 좀 더 정확하게 알 수 있을 것입니다. 이 연구 덕분에 톰슨은 1897년에 처음으로 아원자입자인 전자를 발견했고, 그 공로로 1906년에 노벨상을 받았습니다. 그동안 러더퍼드는 자외선으로 눈을 돌려서, 마리 퀴리가 방사능 현상이라고 이름 붙인, 우라늄이 방출하는 방사선의 특성을 연구했습니다.

러더퍼드는 방사성 방출이 처음 생각했던 것보다 훨씬 복잡한 현상임을 알았습니다. 그는 우라늄이 방출하는 복사선에는 얇은 금속박으로도 쉽게 막을 수 있는 복사선도 있고, 금속박을 통과하는 복사선도 있음을 알았습니다. 우라늄 방사선에는 두 종류가 있는 것 같았으므로 러더퍼드는 두 복사선을 각각 알파선과 베타선이라고 불렀습니다. 러더퍼드는 두 복사선이 전기장과 자기장에서 굴절되는 것을 보여줌으로써 두 복사선 모두 전하를 띤 입자임을 입증해 보였습니다. 베타선의 투과율은 알파선의 투과율보다 100배 정도 높습니다. 베크렐은 러더퍼드가 발견한 베타선의 전하 대 질량의 비율이 톰슨이 발견한 전자의 전하 대 질량의 비율과 같다는 사실을 발견했습니다. 베타선이 전자일 가능성이 커진 것입니다.

러더퍼드는 자신이 알파선과 베타선이라는 용어를 만들 무렵인 1899년에 케임브리지를 떠나 캐나다 몬트리올에 있는 맥길대학교McGill University 교수로 부임했습니다. 그 자리는 톰슨이 추천한 자리였습니다. 러더퍼드는 맥길대학교가 연구를 제대로 할 수 없는 곳이라는 것은 알았지만, 그래도 캐번디시연구소에서 받는 대우에 점점 더 화가 나서 케임브리지를 떠나고 싶었습니다.

러더퍼드가 보기에 케임브리지대학교의 젊은 인재들은 멀리 식민지에서 온 사람에게 드러내놓고 적대심을 보였습니다. 그는 케임브리지에 있는 동안 한 번도 제대로 대접받지 못했다고 느꼈습니다. 트리니티칼리지는 러더퍼드에게 아파트와 생활비로 350파운드를 제공했지만, 특별연구원 자리는 주지 않았습니다. 러더퍼드는 상처를 받은 마음을 동료들에게는 드러내지 않았지만, 약혼녀 메리에게 쓴 편지에서는 그대로 내보였습니다.

> 내 생각에는, 내가 특별연구원이 될 가능성은 아주 적은 것 같아. 여기 사람들은 정말, 진짜로 우리가 특별연구원이 되는 걸 끔찍하게 싫어해. 우리가 아무리 좋은 사람이라도, 아무리 능력이 많다고 해도 말이야. …… 여긴 편견이 너무 심해서, 난 케임브리지를 떠나면 훨씬 좋을 것 같아.

맥길대학에는 한 가지 커다란 장점이 있었습니다. 몬트리올에 사는 백만장자 윌리엄 맥도널드William McDonald가 엄청나게 많은 돈을 기부해서 세상에서 가장 좋은 시설을 갖춘 실험실이 여럿 있었다는 것입니다. 맥도널드는 담배로 부를 쌓은 사람이었지만, 이상하게도 흡연은 '구역질 나는 습관'이라고 생각했습니다. 러더퍼드는 담배를 무척 좋아했습니다. 그 때문에 맥도널드가 러더퍼드의 실험실을 방문할 때마다 러더퍼드는 부지런히 실험실을 돌면서 창문을 열고, 담배 냄새를 밖으로 내보내려고 애를 써야 했습니다.

맥길대학에서 러더퍼드는 이 세상에 몇 개 없는 방사성원소 가운데 하나인 토륨thorium으로 연구 영역을 확장했습니다. 연구하는 동안 자신을 도와줄 화학자가 필요하다는 사실을 깨달은 러더퍼드는 프레더릭 소디(Frederick Soddy, 1877~1956년)와 소디를 도와 화학과를 운영할 조수를 고용했습니다. 1900년부터 1903년까지 러더퍼드와 소디는 원자는 알파선과 베타선을 방출하면서 방사성붕괴radioactive decay를 일으키고, 그 결과 다른 원소로 변한다는 이론을 발전시켰습니다. 바로 '변형transformation 이론' 또는 '붕괴disintegration 이론'이라고 알려진 이론입니다.

러더퍼드와 소디는 방사능 에너지는 원자 내부에서 나오며, 알파선과 베타선이 방출되면 원래 원소는 다른 원소로 바뀐다고 주장했습니다. 두 사람이 새로 제시한 이론은, 오랫동안 불신을 받아온 연금술사의 주장과 크게 다르지 않았습니다. 한 원소는 다른 원소로 바뀔 수 있다는 연금술사의 낡은 생각과 말입니다. 하지만 러더퍼드와 소디는 실험으로 얻은 확고한 증거를 제시했으므로, 두 사람의 이론은 빠른 속도로 널리 받아들여졌습니다.

두 사람이 제시한 또 다른 중요한 개념은 토륨의 방사능은 시간이 흐를수록 꾸준히 감소한다는 것입니다. 러더퍼드와 소디는 토륨의 방사능은 60초가 지나면 절반으로 줄어들고, 또다시 60초가 지나면 남은 양의 절반으로 줄어든다고 했습니다. 두 사람은 시간 간격에 따른 방사성 물질의 붕괴 비율을 나타내는 지수 감수 법칙exponential decay law을 만들었습니다. 지수 감수 법칙을 보면서 러더퍼드는 한 가지를 생각했고,

1907년에 그 생각에 '반감기half-life'라는 이름을 붙여주었습니다. 반감기는 방사성붕괴를 겪는 표본 원자의 양이 절반으로 줄어드는 데 걸리는 시간입니다. 반감기는 방사성원소마다 달라서 불과 몇 초일 수도 있고 수십억 년일 수도 있습니다. 현재 반감기는 방사성원소나 방사성동위원소가 가진 독특한 특성임이 밝혀졌습니다.

프랑스 과학자 폴 빌라드(Paul Villard, 1860~1934년)가 발견한 투과성 방사선은 그로부터 3년 뒤에 러더퍼드가 기존 방사선과는 다른 세 번째 방사선임을 밝혔고, 감마선이라고 이름 붙였습니다. 러더퍼드는 감마선은 알파선이나 베타선과 달리 자기장에서 굴절되지 않으므로 전하를 띠지 않았다는 것을 입증해 보였습니다. 1910년에 윌리엄 헨리 브래그(William Henry Bragg, 1862~1942년)은 감마선은 엑스선처럼 전자기 복사선임을 밝힘으로써 러더퍼드의 주장을 뒷받침해주었습니다. 1914년에 러더퍼드는 동료 에드워드 안드레이드(Edward Andrade, 1887~1971년)와 함께 감마선의 파장을 측정하고, 감마선이 엑스선과 비슷하지만 파장은 더 짧다는 것을 알아냈습니다.

1904년이 되면, 러더퍼드는 방사성붕괴 현상이 단일 과정이 아니라 일련의 연쇄 과정은 아닌지, 라듐이 라돈으로 붕괴하는 동안 중간 산물이 여러 개 생성되지는 않는지를 알아보는 실험을 시작합니다. 러더퍼드는 라듐이 방사성붕괴할 때 생성되는 물질에 라듐 A(실제로는 218폴로늄)와 라듐 F(실제로는 210폴로늄)라는 이름을 붙였습니다. 라듐이 베타선과 알파선을 모두 방출하면 마지막으로 안정적인 납이 됩니다.

3년 뒤에 러더퍼드는 예일대학교에서 미국 화학자 버트럼 볼트우드(Bertram Boltwood, 1870~1927년)와 함께 연구합니다. 두 사람은 라듐이 우라늄의 붕괴 산물이라는 사실을 알아냈습니다. 지금은 '라듐 사슬' 혹은 '우라늄 사슬'이라고 부르는 이 붕괴 사슬의 최종 산물은 안정한 납 동위원소입니다. 각각 토륨 사슬과 악티움 사슬이라고 부르는 또 다른 두 붕괴 사슬 역시 마지막에는 안정한 납 동위원소를 생성합니다. 러더퍼드와 볼트우드는 방사성 물질에서 서서히 양이 증가하는 납을 이용해 지구 암석의 나이가 수십억 년에 달한다는 사실을 밝혀냈습니다. 지구의 나이를 입증할 중요한 단서를 찾아낸 것입니다. 지질학자들도 지질작용을 근거로 지구의 나이를 러더퍼드들과 비슷하게 제시했는데, 이는 자연선택에 의한 진화라는 다윈의 개념을 뒷받침해주는 증거들이었습니다.

러더퍼드가 맥길대학에 있을 때부터 유명했던 일화가 있습니다. 어느 날, 대학 교정을 걷다가 러더퍼드는 지질학자 프랭크 도슨 애덤스(Frank Dawson Adams, 1859~1942년)를 만났습니다. 그때 러더퍼드가 애덤스에게 물었다고 합니다. "지구의 나이는 얼마나 됐을까요?" 애덤스는 "1억 년 됐지요."라고 대답했습니다. 그러자 러더퍼드는 주머니에서 역청우라늄광 덩어리를 꺼내며 말했다고 합니다. "이 역청우라늄광 조각의 나이는 7억 년이라고 하더군요." 그리고는 낄낄거리면서 걸어가 버렸다고 말입니다.

러더퍼드는 방사성 입자를 아주 자세하게 연구하기 시작했습니다. 그는 베타 입자보다 훨씬 무거운 알파 입자가 자신의 '변형 이론'의 핵심이 되리라고 생각했습니다. 러더퍼드는 알파 입자가 양전하를 띤다는 사실은 입증했지만, 알파 입자의 정체가 양성자가 한 개인 수소 이온인지 그보다 무거운 헬륨 이온인지는 확신할 수가 없었습니다(지금은 헬륨 이온이라는 사실이 밝혀졌습니다).

러더퍼드의 연구가 널리 알려지면서 여러 곳에서 일자리를 제안해왔습니다. 예일대학교, 컬럼비아대학교, 스탠퍼드대학교에서도 좋은 조건으로 러더퍼드를 초빙했습니다. 심지어 워싱턴에 있는 스미스소니언협회Smithsonian Institution에서도 소장으로 와달라고 부탁했습니다. 하지만 러더퍼드는 훨씬 더 역동적인 유럽 과학계로 돌아가고 싶었습니다. 그리고 1906년에 좋은 기회가 찾아왔습니다. 캐번디시연구소에 이어 영국에서 두 번째로 중요한 연구소가 있는 빅토리아대학교 (Victoria University, 지금은 맨체스터대학교입니다) 물리학 교수인, 랭워시 Langworthy 출신의 아서 슈스터(Arthur Schuster, 1851~1934년)가 러더퍼드에게 편지를 보내온 것입니다. 슈스터는 자신은 은퇴할 생각인데, 러더퍼드가 빅토리아대학교 물리학과 교수직을 물려받는다면 무척 기쁘겠다고 했습니다. 러더퍼드가 맥길대학을 떠난다는 소식은 1907년 1월에《뉴욕타임스》에도 실릴 정도였습니다.

맥길대학은 곧 엄청난 상실을 겪고 힘들어질 것이다. 1898년부터 맥도널드 물리학 교수였던 어니스트 러더퍼드 교수가 사임을 결심했기 때문이다. 러더퍼드 교수는 영국 맨체스터에 있는 빅토리아대학으로 옮긴다. 러더퍼드 교수는 아직 서른다섯 살밖에 되지 않았지만, 라듐 연구뿐만 아니라 무선전신에 대한 기존 연구와 발견으로 세계 최상위 물리학자 그

룹에 속한 인재다.

맨체스터에 도착한 직후인 1908년에 러더퍼드는 방사능을 연구한 공로로 노벨 화학상을 받습니다. 노벨상위원회는 러더퍼드의 수상 이유를 "방사성 물질의 화학 특성과 방사성원소의 붕괴 현상을 연구한 공로" 때문이라고 했습니다.

맨체스터로 옮겨 온 러더퍼드는 독일 물리학자 한스 가이거(Hans Geiger, 1882~1945년)와 함께 이온 검출기를 연구합니다. 바로 방사능을 측정할 때 가장 많이 쓰는 가이거계수기Geiger counter를 개발한 것입니다. 러더퍼드는 또한 학생인 토머스 로이즈(Thomas Royds, 1884~1955년)와 함께 알파 입자를 분리해, 알파 입자가 헬륨 이온임을 밝혔습니다. 그런 다음에는 러더퍼드를 가장 유명하게 한 연구를 시작했습니다.

계속해서 알파 입자에 관심을 두었던 러더퍼드는 알파 입자를 금박에 발사했을 때 산란하는 모습을 연구했습니다. 이 실험에서 가이거는 알파선의 입사각에 따른 산란 정도를 측정하려고 여러 위치에 가이거계수기를 설치했습니다.

1909년에는 학부생이던 어니스트 마스든(Ernest Marsden, 1889~1970년)이 러더퍼드의 연구에 합류했습니다. 러더퍼드는 마스든에게 알파 입자를 금박에 쏘았을 때, 금박을 통과하지 않고 다시 튕겨 나오는 입자가 있는지 알아보라고 했습니다. 너무나도 놀랍게도 굴절각이 90도 이상 꺾이는 알파 입자가 있었습니다. 이 사실을 근거로 러더퍼드는 1911년에 원자의 중심에는 양전하를 띤 조밀한 핵이 존재할 것이라고 주장했습니다.

과학계가 러더퍼드가 제시한 원자모형을 받아들이는 데는 조금 시간이 필요했습니다. 1913년에 덴마크 물리학자 닐스 보어(8장에 나옵니다)는 러더퍼드의 연구실에 다녀간 뒤에, 방사능은 원자핵 안에서 일어나는 에너지 변화로 설명할 수 있으며, 기체를 가열할 때 기체가 방출하는 독특한 색인 기체의 스펙트럼은 전자들이 정해진 궤도로 원자핵 주위를 돈다고 가정할 때에만 설명할 수 있다고 주장했습니다. 닐스 보어의 주장이 나온 뒤로 과학계는 러더퍼드의 원자모형을 널리 받아들였습니다.

전쟁 때문에 잠시 연구를 중단했던 러더퍼드는 1917년에 다시 연구를 시작했습니다. 이번에는 다양한 기체로 알파 입자를 발사했을 때 생기는 현상을 연구했습니다. 질소 기체에 알파 입자를 발사했을 때는 수소 이온이 생겼습니다. 러더퍼드는 모든 원자의 핵은 수소 이온을 구성하는 것과 같은 입자로 구성되어 있다고 했습니다. 실제로 러더퍼드는 세계 최초로 핵반응을 일으켰습니다. 평범한 질소(원자량 14)를 원자량 17인 산소 동위원소와 수소 자유이온으로 바꾼 것입니다. 그는 또한 핵 안에는 전하를 띠지 않은 입자인 중성자가 존재한다고 예언했습니다. 중성자가 실제로 존재한다는 사실은 제임스 채드윅(James Chadwick, 1891~1974년)이 1932년에 실험으로 입증했습니다. 채드윅은 맨체스터대학에서 러더퍼드에게 배웠고, 캐번디시연구소에서 근무한 사람입니다.

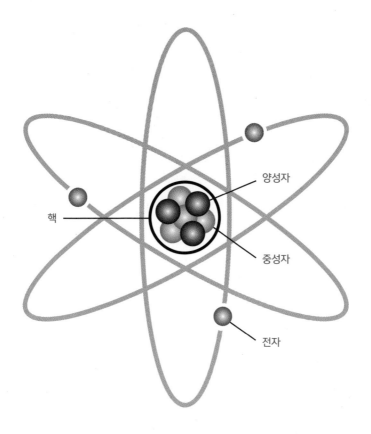

양성자

핵

중성자

전자

그림 6. 러더퍼드의 원자모형. 원자의 질량은 대부분 가운데 있는 핵이 차지한다
(핵은 중성자와 양성자로 이루어져 있다). 핵보다 질량이 훨씬 작은 전자는 핵 주위를
돈다. 생긴 모습에서 분명히 알 수 있듯이, 러더퍼드의 원자모형은 흔히 '태양계
원자모형'이라고 부른다.

1919년에 톰슨이 은퇴한 뒤, 캐번디시연구소는 러더퍼드에게 연구소 소장이 되어달라고 부탁했습니다. 캐번디시연구소에 소장으로 부임한 러더퍼드는 은퇴할 때까지 그곳에서 머물면서 계속 핵반응을 연구했습니다.

캐번디시 연구팀은 전하를 띤 입자보다는 중성자를 핵에 쏘는 것이 훨씬 더 쉽다는 걸 알았습니다. 중성자는 전하를 띤 핵이 밀쳐내지 않기 때문입니다. 1934년에 러더퍼드는 오스트레일리아의 마크 올리판트(Mark Oliphant, 1901~2000년)와 독일의 파울 하르테크(Paul Harteck, 1902~1985년)와 함께 핵 안에 중성자가 한 개 있는 중수소에 중성자를 쏘아 핵 안에 양성자가 한 개, 중성자가 두 개인 새로운 방사성원소 삼중수소를 만들었습니다.

러더퍼드는 1914년에 기사 작위를 받았고, 1931년에 러더퍼드 넬슨 남작이 되었습니다. 1937년에 잠시 병을 앓다가 케임브리지에서 세상을 떠난 뒤에는 웨스트민스터사원Westminster Abbey에 묻혔습니다. 러더퍼드가 발견한 원자핵은 원자를 생각하는 우리의 사고방식을 바꾸었습니다. 그리고 다음 장에 나오는 과학자는 현대인이 공간과 시간의 본질을 생각하는 방식을 완전히 바꾸고, 이 세상에서 가장 유명한 과학자가 되었습니다.

7장

알베르트 아인슈타인

시공간의 개념을 새롭게 밝혀낸

No.1 천재

Albert Einstein

놀랍겠지만, 현대인이 시간과 공간을 생각하는 방식을 혁명적으로 바꾸고, 뉴턴의 중력 법칙을 새로운 법칙으로 대체함으로써 물리적 힘을 전혀 다른 방식으로 해석하게 한 아인슈타인이 위대한 물리학자 톱10에서 차지한 순위는 4위다.

아인슈타인이라는 이름은 천재를 뜻하는 말과 동의어로 쓰이지만, 사실 학생 때 아인슈타인은 물리 시험에 간신히 통과했습니다. 그런데도 1905년에 특허청 직원으로 일하면서 쓴 여러 편의 놀라운 논문은 뉴턴의 역학이 제시하는 소중한 개념을 뒤집어엎었을 뿐 아니라 브라운 운동(액체나 기체 안에서 떠서 움직이는 미소微小 입자나 미소 물체의 불규칙한 운동-옮긴이)과 광전자 효과를 설명했습니다. 같은 해에 아인슈타인이 쓴 기체의 확산에 관한 박사 학위 논문은 지금까지 나온 원자를 입증하는 증거 가운데 가장 뛰어나고, 다섯 번째로 발표한 논문에는 이 세상에서 가장 유명한 공식이 들어 있습니다. 바로 $E=mc^2$입니다. 아인슈타인은 세상에서 가장 유명한 과학자이며, 루스벨트 대통령을 설득해 원자폭탄을 개발하게 한 산파였습니다. 뉴턴과 함께 아인슈타인은 물리학의 세계에서 그 누구보다도 높은 곳에 서 있습니다.

알베르트 아인슈타인은 1879년 3월 14일에 독일 울름Ulm에서 태어났습니다. 아버지 헤르만Hermann은 전기화학 관련 사업을 했는데, 아인슈타인이 태어난 직후에는 사업에 실패하고 뮌헨으로 옮겨야 했습니다. 그때까지 아인슈타인의 아버지는 부인인 파울리네Pauline 가문의 돈으로 사업했지만, 그때부터는 형제인 야코프Jakob의 말을 듣고 함께 사업하려고 뮌헨으로 온 것입니다.

아인슈타인은 말을 늦게 시작했으므로 아인슈타인의 부모는 아들에게 발달 장애가 있을지도 모른다고 걱정했습니다. 하지만 마침내 입을 열었을 때 아인슈타인은 세심하게 단어를 선택하면서 완전한 문장으로 말했습니다. 아인슈타인이 두 살 반이 된 1881년 11월에는 여동생 마야Maja가 태어났습니다. 마야가 태어났을 때 아인슈타인의 어머니는 "함께 놀 수 있는 새로운 존재"가 생긴 거라고 말했다고 합니다. 그래서 동생을 봤을 때 잔뜩 실망한 아인슈타인은 동생의 어디에 바퀴가 달린 거냐고 물었다고 합니다.

대체로 아인슈타인은 조용한 아이였지만, 과격한 기질도 있어서 화가 나면 아무거나 되는 대로 집어서 가까이 있는 사람에게 던졌다고 합니다. 보통 그 대상은 마야였지만 말입니다. 한 번은 정원 손질용 괭이로 마야의 머리를 내리쳐서 괭이를 박살 낸 적도 있습니다. 그때 아인슈타인의 부모는 아들의 기질을 잠재우고자 바이올린을 가르쳐야겠다고 결심합니다. 하지만 첫 번째 음악 선생님은 아인슈타인의 성질에 기가 질려 그만두고 말았습니다. 다행히 훨씬 융통성 있는 선생님을 만난 덕분에 아인슈타인은 평생 악기를 사랑하며 살았습니다.

헤르만과 파울리네는 아이들에게 엄청난 자립심을 길러주었는데, 그 당시 기준으로 보면 아주 독특한 양육 방식이었습니다. 아인슈타인은 네 살밖에 되지 않았을 때 벌써 교외로 나가 혼자서 거리를 돌아다녔습니다. 다섯 살 때 아인슈타인은 학교에 갔습니다. 아인슈타인 가족은 유대인이었지만, 유대 신앙이 독실하지는 않아서 부부는 아들을 근처에 있는 가톨릭 학교에 보냈습니다. 하지만 아인슈타인은 그 학교를 싫어했습니다. 그 가톨릭 학교는 암기식 교육을 했는데, 틀린 것이 있으면 주먹으로 머리를 쿡쿡 쥐어박는 곳으로, 자유로운 아인슈타인의 집과는 사뭇 달랐습니다.

학교에 들어간 해에 아인슈타인은 심하게 병을 앓아서 몇 주 동안이나 침대에 누워 있어야 했습니다. 아인슈타인의 부모는 아들이 지루하지 않도록 가지고 놀 나침반을 사주었는데, 꼬마 아인슈타인은 나침반에 푹 빠져버렸습니다. 아인슈타인을 사로잡은 매력은 어느 방향으로 돌리든 나침반 바늘이 북쪽을 가리킨다는 사실이었습니다. 어떤 신비한 힘 때문에 바늘은 늘 북쪽을 가리키는 것일까? 아인슈타인은 이런 의문이 학교에서 배우는 그 어떤 과목보다도 흥미롭다고 생각했습니다. 이런 깨달음은 아인슈타인이 죽을 때까지 사라지지 않을 강렬한 인상으로 남았습니다.

열 살 때 아인슈타인은 루이트폴트인문고등학교Luitpold gymnasium에 입학했습니다. 거의 모든 과목이 지루했지만, 수학만은 점점 더 사랑하게 됐습니다. 아인슈타인이 수학을 사랑하게 된 이유는 어느 정도는 삼촌인 야코프 때문이기도 하지만, 그보다는 목요일마다 아인슈타인 가족과 함께 저녁을 먹은 의과대학생 막스 탈무트Max Talmud 덕분이었습니다. 탈무트는 집에서 나와 뮌헨에서 혼자 공부하는 학생이었는데, 혼자서 공부하는 어린 학생들이 학업을 계속하는 동안 편하게 지낼 수 있도록 도와주는 것이 그 당시 유대 공동체의 전통이었습니다. 야코프는 아인슈타인에게 대수를 가르쳐 주었고, 탈무트는 대학에서 배운 최신 내용을 알려주었습니다. 아주 오랜 시간이 흐른 뒤에도 아인슈타인은 이 두 사람이 자신이 과학자가 되는 데 가장 큰 영향을 미쳤다고 말했습니다.

안타깝게도 인문고등학교 수업은 초등학교 수업만큼이나 아인슈타인에게는 지루했습니다. 아인슈타인은 곧 공부에 흥미를 잃었고, 성적은 갈수록 떨어졌습니다. 교사들은 아인슈타인을 아무것도 해낼 수 없는 게으른 녀석이라고 말했습니다. 아인슈타인이 열다섯 살이 되던 1894년에는 절박한 위기가 찾아왔습니다. 뮌헨에서 가족이 하던 사업도 실패해서 야코프는 좀 더 나은 수입을 찾아 이탈리아로 가자고 헤르만을 설득합니다. 아인슈타인 가족은 재산을 처분하고 이탈리아로 이민을 가지만, 아인슈타인은 학업이 중요한 시기였으므로 뮌헨에 남아 하숙집에서 생활해야 했습니다.

열다섯 살이라는 이른 나이에 독립해야 했던 경험은 어린 아인슈타인을 성숙하게 했는데, 아마도 훗날 자신이 아이를 기를 때 취하게 될 양육 태도에도 영향을 미쳤을 것입니다. 여전히 학교 수업이 재미없었던 아인슈타인은 부모가 이탈리아로 떠나고 6개월이 되었을 때 수치의를 설득해 자신이 신경쇠약에 걸렸다는 진단서를 얻어냅니다. 진단서를 들고 아인슈타인은 유일하게 잘 지냈던 수학 선생님을 찾아가서 이제 아인슈타인에게는 가르칠 것이 더는 없다는 편지를 써달라고 부탁합니다.

이 두 문서를 들고 아인슈타인은 인문고등학교 교장을 찾아가 학교를 그만두겠다고 선언합니다. 그러자 교장은 자신이 게으름뱅이 학생인 아인슈타인을 내쫓는 거라고 응수합니다. 어쨌거나 열다섯 살이었던 아인슈타인은 학교를 그만두고 가족이 있는 이탈리아 파비아Pavia로 떠납니다.

아인슈타인이 그런 행동을 한 이유는 분명히 가족과 함께 있고 싶다는 마음 때문이었겠지만, 또 다른 이유가 있었을지도 모릅니다. 아인슈타인은 마음속 깊은 곳에서부터 평화주의를 받아들였고, 평생 그런 신념을 품고 살았습니다. 하지만 독일에서는 열일곱 살이 되면 남자는 누구나 1년 동안 군대에 가야 했습니다. 군대에 가야 한다는 생각은 분명히 어린 아인슈타인에게는 무서웠을 것입니다. 이탈리아로 가면 무시무시한 의무에서도 벗어날 수 있습니다.

아인슈타인은 가족에게는 알리지 않고 파비아로 왔습니다. 훗날 마야는 이탈리아에 도착한 오빠가 아주 기분이 좋았다고 했습니다. 신경쇠약에 걸렸다는 징후는 어디에도 없었습니다. 이탈리아에 도착한 직후에 아인슈타인은 독일 국적을 포기했고, 아버지를 설득해 현실 세계로 돌아오기 전에 몇 달 동안 이탈리아를 돌아다니면서 예술의 중심지를 둘러보기로 했습니다.

여행을 마치고 돌아온 뒤에 아인슈타인과 헤르만은 아인슈타인의 장래 문제를 두고 다투었습니다. 아인슈타인의 장래는 그다지 밝지 않았습니다. 아인슈타인은 막연하게 교사가 되어야겠다고 생각했지만, 헤르만은 아인슈타인이 도제가 되어 가족 사업을 배우기를 바랐습니다. 어쨌거나 아인슈타인은 대학 졸업장을 따야 했으므로 스위스의 유명한 취리히 연방공과대학교ETH, Eidgenössische Technische Hochschule에 입학원서를 넣었습니다. 1895년 가을에, 열일곱 살 생일을 여섯 달 앞두고 아인슈타인은 대학 입학시험을 보려고 스위스로 출발했습니다.

취리히 연방공과대학은 보통 열여덟 살에 입학했지만, 아인슈타인은 자신은 일찍 들어갈 수 있다고 확신했습니다. 그 때문에 시험에서 떨어졌을 때 충격을 받았습니다. 아인슈타인은 수학과 과학은 잘했지만, 다른 과목은 점수가 너무 낮았습니다. 대학 관계자들은 어린 아인슈타인을 예쁘게 보았으므로 만약 스위스의 고등학교에 들어가서 졸업장을 따면 그다음 해에 입학시험을 보지 않아도 연방공과대학에 다닐 수 있게 해주겠다고 말했습니다.

아인슈타인은 실망했지만 자신에게는 선택의 여지가 없음을 잘 알았습니다. 다행히 아인슈타인의 아버지 헤르만이 아라우Aarau라는 작은 마을에서 분위기도 자유롭고 아인슈타인에게 완벽하게 적합한 교육 방식으로 공부할 수 있는 학교를 찾아냈습니다. 요스트 빈텔러Jost Winteler 교장의 딸인 마리Marie를 만난 것도 그 학교에서의 1년을 정말 즐겁게 해주었습니다. 아인슈타인은 빈텔러 교장의 집에서 하숙했으므로 마리와 가깝게 지낼 수 있었는데, 두 사람은 곧 사랑에 빠졌습니다. 그다음 해에 아인슈타인이 취리히로 가면서 두 사람의 사랑은 끝이 났지만,

뒤에 아인슈타인의 동생 마야가 마리의 형제 파울Paul과 결혼합니다.

아인슈타인은 아라우에 있을 때 공부에 전념했습니다. 졸업 시험도 역사, 기하학, 물리학에서 만점을 받으면서 손쉽게 통과했습니다. 다른 과목 점수는 그렇게까지 성적이 좋지는 않았지만 모두 통과했고, 1896년 10월 29일에는 인생의 다음 장이 펼쳐질 취리히에 도착했습니다.

취리히 연방공과대학교 학생이 누리는 자유가 아인슈타인에게는 정말로 매혹적이었습니다. 아인슈타인은 좋아하는 과목은 수강하고 싫어하는 과목은(실제로 거의 모든 과목이 그랬는데) 수업에 들어가지 않았습니다. 공부하지 않을 때는 카페나 술집을 돌아다니면서 친구들과 함께 정치와 문학과 물리학을 비롯한 모든 주제로 활발하게 토론을 벌였습니다. 아인슈타인의 스승이었던 수학자 헤르만 민코프스키(Hermann Minkowski, 1864~1909년)는 젊은 아인슈타인을 "수학은 전혀 신경도 안 쓰는 게으른 개"라고 했습니다.

아인슈타인이 취리히 연방공과대학에 다닐 때 취리히 연방공과대학에서 과학 과정을 밟은 학생은 다섯 명뿐이었습니다. 그 가운데는 여성인 밀레바 마리치(Mileva Marić, 1875~1948년)도 있었는데, 아인슈타인은 곧 밀레바와 가까운 사이가 되었습니다. 1899년부터 1900년까지 아인슈타인이 취리히 연방공과대학에서 마지막 학년을 보내는 동안 두 사람은 완벽하게 사랑에 빠졌습니다. 졸업 시험이 다가오자 아인슈타인은 흥미가 전혀 없었던, 그저 강의 요강에 불구했던 과목들도 진지하게 공부해야 한다는 사실을 깨닫습니다. 그는 함께 강의를 듣는 친구들과 절친한 마르셀 그로스만Marcel Grossman이 필기한 공책을 빌려 맹렬하게 공부했습니다.

과학 학부에 있던 다섯 명 가운데 네 명이 시험에 통과했고, 아인슈타인은 4등이었습니다. 아인슈타인보다 점수가 나쁜 사람은 밀레바뿐이었습니다. 밀레바는 시험에 통과하지 못한 것입니다. 아인슈타인은 간신히 졸업장을 땄으므로 직장을 구하는 일이 쉽지 않았습니다. 그는 대학교수가 되고 싶었지만 아인슈타인에게 대학교수 자리를 알아봐 줄 스승은 취리히 연방공과대학에는 없었습니다. 오히려 그 누구도 추천장을 써주려고 하지 않았습니다. 늘 결석하던 아인슈타인은 간혹 수업에 참석이라도 하는 날이면 끊임없이 강사에게 대들고, 물리학 문제를 푸는 방법이 잘못됐다고 지적했기 때문입니다.

아인슈타인은 혼자서 연구해 박사 학위를 따고 싶었습니다. 아인슈타인의 사색하는 성격으로 보아서는 충분히 가능한 일이었습니다. 좋은 도서관에 들어갈 수만 있다면 대학에 다니지 않아도 충분히 논문을 쓸 수 있었습니다. 하지만 직접 생활비를 벌어야 했으므로 박사 논문은 몇 년이 지나야 완성할 수 있을 터였습니다.

한편, 밀레바는 졸업 시험을 다시 치르기로 했습니다. 하지만 시험을 몇 달 앞둔 어느 날, 밀레바는 임신했음을 알게 됩니다. 당연히 밀레바에게는 좋은 소식이 아니었고, 결국 두 번째 졸업 시험에서도 떨어지고 말았습니다. 1901년 말에 아인슈타인은 교사가 되지만, 임시직일 뿐이었습니다. 아인슈타인과 밀레바는 힘든 시기를 보낼 수밖에 없었을 것입니다. 이때 아인슈타인의 친구 마르셀 그로스만이 두 사람을 구해

줄 동아줄을 내려보내 주었습니다. 그로스만은 자기 아버지에게 부탁해 아버지의 친구인 베른 특허청 소장이 아인슈타인에게 일자리를 주게 했습니다. 아인슈타인은 1902년 6월부터 베른 특허청에서 일했습니다.

밀레바는 임신한 사실이 알려지지 않도록 부모님 집에서 숨어 지냈습니다. 결혼도 하지 않은 아인슈타인에게 아이가 있다는 사실이 알려지면 학계에서 일할 수 없었기 때문입니다. 1월 말에 밀레바는 딸을 낳았습니다. 리제를Lieserl이라는 이름의 이 딸은 태어나자마자 입양되어서 그 뒤로는 소식을 알 수 없습니다. 심지어 지금까지도 리제를이 어떻게 됐는지를 아는 사람은 없습니다.

아인슈타인은 1909년 7월까지 특허청에서 일합니다. 특허청은 이제 막 싹을 틔우려는 젊은 이론물리학자에게는 어울리지 않는 곳 같지만, 아인슈타인에게는 완벽하게 맞는 곳이었습니다. 날카로운 비판 의식을 소유했던 아인슈타인은 특허 신청서에서 아주 쉽게 오류를 찾아냈습니다. 게다가 특허청 일은 할 일도 많지 않았습니다. 그 덕분에 아인슈타인은 물리학을 고민할 시간을 충분히 낼 수 있었습니다.

특허청에서 일하고 두세 달쯤 지난 1902년 8월에 아인슈타인의 아버지가 돌아가셨습니다. 아인슈타인의 결혼을 반대했던 아버지가 돌아가셨으므로 아인슈타인은 밀레바와 1903년 1월 6일에 결혼했습니다. 아인슈타인은 한때 대재앙에 빠질 뻔했지만, 이제는 좋은 직장도 얻고 안정적인 가정도 이뤘습니다.

밀레바는 점점 더 가정주부라는 역할에 익숙해졌고, 아인슈타인은 마우리케 솔로비네Maurice Solovine, 콘라트 하비히트Conrad Habicht, 미켈란젤로 베소Michelangelo Besso 같은 친구들을 자주 만났습니다. 스스로 자기들 모임을 '올림피아 아카데미Olympia Academy'라고 부른 이 친구들은 수시로 만나 최신 물리학 정보를 놓고 토론을 벌였습니다. 아인슈타인의 친구들 모임은 1905년을 '기적의 해'로 만들 논문을 쓸 수 있도록 아인슈타인에게 자문으로서 중요한 역할을 해주었습니다.

1905년이 되기 전에도 아인슈타인은 논문을 몇 편 발표했습니다. 경이로운 논문들은 아니지만, 모두 충실하게 잘 쓴 논문입니다. 아인슈타인이 계속해서 다룬 주제 가운데 하나는, 뜨거운 논쟁거리였던 '원자와 분자는 무엇인가?'였습니다. 이 주제는 아인슈타인이 1905년에 제출한 박사 학위 논문에서 다룬 주제이기도 합니다. 아인슈타인은 박사 학위 논문에서 분자가 용액 안에서 움직이는 방법을 추정했습니다. 특히 물에 녹은 설탕 분자의 움직임을 자세히 연구했습니다. 물에 녹은 설탕이 용액에 가하는 압력을 계산한 뒤에 기존 문헌에 실린 실험 자료를 자신이 계산한 결과와 비교했습니다.

박사 논문을 쓰면서 아인슈타인은 설탕 분자의 크기도 계산했습니다. 그가 알아낸 설탕 분자의 크기는 '지름이 100만 분의 1센티미터보다 조금 더 작다.'라는 것이었는데, 이는 정말 획기적이면서도 명쾌한 계산 결과였습니다.

아인슈타인은 4월에 완성한 박사 논문을 7월에 취리히 연방공과대학에 제출했습니다. 하지만 논문 심사위원들은 그 논문이 너무 짧다며 돌려보냈습니다. 훗날 아인슈타인은 아주 즐거워하면서 되돌아온 논문에 문장을 하나 더 추가해서 다시 제출했다고 말합니다. 이번에는 수

월하게 통과했습니다.

1905년 4월에 끝낸 논문을 7월에 제출한 이유는 그사이에 다른 일을 해야 했기 때문입니다. 5월 11일에 독일 잡지 《물리학 연보*Annalen der Physik*》는 아인슈타인이 쓴 논문을 한 편 받습니다. 액체나 공기 중에 떠도는 꽃가루 같은 작은 입자들이 기이하고도 불규칙한 움직임을 보이는 '브라운운동'에 관한 논문이었습니다.

아인슈타인 이전에도 브라운운동은 물 분자나 공기 분자가 작은 입자에 충돌해서 생긴다고 주장하는 사람들이 있었지만, 분자 한 개가 꽃가루 한 개에 충돌해 꽃가루를 불규칙하게 움직이게 한다는 생각은 받아들여지지 않았습니다. 분자 때문에 브라운운동을 한다면 분자의 크기도 꽃가루 크기만큼은 되어야 한다고 생각했기 때문입니다.

분자의 크기를 결정하는 박사 논문을 작성하면서 아인슈타인은 그 결과를 브라운운동에 적용했고, 항상 동일하지는 않아도 끊임없이 물 분자나 공기 분자가 꽃가루에 충돌하면 브라운운동이 나타난다는 사실을 입증해 보였습니다. 무엇보다도 중요한 것은 아인슈타인은 정밀하게 계산한 결과로 이론을 세웠다는 것입니다. 그는 불규칙한 브라운운동을 통계 용어로 설명했습니다. 한 물리학자가 만든 이론이 동료 물리학자들에게 옳다고 인정받으려면 무엇보다도 수학적으로 정밀해야 합니다.

브라운운동에 관한 논문은 1905년에 아인슈타인이 《물리학 연보》에 보낸 두 번째 논문입니다. 첫 번째 논문은 3월에 보냈는데, 바로 훗날 아인슈타인에게 노벨상을 안겨준 광전자 효과에 관한 논문입니다.

광전자 효과에 관한 논문에서 아인슈타인은 19세기 말에 실험하면서 발견한 현상을 설명했습니다. 몇몇 금속의 표면에 빛을 쪼이면 전류가 생기는 현상을 말입니다.

광전자 효과는 1902년에 헝가리 과학자 필리프 레나르트(Philipp Lenard, 1862~1947년)가 아주 자세하게 연구했습니다. 레나르트는 금속 표면에 비추는 빛의 파장을 바꾸면 광전자 효과가 사라질 수도 있음을 알아냈습니다. 광전자 효과는 푸른빛을 쬘 때 자주 나타나고, 붉은빛을 쬐면 사라졌습니다. 또한, 빛이 밝을수록 생성되는 전류는 더 세졌지만(즉, 금속에서 튀어나오는 전자의 양은 많았지만) 각 전자는 같은 에너지를 가지며, 에너지의 크기는 빛의 강도가 아니라 빛의 파장이 결정했습니다.

물리학자들은 수 세기 동안 빛의 본질을 고민했습니다. 뉴턴은 빛은 입자라고 했지만, 크리스티안 하위헌스는 빛은 파동이라고 주장하면서 뉴턴의 주장을 뒤집었습니다(2장 참고). 그리고 해답은 마침내 1800년에 토머스 영이 진행한 실험에서 나온 것 같았습니다. 영은 단일 광원光源에서 나온 빛을 두 개의 좁은 틈 사이로 통과시키면 서로 간섭한다는 사실을 밝혀냈습니다. 이는 빛이 파동의 형태로 움직인다는 뜻이었습니다. 그리고 1865년에 맥스웰이 전자기 현상을 설명하는 방정식을 발표하면서, 자기장과 전기장이 직각을 이루면 빛은 진동하는 파동의 형태를 띤다고 주장했습니다(4장 참고).

그 때문에 1900년대 초까지는 빛은 파장이라는 주장을 받아들이고 있었습니다. 그런데 그 주장에 반박하는 증거들이 나오기 시작했습니다. 첫 번째 반증은 1900년에 독일 물리학자 막스 플랑크(1858~1947년)가 흑체복사blackbody radiation를 설명할 때 나왔습니다. 흑체복사란 입사하는 모든 복사선을 흡수하는 물질이 방출하는 복사입니다. 태양이나 항성의 표면은 거의 흑체에 가까워서 우리가 눈으로 볼 수 있는 복사선을 방출할 정도로 충분히 온도가 높습니다. 사람도 체온이 있으므로 흑체복사를 방출하지만, 체온은 아주 낮아서 적외선 영역의 흑체복사를 방출합니다.

1890년대에 진행한 실험 결과에 따르면 흑체가 방출하는 복사에너지는 파장이 달라지면서 특별한 곡선을 그립니다. 파장의 길이가 길었다가 짧아지면(낮은 주파수에서 높은 주파수로 이동하면) 흑체복사 에너지는 최대가 되었다가 다시 줄어듭니다. 이때 에너지가 최고가 되는 값을 알면 흑체가 도달할 온도를 정확하게 계산할 수 있습니다.

문제는 이 곡선을 설명하는 이론이 제대로 작동하지 않았다는 것입니다. 이론대로라면 흑체의 에너지 곡선은 계속해서 증가한 뒤에 짧은 파장에서 무한대가 되어야 합니다. 이론적으로 짧은 파장에서 에너지가 무한대가 되는 현상을 과학자들은 '자외선 파탄ultraviolet catastrophe'이라고 불렀는데, 이 문제는 19세기 말에 물리학계가 풀어야 하는 아주 곤란한 문제였습니다.

막스 플랑크는 흑체복사 곡선을 설명하는 수학 방정식을 고민했고, 결국 찾아냈습니다. 그런데 방정식이 성립하려면 흑체는 특정 주파수의 복사선만을 방출해야 했습니다. 플랑크는 빛은 자신이 '양자quantum'라고 부른 덩어리로만 방출된다고 가정했습니다. 양자가 갖는 에너지를 구하는 공식은 E=hf입니다(f는 빛의 주파수이고, h는 현재 '플랑크 상수'라고 부르는 상수입니다). 물리학자들은 대부분 플랑크의 해법은 임시방편이라고 생각했습니다. 심지어 플랑크 자신도 양자 에너지 방정식은 계산 방법일 뿐 양자가 실제로 존재하지는 않는다고 생각했습니다. 하지만 1905년에 아인슈타인이 플랑크의 연구를 확장해 빛이 실제로 양자로 이루어졌다고 가정하면 광전자 효과를 설명할 수 있다고 주장했습니다.

아인슈타인은 광양자(light quantum, 지금은 '광자photon'라고 부릅니다)는 플랑크 방정식으로 계산할 수 있는 에너지를 운반하는데, 각 광자는 금속 표면에 있는 전자에게 자신이 가진 에너지를 전부 주거나 전혀 주지 않는다고 했습니다. 광자가 에너지를 충분히 가지고 있다면 전자는 금속에서 튀어나오는데, 광자의 에너지는 빛의 주파수가 결정합니다. 그 때문에 파란빛을 비추면 전자가 튀어나와도 빨간빛을 비추면 전자가 튀어나오지 않을 수도 있습니다. 아인슈타인은 또한 빛의 강도를 높이면 단위시간당 금속의 표면에 부딪치는 광자의 수만 늘어날 뿐 광자의 에너지 자체는 늘어나지 않는다고 했습니다. 아인슈타인의 이런 주장은 레나르트가 발견한 내용을 설명해주었습니다. 전자의 에너지는 빛의 세기와 무관하다는 관찰 결과를 말입니다.

아인슈타인의 논문은 출간했을 때는 그다지 큰 주목을 받지 못했습니다. 그 이유는 아인슈타인이 과학계의 아웃사이더였기도 하지만 그보다는 물리학자들은 빛이 파동이 아닌 다른 무언가라는 사실을 받아들일 준비가 되어 있지 않았기 때문입니다. 미국 노벨상 수상자인 물리학자 로버트 밀리컨(Robert Millikan, 1868~1953년)은 아인슈타인의 주장에 강하게 반발했습니다. 그는 아인슈타인이 틀렸음을 입증하려고 여러 차례 정밀하게 실험했습니다. 그리고 훗날 이렇게 말했습니다.

> 나는 아인슈타인이 1905년에 발표한 방정식을 점검하면서 내 생애 10년을 보냈다. 하지만 내 기대와는 다르게 1915년에 나는 그렇게도 비합리적인데도 그 방정식이 명백하게 검증된다는 사실을 인정할 수밖에 없었다.

광전자 효과, 브라운운동, 박사 학위에 관한 세 편의 논문은 그저 1905년을 시작하는 작업일 뿐이었습니다. 6월 30일에 《물리학 연보》에는 「움직이는 물체의 전기역학에 관하여_On the Electrodynamics of Moving Bodies_」라는 논문이 도착했습니다. 특수상대성이론을 담은 바로 그 논문이 말입니다.

1장에서 본 것처럼 갈릴레오는 상대성이라는 개념을 소개하면서, 정지한 물체와 일정한 속도로 움직이는 물체를 구별할 수 있는 역학 실험은 없다고 했습니다. 맥스웰은 빛의 속도와 전자기파의 속도가 같다는 사실을 우연히 발견하고, 빛은 전자기파의 한 형태라고 했습니다. 하지만 빛이 파동이 되려면 변하는 자기장을 만드는 변하는 전기장이 있어야 하고, 그런 다음에 변하는 전기장을 만드는 변하는 자기장이 있어야 하는, 그런 관계가 계속해서 반복되어야 합니다. 아인슈타인은 빛의 파동과 나란하게 움직일 때 어떤 일이 생길지 고민했습니다. 빛의 파동과 나란하게 움직이면 전기장에 변화가 없을 테니 자기장도 생기지 않을 것입니다. 그러면 빛도 사라져야 합니다.

또한, 맥스웰의 방정식에서는 진공에서 움직이는 빛의 속도는 일정해야 합니다. 하지만 뉴턴의 물리학에서는 빛의 속도가 관찰자의 움직임에 따라 달라져야 합니다. 빛이 초속 3억 미터의 속도로 움직일 때 관찰자가 초속 1억 미터의 속도로 빛을 향해 간다면, 뉴턴의 법칙에서는 관찰자가 측정하는 빛의 속도는 초속 4억 미터여야 합니다. 하지만 맥스웰의 방정식에서는 그럴 수 없습니다. 따라서 맥스웰과 뉴턴 가운데 한 명은 틀렸는데, 대부분 맥스웰이 틀렸다고 생각했습니다.

하지만 아인슈타인은 틀린 사람은 뉴턴이라고 믿었습니다. 아인슈타인은 역학 실험에만 적용하는 갈릴레오의 상대성 개념을 빛에 적용했습니다. 논문 제목이 「움직이는 물체의 전기역학에 관하여」인 것은 그 때문입니다. 아인슈타인은 물체의 운동에 관한 실험이건 빛에 관한 실험이건 간에, 정지한 물체와 일정한 속도로 움직이는 물체를 구별할 수 있는 실험은 없다고 주장했습니다.

갈릴레오가 제안한 상대성이라는 개념과 일정한 빛의 속도라는 두 조건을 근거로 아인슈타인은 우리가 생각하는 공간과 시간의 개념이 바뀔 수 있음을 보여주었습니다. 두 조건을 운동방정식에 적용하면 공간과 시간은 상대적이 됩니다. 서로를 향해 상대적으로 이동하는 두 관찰자는 시간과 공간을 서로 다르게 측정합니다. 그러나 이 차이를 명확하게 인지하려면 두 관찰자 모두 적어도 빛의 속도의 절반에 해당하는 속도로 움직여야 합니다. 일상생활을 하면서 시간과 공간의 상대적 차이를 느끼지 못하는 이유는 바로 그 때문입니다. 지구에 대해 상대적으로

운동한 사람 가운데 가장 빠른 속도로 움직인 사람은 시속 3만 9896킬로미터로 움직이는 아폴로 10호를 타고 움직인 사람인데, 이 정도 속도도 빛의 속도와 비교하면 약 0.000037배에 불과합니다.

아주 빠른 속도에서는 특수 상대성 현상이 분명하게 나타나는데, 이때 시간은 팽창하고 길이는 수축합니다. 시간 팽창과 길이 수축은 동전의 양면과 같습니다. 시간 팽창이란 움직이는 물체의 시간은 상대적으로 움직이고 있는 장소에서 보면 천천히 흐른다는 뜻입니다. 그 결과 움직이는 물체의 길이는 이동하는 방향과 평행한 방향으로 줄어드는데 (길이가 수축하는 것입니다), 상대방 관찰자 역시 같은 현상을 봅니다. 이는 대칭적으로 일어나는 현상이므로 빠른 속도로 움직이는 로켓을 탄 사람이 보면 로켓 밖에 있는 사람의 시간이 느리게 간다고 느끼고, 로켓 밖에 있는 사람은 로켓 안에 있는 사람의 시간이 느리게 간다고 느낍니다. 이런 명백한 차이가 로켓에서만 나타나는 것은 아닙니다. 입자가속기 안에서는 하루에도 수천 번씩 특수 상대성 현상이 나타납니다. 입자가속기 안에서 생성되는 입자는 아주 짧은 시간 안에 붕괴해야 하지만 움직이는 속도가 아주 빠르므로 정해진 수명보다 더 오래 존재합니다.

특수상대성이론은 물체가 움직이는 속도가 빨라지면 질량이 증가하며, 그 어떤 물체도 빛보다 빠르게 움직일 수 없다는 두 가지 현상을 추가로 예측했습니다. 2장에서 본 것처럼 뉴턴의 운동 제2법칙인 $F=ma$(F는 힘, m은 질량, a는 가속도입니다)라는 공식은 물체에 힘을 가하면 물체의 속도가 변한다는 사실을 알려줍니다. 하지만 아인슈타인은 빠른 속도로 움직이는 물체에는 뉴턴의 제2법칙을 적용할 수 없음을 밝혔습니다. 속도가 빨라지면 질량이 증가하기 때문입니다. 질량이 증가하면 물체의 속도를 변화하게 할 힘의 크기도 증가해야 합니다. 이 현상도 입자가속기 안에서는 매일 관찰할 수 있습니다. 거대한 입자가속기 안에서는 광자나 전자의 속도를 높이면 아인슈타인이 특수상대성이론에서 예측한 것처럼 질량이 증가합니다.

논문을 잡지사로 보낸 뒤에 아인슈타인은 자신이 쓴 논문을 곱씹어보았습니다. 그리고 자신의 이론이 질량과 에너지의 관계를 암시함을 깨달았습니다. 왜냐하면, 물체의 운동에너지가 증가하면 질량이 변하기 때문입니다. 아인슈타인은 질량과 에너지의 관계를 밝히는 짧은 논문을 써서 1905년 11월에 《물리학 연보》에 보냅니다. 그 논문에는 과학계에서 가장 유명한 방정식인 $E=mc^2$이 들어 있습니다. 이 방정식은 물질과 에너지는 서로 바뀔 수 있음을 보여주는 방정식으로 E는 에너지, m은 물체의 질량, c는 빛의 속도를 나타냅니다. 빛의 속도는 엄청나게 큰 수(초속 3억 미터)이므로, 아주 작은 질량으로도 엄청난 양의 에너지를 낼 수 있습니다. 태양이 엄청난 양의 에너지를 발산하고, 원자폭탄에 그토록 무시무시한 파괴력이 있는 이유가 모두 이 때문입니다.

특수 상대성에 관해 쓴 두 논문은 결국 과학계의 우상이 되지만, 발표할 당시에는 주목하는 사람이 거의 없었습니다. 그때는 20대 중반이 된 아인슈타인은 여느 남자들과 다르지 않은 가정생활을 했습니다. 1904년에 큰아들 한스Hans가 태어났고, 1904년 9월에는 3500프랑이었던 월급이 3900프랑으로 올랐습니다. 그 정도면 안락한 생활을 하고 휴가도 즐길 수 있는 금액이었습니다. 아인슈타인은 그 무렵에 평생 즐기는 취미가 될 항해술을 배웁니다.

아인슈타인이 발표한 상대성이론에 관한 논문은 크게 주목을 받지 못했지만, 1905년에 꾸준히 발표한 논문 덕분에 아인슈타인의 이름을 아는 물리학자가 조금씩 늘어났습니다. 특히 독일에서 그랬습니다. 1906년 4월에 아인슈타인은 2급 기술 전문가로 승진했고, 월급도 늘었습니다. 특허청 일은 안정적이고, 가족을 충분히 부양할 수 있는 월급을 받았으므로 아인슈타인은 안락한 생활에 만족할 수도 있었을 것입니다. 하지만 그의 친구들은 대학에서 근무할 방법을 찾아보라고 아인슈타인을 부추겼습니다. 이제 박사 학위도 있고, 독창적으로 연구 주제를 잡아 풀어내는 재주도 있음을 논문으로 입증해 보였기 때문입니다.

하지만 학계로 진출하는 일은 만만치 않았습니다. 처음에 아인슈타인이 찾은 일은 무보수 시간강사privatdozent였습니다. 무보수 시간강사는 자신이 택한 과목을 가르칠 수 있는 대신 그 과목을 수강하는 학생에게 직접 수강료를 받아야 했습니다. 1907년에 아인슈타인은 베른대학교Berne University에 입사지원서를 냈지만, 뽑히지 못했습니다. 물리학과 학과장이 아인슈타인의 특수상대성이론을 '이해할 수 없었던' 것도 아인슈타인을 뽑지 않은 한 가지 이유였습니다.

아인슈타인은 여러 학교에 지원서를 냈지만, 어떤 곳에도 취직할 수 없었습니다. 1908년에 마침내 베른대학에서 자리를 얻었지만, 아인슈타인은 안정적으로 월급이 나오는 특허청 근무는 계속했습니다. 아인슈타인은 학생들에게 영감을 불어넣는 스승은 아니었고, 학계에서 계속 일할 수 있으리라는 희망도 보이지 않았습니다. 그런데 놀랍게도,

아인슈타인에게 수학을 가르쳤던 헤르만 민코프스키가 큰 힘이 되어주었습니다.

아인슈타인이 취리히 연방공과대학을 졸업한 뒤에 민코프스키는 곧바로 괴팅겐대학교Göttingen University 수학과 교수로 자리를 옮겼습니다. 민코프스키는 아인슈타인의 특수상대성이론이 아주 중요하다는 사실을 일찍 깨달은 학계의 저명인사 가운데 한 명이었습니다. 그는 아인슈타인의 방정식을 4차원을 설명하는 기하학 기술과 접목했습니다. 그리고 시간과 공간은 분리될 수 없음을 강조하려고 '시공간spacetime'이라는 용어를 만들었습니다. 1908년 9월 2일에 쾰른에서 열린 강연에서 민코프스키는 이렇게 말했습니다.

> 이제부터 말씀드릴 시간과 공간의 개념은…… 아주 급진적입니다. 이제부터 공간이라는 개념과 시간이라는 개념은 그저 그림자가 되어 사라지고 말 겁니다. 독립적으로 실존할 수 있는 것은 시간과 공간을 합친 개념뿐입니다.

처음에 아인슈타인은 민코프스키가 자기 생각을 훔쳐가려 한다고 생각하고, 자신의 방정식에 기하학에 적용하려는 시도를 미심쩍어했지만, 곧 특수상대성이론을 더욱 많은 사람이 이해하려면 기하학은 필요한 장치라는 사실을 깨달았습니다. 민코프스키가 강연하고 얼마 되지 않아 아인슈타인은 취리히대학교University of Zurich 물리학과 교수로 와달라는 요청을 받습니다. 이번에는 보수가 있는 자리였습니다. 아인슈

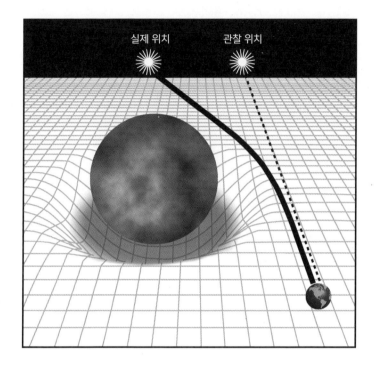

그림 7. 태양 때문에 구부러지는 항성의 빛 굴절 현상은 아인슈타인이
일반상대성이론으로 예측했다. 빛이 굴절되므로, 항성의 빛이 태양의 가장자리를
스치고 지나갈 때 하늘에서 보이는 항성의 위치는 조금 달라진다('실제 위치'가
아니라 '관찰 위치'에서 그렇게 보인다). 1919년에 아서 에딩턴은 일식이 일어날 때
항성을 관찰해 아인슈타인이 옳게 예측했음을 입증했다.

타인은 1909년 7월 6일에 특허청을 그만두고 나왔습니다.

그리고 머지않아, 아인슈타인에 대한 소문이 퍼져나가면서 아인슈타인은 여러 대학에서 온 요청을 거절해야 했습니다. 그런데 아인슈타인은 특허청을 그만두기 전부터 훗날 스스로 '인생에서 가장 행복한 생각'이라고 말한 생각을 하게 됩니다. 바로 자유낙하를 하는 사람은 중력을 느끼지 못하므로 자유낙하를 할 때는 함께 떨어지는 다른 물체들은 그 옆에서 둥둥 떠다니게 된다는 생각입니다. 이 생각을 하고 얼마 되지 않아 아인슈타인은 '등가원리principle of equivalence'를 생각해냅니다. 중력이 만드는 효과와 가속도가 만드는 효과는 구별할 수 없다는 등가원리는 우리가 중력을 이해하는 방식에 아주 커다란 영향을 미쳤습니다.

등가원리에 따르면 중력 때문에 빛은 굴절해야 합니다. 한 관찰자가 진공인 우주에 있는 로켓 안에 있다고 상상해봅시다. 이 로켓은 정지해 있거나 일정한 속도로 움직여야 합니다. 앞에서 본 것처럼 아인슈타인의 특수상대성이론에 따르면 로켓이 정지했는지 움직이는지를 구분할 방법은 없습니다. 그리고 로켓의 한쪽 벽에서 다른 쪽 벽으로 광선을 쏜다고 생각해봅시다. 로켓 안에 있는 관찰자에게나 로켓 밖에 있는 관찰자에게나 빛은 직선으로 움직이는 모습이 보일 것입니다.

그렇다면 이제 로켓이 가속운동을 한다고 생각해봅시다. 로켓 밖에 있는 관찰자에게는 광선이 직선이 아니라 곡선을 그리며 로켓 내부를 가로지르는 것처럼 보일 것입니다. 실제로 외부 관찰자에게 보이는 모습은 광선이 정확하게 포물선을 그리면서 나가는 것처럼 보일 것입니다. 갈릴레오의 발사체처럼 말입니다(1장 참고). 등가원리에 따라 가속도에서 사실인 것은 중력에서도 사실임을 알 수 있었으므로 아인슈타인은 중력은 빛을 굴절하게 한다고 예측했습니다.

'행복한 생각'을 좀 더 곰곰이 하다가 아인슈타인은 등가원리대로라면 중력은 시간의 흐름에도 영향을 미쳐야 함을 깨닫습니다. 한 사람이 우주에서 가속운동을 하는 로켓의 양쪽 끝에 서 있는 관찰자를 본다고 생각해봅시다. 그 사람은 로켓 뒤에 있는 관찰자가 로켓 앞에 있는 관찰자보다 시간이 좀 더 느리게 흘러가는 것으로 측정한다는 사실을 알 수 있을 것입니다. 등가원리에 따르면 강한 중력장의 영향을 받는 사람이 측정하는 시간은 약한 중력장의 영향을 받는 사람이 측정하는 시간보다 천천히 흘러갑니다. 중력이 시간을 늦추는 것입니다.

중력이 미치는 효과는 미묘해서 감지하기 어렵지만, 지구 위성항법시스템GPS을 활용할 때는 중력장이 시간에 미치는 영향력을 고려해야 합니다. 지구 주위를 도는 위성이 받는 중력은 지구 표면에 사는 우리가 받는 중력보다 약합니다. 위치를 추적할 때는 시간이 아주 중요합니다. 따라서 위치를 추적할 때는 인공위성의 시간은 우리보다 더 빨리 흐른다는 사실을 염두에 두어야 합니다.

중력에 관한 이런 생각들을 아인슈타인은 일반상대성이론이라는 이름으로 발표했습니다. '일반'이라는 명칭을 붙인 이유는 가속도가 있을 때도 발생하는 현상이라는 뜻이 담겨 있기 때문입니다. 특수 상대성은 속력이 일정할 때에만 성립합니다. 아인슈타인은 일반상대성이론을 즉시 발표하지 않고 8년을 묵혀둡니다. 중력에 관한 생각을 완벽한 이론으로 정립하려면 전적으로 새로운 수학을 익혀야 할 필요가 있었기 때문입니다. 1800년대 중반에 카를 프리드리히 가우스(Carl Friedrich Gauss, 1777~1855년)와 베른하르트 리만(Bernhard Riemann, 1826~1866년)이 발전시켰지만 아인슈타인에게는, 그리고 그 무렵 모든 물리학자에게는 생소했던 곡면 기하학이 바로 그 수학입니다.

특수상대성이론을 기하학으로 풀어 설명하려고 했던 민코프스키의 방법을 채택한 뒤에야 아인슈타인은 중력과 가속도가 동일한 현상임을 설명하려면 중력이 시공간이라는 구조를 형성한다고 주장하는 것이 가장 좋은 방법임을 깨달았습니다. 프린스턴대학교 물리학자 존 아치볼드 휠러(John Archibald Wheeler, 1911~2008년)가 언젠가 말한 것처럼 "물질은 공간이 어떻게 구부러졌는지를 알려주고, 공간은 물질이 어떻게 움직이는지 알려"줍니다(순수주의자라면 휠러는 '공간'이 아니라 '시공간'이라고 말해야 했다고 지적할 겁니다).

1907년에 행복한 생각을 하고 1915년에 일반상대성이론을 발표하는 사이에 아인슈타인의 인생에는 커다란 변화들이 있었습니다. 1910년 7월에는 둘째 아들 에두아르트Eduard가 태어났고, 1911년에는 취리히대학을 떠나 더 나은 조건으로 프라하대학University of Prague으로 옮겼습니다. 1912년에는 취리히 연방공과대학에서 변덕스러웠던 이 졸업생에게 모교 교수가 되어달라고 부탁해옵니다. 해마다 아인슈타인의 명성은 높아졌고, 유럽 전역에 있는 대학에서 그를 원했습니다.

1914년에는 막스 플랑크가 어떠한 비용이 들더라도 아인슈타인을 데려오라는 베를린대학Berlin University의 지령을 받습니다. 플랑크는 아인슈타인에게 환상적인 자리를 제안합니다. 엄청난 월급과 개인 연구소를 제공하는 것은 물론이고 연구에 집중할 수 있도록 수업은 하지 않아도 된다는 조건이었습니다. 플랑크와 베를린대학은 아인슈타인이 새로운 중력이론을 발표할 때 베를린대학 소속이기를 바랐습니다.

20세기 초반에 베를린대학은 물리학의 중심지였습니다. 독일로 돌아가는 것이 불안하기는 했지만, 아인슈타인은 1914년 봄에 취리히를 떠나 베를린으로 갑니다. 그리고 그 때문에 아인슈타인은 큰 대가를 치릅니다. 안 그래도 불안정했던 밀레바와의 결혼 생활이 완전히 무너진 것입니다. 밀레바와 아이들은 처음에는 아인슈타인을 따라 베를린으로 왔지만, 몇 달 뒤에는 스위스로 돌아가 버렸습니다. 두 사람의 결혼 생활은 사실상 끝나버린 것입니다.

베를린대학에 도착한 아인슈타인은 외부 간섭 없이 자신이 좋아하는 주제를 마음껏 연구할 자유를 달라고 주장했습니다. 하지만 베를린에 도착한 뒤 몇 달 지나지 않아 독일 정치는 분위기가 완전히 달라졌습니다. 제1차 세계대전이 발발한 뒤, 학계는 전쟁 준비에 협력하라는 압력을 받았고, 과학자들은 대부분 기꺼이 전시 체제에 협력했습니다. 저명한 독일 화학자 프리츠 하버(Fritz Haber, 1868~1934년)는 연합군 수십만 명의 목숨을 앗아간 독가스를 개발했고, 심지어 플랑크조차도 군부에 전적으로 협력했습니다. 유명한 과학자를 비롯한 유명 인사 아흔두 명과 함께 플랑크는 '문명사회에 고함manifesto to the civilised world'이라는 성명서에 서명합니다. 독일은 침략이 아니라 방어하고 있다는 것이 정확한 진실에 가깝다고 주장하는 성명서였습니다. 아인슈타인은 성명서에 서명하기를 거부했고, 그 때문에 동료들과는 멀어질 수밖에 없었습니다.

아인슈타인은 외롭게 혼자 살면서 취리히에 있는 아이들에게 양육비를 보냈습니다. 중력에 관한 이론에만 매달려 살면서 제대로 먹지 않아서 아인슈타인은 건강이 나빠지기 시작했습니다. 체중은 급격히 줄어들고, 검었던 머리는 새하얗게 변했습니다. 아인슈타인의 숙소에서 멀지 않은 곳에서 그의 사촌인 엘자Elsa가 두 딸과 함께 살았습니다. 그무렵에 이혼하고 혼자였던 엘자는 아인슈타인에게 계속 관심을 기울이면서 음식을 가져다주고, 아인슈타인이 더는 건강을 해치지 않도록 신경 썼습니다. 아인슈타인으로서는 강박적으로 일에 매달릴 가치가 있었습니다. 그 덕분에 특수상대성이론에 가속도를 포함하여 이론을 일반화할 수 있었고, 결국 중력을 해석하는 완벽하게 새로운 방식을 완성할 수 있었습니다.

아인슈타인은 일반상대성이론에 관한 강의를 1915년 11월에 프로이센과학학회Preußische Akademie der Wissenschaften에서 여러 차례 강연하면서 발표했고, 1916년에 논문으로 출간했습니다. 특수상대성이론보다 훨씬 본질적이라는 점에서 일반상대성이론이야말로 물리학의 진정한 이정표라고 말하는 사람이 많습니다. 하지만 아인슈타인이 특수상대성이론을 발표하지 않았다면 일반상대성이론을 생각해낼 수 있는 사람은 없었을 것입니다. 1904년에 앙리 푸앵카레가 시간 지연이라는 개념에 아주 가깝게 접근한 연구를 발표하기는 했습니다. 하지만 일반상대성이론은 그보다 훨씬 앞서 나간 개념입니다. 아인슈타인이 아니었다면, 아직도 시공간을 그런 식으로 설명하는 이론은 나오지 않았을 것입니다.

　과학 이론은 설명하는 범위 안에서 알려진 모든 현상을 설명할 수 있을 뿐 아니라 아직 관찰하지 못한 사건도 예측해야 합니다. 아인슈타인의 일반상대성이론이 받은 첫 번째 검증 시험은 수세기 동안 관측했지만 어째서 그런 현상이 일어나는지를 알 수 없었던 수성의 공전궤도 문제였습니다. 다른 모든 행성처럼 수성도 태양 주위를 타원궤도를 그리며 돕니다. 행성의 궤도에서 태양과 가장 가까운 지점을 '근일점 perihelion'이라고 합니다. 그런데 수성의 근일점은 계속해서 움직이므로 (이를 수성의 공전궤도 세차운동이라고 합니다) 수성의 공전궤도는 단 하나가 아니라 마치 꽃잎을 그리는 것처럼 여러 개의 타원으로 나타납니다. 행성의 공전궤도 세차운동은 다른 행성의 중력에 영향을 받아서 그런 운동이 생긴다고 볼 수 있는 경우도 있지만, 수성의 공전궤도 세차운동은 뉴턴의 중력 법칙으로는 설명할 수가 없었습니다.

　하지만 그때까지도 뉴턴의 중력 법칙은 엄청난 신뢰를 얻고 있었습니다. 어쨌거나 뉴턴의 중력 법칙은 1800년대 중반에 새로운 행성, 해왕성이 존재한다는 사실을 정확하게 예측했습니다. 천문학자들은 수성에는 보이지 않는 동반자가 있다고 주장했습니다. '벌컨Vulcan'이라고 불리는 이 보이지 않는 행성이 수성의 궤도에 영향을 미친다고 말입니다. 아인슈타인은 그때까지 수성의 궤도 문제를 알지 못했지만, 그 문제에 답을 해달라는 요청을 받았을 때 곧바로 자신의 이론이 예측하는 세차운동의 결과를 계산해냈습니다. 아인슈타인이 계산한 결과는 관찰 결과와 완벽하게 일치했습니다. 그런데 그것으로 끝이 아니었습니다.

제1차 세계대전이 벌어지는 동안 영국에서는 독일에서 발행하는 과학 잡지를 출간할 수 없었습니다. 그 때문에 영국 물리학자와 천체물리학자 들은 아인슈타인의 중력 이론을 알지 못했습니다. 하지만 1916년에 중립국 네덜란드에서 온 수학자 빌럼 데 시터르(Willem de Sitter, 1872~1934년)가 그 당시에 가장 저명했던 젊은 천문학자이자 케임브리지대학교 교수였던 아서 에딩턴Arthur Eddington에게 아인슈타인의 이론을 자세히 알려주었습니다. 에딩턴은 즉시 일반상대성이론을 받아들였습니다(아주 유명한 이야기가 있습니다. 훗날 한 기자가 에딩턴에게 이 세상에는 일반상대성이론을 아는 사람이 세 사람뿐이라고 하던데, 그 말이 사실이냐고 물었습니다. 그때 에딩턴은 이렇게 대답했다고 합니다. "도대체 세 번째 사람은 누구인가요?").

에딩턴은 일식이 일어날 때 태양 주위를 관찰하면 중력이 빛을 구부린다는 아인슈타인의 예측을 검증할 수 있음을 깨달았습니다. 태양이 항성의 빛을 굴절시킨다면, 일식 때 태양 바로 뒤에 있는 항성을 관측할 수 있을 것입니다. 에딩턴은 일식 때 그런 항성의 사진을 찍고 그 사진을 6개월 전에 미리 찍어 놓은 사진과 비교하면 일반상대성이론을 검증할 수 있다고 생각했습니다. 그는 1919년에는 5월 29일에, 브라질 일부 지역과 대서양 그리고 아프리카 대륙에서 일식을 관측할 수 있음을 알았습니다.

에딩턴은 왕립천문학회Royal Astronomical Society와 왕립학회에서 지원한 충분한 자금으로 탐사대를 두 팀 꾸려, 한 팀은 브라질의 소브라우Sobral로 보냈고 다른 팀은 아프리카 서쪽 해안에 있는 프린시페Príncipe

섬으로 보냈습니다. 일식이 일어나는 날, 프린시페 섬은 하늘에 구름이 가득 차서, 도저히 관측할 수 없을 것만 같았습니다. 그런데 개기일식이 거의 끝날 무렵, 갑자기 하늘이 맑게 개었습니다. 그 덕분에 에딩턴은 항성 사진을 몇 장 찍을 수 있었습니다. 케임브리지로 돌아온 에딩턴은 사진에 찍힌 항성의 위치를 비교하는 고된 작업에 착수했습니다.

그리고 1919년 11월 6일에, 왕립학회와 왕립천문학회가 공동으로 주최한 회의에서 에딩턴은 아인슈타인이 옳다고 선언했습니다(최근에 에딩턴이 불확실한 증거를 제시했다는 주장이 나오고 있지만, 그 뒤로 많은 실험이 아인슈타인이 옳음을 입증해주었습니다). 에딩턴의 선언은 신문에 실렸고, 하룻밤 사이에 당시 마흔 살이었던 아인슈타인은 유명 인사가 되었습니다.

일반상대성이론을 집필하면서 보낸 몇 년 동안 아인슈타인은 피폐해졌습니다. 몸무게는 25킬로그램 정도나 빠지고, 결국은 위궤양 때문으로 밝혀진 소화불량에 시달렸습니다. 서른다섯 살에는 무척이나 젊어 보였던 아인슈타인은 40대가 되어서는 자기 나이보다 훨씬 늙어 보였습니다. 1917년의 하반기에는 엘자의 보살핌을 받으며 거의 침대에서 누워 지내야 했습니다. 1917년 여름에 아인슈타인은 엘자가 사는 구역에 있는 아파트로 이사했지만, 몸은 쉽게 회복되지 않았습니다. 그는 거의 1년이 지난 그다음 해인 1918년 봄에야 집을 나설 수가 있었습니다.

몸은 아팠지만 아인슈타인과 엘자는 점점 더 가까워졌습니다. 1918년 여름이 되면 엘자는 아인슈타인과 좀 더 영구적인 관계를 맺고 싶어 합니다. 아인슈타인은 밀레바에게 이혼해달라고 편지를 썼습니다. 이혼 조건은 아인슈타인이 노벨상을 받으면 그 상금을 모두 밀레바에게 준다는 것이었습니다. 아인슈타인은 1910년부터 계속 노벨상 후보로 거론되고 있었으므로 노벨상 상금으로 위자료를 준다는 조건을 제시한 게 아주 뻔뻔한 일은 아니었습니다. 당시 노벨상 상금은 3만 스웨덴크로나로, 밀레바와 두 아들이 충분히 안락하게 생활할 수 있는 금액이었습니다. 아인슈타인은 1919년 2월에 밀레바와 이혼하고, 6월에 자신보다 세 살 많은 엘자와 결혼했습니다.

1915년 이후로 아인슈타인은 물리학에 그다지 큰 공헌을 하지는 못합니다. 하지만 광전자 효과를 연구한 뒤부터 아인슈타인은 광양자에 관한 관심을 잃지 않았고, 원자론도 계속해서 발전시켜 나갔습니다. 1916년에 그는 전자가 한 궤도에서 다른 궤도로 뛰어오를 때 생기는 현상을 예측함으로써 닐스 보어가 전자는 원자 내부에서 정해진 궤도를 돈다는 개념을 생각할 수 있게 해주었습니다. 전자가 도는 궤도를 물리학자들은 '에너지준위energy level'라고 부릅니다.

보어의 원자모형에서는 전자가 다른 전자와 충돌하거나 광자를 흡수하면 높은 에너지준위로 뛰어오를 수 있지만, 이 전자는 곧 낮은 에너지준위로 돌아가려고 합니다. 전자는 낮은 에너지준위로 돌아오면서 광자를 방출하는데, 그때 광자의 주파수는 두 에너지준위의 에너지 차와 관계가 있습니다. 에너지준위의 에너지는 플랑크가 1900년에 발표한 흑체복사 논문에서 소개한 $E=hf$ 방정식으로 구할 수 있습니다. 여기에 아인슈타인은 '유도방출stimulated emission'이라는 개념을 추가했습니다. 유도방출에서, 높은 에너지준위로 밀려 올라간 전자들은 적절한 주파수의 빛을 쪼이면 낮은 에너지준위로 내려가면서 에너지를 방출해 원자를 통과하는 빛을 증폭합니다. 이것이 바로 레이저laser의 기본 원리입니다(레이저는 복사선의 유도방출에 의한 광증폭Light Amplification by Stimulated Emission of Radiation의 약자입니다).

결국, 아인슈타인은 1922년에 광전자 효과를 밝힌 공로로 노벨상을 받습니다. 상대성이론으로 노벨상을 받지 못한 이유는 그때만 해도 스웨덴학회에는 그 이론을 제대로 이해하는 사람이 없었기 때문일 것입니다. 1924년 여름에 아인슈타인은 맹렬하게 연구에 매진했고, 마지막으로 물리학에 위대한 공헌을 합니다.

발단은 젊은 인도 과학자 사티엔드라 보스(Satyendra Bose, 1894~1974년)가 보낸 한 통의 편지였습니다. 보스는 아인슈타인에게 빛이 파동처럼 행동한다고 가정하지 않고도 흑체복사를 설명하는 플랑크 방정식을 유도하는 새로운 방법을 알려주었습니다. 보스는 빛을 광자가 모인 기체라고 가정하고, 새로운 통계학을 활용해 플랑크 방정식을 끌어냈습니다. 아인슈타인은 보스의 방법을 개선하고 수정해 적용 범위를 넓혔습니다. 아인슈타인과 보스가 세운 이 새로운 체계를 지금은 '보스·아인슈타인통계Bose-Einstein statistics'라고 부릅니다. 보스·아인슈타인통계는 '보손boson'의 움직임을 기술합니다(유럽원자핵공동연구소CERN 때문에 보손 가운데 가장 유명한 것은 힉스Higgs 입자가 되었지만, 사실 광자도 보손입니다. 보손은 강한 핵력과 약한 핵력을 운반하는 매개 입자입니다).

두 사람의 연구 덕분에 물리학계는 광자라는 개념을 받아들입니다('광자'라는 용어는 1926년에 미국 화학자 길버트 루이스(Gilbert Lewis, 1875~1946년)가 만들었습니다).

이제 아인슈타인은 물리학계의 원로가 되어 새로 발표하는 이론을 평가하고 조언해주는 역할을 하게 되었습니다. 그는 1923년에 루이 드 브로이(Louis de Broglie, 1892~1987년)가 발표한 '파동·입자 이중성wave-particle duality'을 강하게 옹호하면서, 1925년에 발표한 자신의 논문에서 드브로이의 생각에 찬사를 늘어놓았습니다. 하지만 드브로이의 파동·입자 이중성이 시간이 흐르면서 점점 더 완벽한 양자역학으로 성장하는 동안 아인슈타인은 계속해서 주류에서 바깥쪽으로 밀려날 수밖에 없었습니다. 앞으로 8장에서 알게 되겠지만, 아인슈타인은 결국 양자역학에 존재하는 통계적 성질에 찬성하지 않았습니다. 양자역학에 반대하면서 그가 했다는 "신은 주사위 놀이를 하지 않는다."라는 말은 정말 유명합니다. 1920년대 말이 되면 아인슈타인의 생각은 양자역학의 토대를 세운 닐스 보어와는 상당히 달라집니다.

아인슈타인에게는 과학 말고도 또 다른 걱정이 있었습니다. 나치의 힘이 점점 더 커지면서 아인슈타인은 자신이 유대인이라는 사실을 걱정해야 했습니다. 1931년에 미국 교육학자 에이브러햄 플렉스너(Abraham Flexner, 1866~1959년)는 새로 생긴 과학 연구의 중심지에서 근무하게 되는데, 그는 전 세계에서 뛰어난 과학자들을 자신이 근무하는 곳으로 불러 모으고 싶었습니다. 1932년에 플렉스너는 캘리포니아공과대학Caltech, California Institute of Technology을 방문했고, 그 대학교 총장이자 노벨상 수상자인 로버트 밀리컨을 만났습니다. 그때 밀리컨은 아인슈타인이 캘리포니아공과대학에 부임해왔으면 좋겠다고 말하면서, 아인슈타인 같은 명사가 온다면 크나큰 명예일 거라고 말하는 실수를 저질렀습니다(밀리컨의 실수는 아인슈타인 영입을 위한 경쟁에서 플렉스너가 서두르는 원인이 된다. 만약 플렉스너가 서두르지 않았다면, 아인슈타인은 나치 정권에서 큰 곤란을 겪을 수도 있었다-옮긴이).

몇 주 뒤에 플렉스너는 아인슈타인을 찾아갔고, 잠깐 옥스퍼드에 머물면서 아인슈타인을 미국으로 데려가려고 애썼습니다. 자신이 근무하는 새로 설립한 연구소를 이끌어 달라고 부탁하면서 말입니다. 아인슈타인은 호기심은 보였지만 플렉스너의 제안을 아주 진지하게는 생각하지 않았습니다. 하지만 플렉스너는 포기하지 않았고, 몇 달 뒤에 다시 아인슈타인을 찾아갔습니다. 그리고 이번에는 아인슈타인을 설득했습니다. 1933년 가을에 아인슈타인은 플렉스너가 근무하는 프린스턴 고등연구소Institute for Advanced Study에서 일하기로 합니다. 베를린과 프린스턴을 오가며 연구할 생각으로 말입니다.

1932년 12월 10일에 아인슈타인과 엘자는 독일을 떠나 먼저 캘리포니아공과대학에 도착했습니다. 그리고 두 달도 되지 않아, 히틀러가 독일 총리로 선출되었습니다. 아인슈타인은 이제 더는 독일에서 안전하게 살 수 없음을 알았습니다. 그가 캘리포니아공과대학에 머물던 1932년부터 1933년까지의 겨울에 독일인들은 아인슈타인의 집을 약탈하고, 아인슈타인의 책을 모두 공개적으로 불태워버렸습니다. 아인슈타인이 다시 유럽으로 돌아갔을 때, 그가 갈 수 있는 곳은 독일이 아니었습니다. 아인슈타인은 옥스퍼드를 방문한 뒤에, 벨기에 해변에 있는 휴양 도시 르코크수메르Le Coq sur Mer에 가겠다고 선언했지만, 나치가 그러면 가만히 있지 않겠다고 위협했으므로 결국 집으로는 갈 수 없었습니다. 1933년 10월 7일에 아인슈타인은 프린스턴에 정착하려고 미국으로 떠났고, 죽을 때까지 프린스턴에 머물렀습니다.

20년이 넘는 세월을 프린스턴 고등연구소에서 보내면서 아인슈타인은 물리학에 이바지할 그 어떤 위대한 발견도 하지 못했습니다. 그는 그저 중력과 전자기를 통합하는 무의미한 연구에 매달려 지냈습니다. 하지만 과학계에서 아인슈타인의 영향력은 절대 줄어들지 않았습니다. 유진 위그너(Eugene Wigner, 1902~1995년)와 레오 실라르드가 추축국을 물리치려면 미국이 원자폭탄을 개발할 필요가 있음을 깨달았을 때, 두 사람은 아인슈타인이라면 루스벨트 대통령에게 편지를 보내 원자폭탄을 개발하도록 설득할 수 있으리라고 생각했습니다.

엘자가 죽은 1936년부터 아인슈타인이 세상을 떠나는 1955년까지 아인슈타인을 돌본 사람은 철저하게 상사의 사생활을 지켜준 그의 비서 헬렌 듀카스Helen Dukas였습니다. 그 때문에 헬렌이 세상을 떠난 1982년까지 첫째 딸 리제를이 있었는데 태어나자마자 입양됐다는 이야기 등 아인슈타인의 사생활은 거의 세상에 알려지지 않았습니다.

제2차 세계대전이 끝난 직후에 이스라엘은 아인슈타인에게 초대 대통령이 되어달라고 요청하지만, 아인슈타인은 거절합니다. 그리고 그때쯤이면 아인슈타인은 건망증 심한 교수의 대명사가 됩니다. 그를 생각하면 딱 떠오르는 산발한 흰머리에 양말을 신지 않는 아인슈타인 말입니다. 원래 양말은 어느 날 우연히 신는 걸 잊은 것뿐이지만, 그 뒤부터는 필요가 없어서 신지 않기로 마음먹은 것입니다. 아인슈타인은 역사적으로 가장 유명한 과학자이며, 시간과 공간이라는 개념을 완전히 뒤집어엎은 사람입니다. 하지만 엄청난 천재였던 아인슈타인도 양자물리학을 완전하게는 받아들이지 않았습니다. 다음 장에 나오는 덴마크 물리학자 닐스 보어가 제안하고 이끈 혁명적인 이론을 말입니다.

8장

닐스 보어

아인슈타인과 뜨겁게 논쟁한
양자역학의 교황

Niels Bohr

닐스 보어는 덴마크의 이론물리학자다. 물리학에 기여한 공로로 평생 카를스베르(Carlsberg, 칼스버그)에서 공급하는 라거 맥주를 무료로 마실 수 있었던 사람으로, 아마도 그런 특권을 누린 유일한 물리학자였을 것이다. 보어는 몇몇 사람과 함께 양자론의 무작위성을 두고 아인슈타인과 벌인 사고실험에서 아인슈타인이 틀렸음을 입증했다. 위대한 물리학자 톱10에서 2위를 차지한 보어를, 너무 높게 평가했다고 생각하는 사람도 있을 것이다. 하지만 독일 이론물리학자 베르너 하이젠베르크를 비롯해 양자역학의 발전에 이바지한 물리학자들은 당연한 결과라고 말할 것이다. 하이젠베르크는 이렇게 말했다. "보어가 우리 시대 (20세기) 물리학과 물리학자들에게 미친 영향은 그 누구보다도, 심지어 아인슈타인보다도 크다."

보어는 1885년 10월 7일에 코펜하겐에서 태어났습니다. 그의 아버지 크리스티안Christian은 코펜하겐대학교Københavns Universitet 생리학과 교수로, 호흡계의 화학작용을 밝힌 공로로 거의 노벨상을 받을 뻔한 사람입니다. 보어의 어머니 엘렌Ellen은 저명한 은행가와 정치인을 많이 배출한 유대인 가문 출신이었습니다. 보어는 누나인 제니Jenny와 보어보다 열여덟 달 뒤에 태어난 남동생 하랄Harald과 함께 진보적이고 자유롭고 지적인 집안에서 자랐습니다. 하랄과 보어는 코펜하겐에 있는 저명한 가멜홀름인문고등학교Gammelholm gymnasium에 입학했습니다. 경쟁심이 강했던 하랄은 고등학교를 졸업할 무렵에는 보어를 따라잡았고, 대부분 과목에서 보어보다 잘할 때가 많았습니다. 내성적인 보어와 달리 재치 있고 명랑했던 하랄은 유명한 국가 대표 축구 선수이자 뛰어난 수학자였습니다.

보어 형제는 당연히 형제로서 서로 경쟁했던 것으로 보이지만, 둘 사이가 나빴던 적은 한 번도 없었습니다. 아마도 하랄은 수학에 매진하고 보어는 물리학에 집중했기 때문일 것입니다. 보어 형제는 서로 다른 학문을 하면서, 경쟁하지 않고 서로 돕기도 하고 조언해주기도 했습니다. 두 사람의 누나 제니는 코펜하겐대학교에서 공부한 뒤에 옥스퍼드에서 공부했고, 덴마크에 돌아와서는 훌륭한 교사가 되었습니다. 평생 결혼하지 않았던 제니는 말년에 심각한 정신병을 앓았습니다. 제니의 사망 증명서에는 '조울병에 의한 조증 기간 증상' 때문에 사망했다고 적혀 있습니다.

1903년에 하랄과 보어는 코펜하겐대학교에 입학했습니다. 보어 형제는 지금도 아베AB라는 이름으로 덴마크 2부 리그에 출전하는 코펜하겐대학교 축구부 아카데미스크 볼크룹에 들어갑니다. 보어는 골키퍼였으므로 경기장 반대편에서 경기가 벌어지는 동안 자기 편 골대 옆에 서서 계산하면서 시간을 보냈습니다. 정신을 다른 곳에 팔고 있었으므로 상대편 공격수들이 갑자기 치고 들어오면 골을 잡지 못해 실점할 때도 있었습니다. 이런 형과 달리 하랄은 뛰어난 축구 선수였습니다. 그는 1908년에 열린 올림픽 축구 시합에 덴마크 국가 대표로 출전했습니다. 하랄이 출전한 덴마크 팀은 준결승에서 프랑스를 맞아 17대 1로 크게 승리했지만, 결승전에서는 영국을 상대로 0대 2로 졌습니다.

얼마 되지 않아 친구들은 보어 형제를 천재라고 부릅니다. 아주 어렸을 때부터도 보어는 엄청난 독서광이었는데, 대학에 들어간 뒤로는 최신 물리학의 발전을 따라잡으려고 엄청나게 노력했습니다. 세밀하고 꼼꼼한 보어는 교재에서 틀린 점을 잡아내는 학생이라는 명성을 얻었습니다. 대학생이 되어서도 보어 형제는 계속해서 부모님 집에서 살았는데, 그 덕분에 정기적으로 덴마크에서 가장 유명한 지식인들과 저녁을 함께 먹었습니다. 보어의 아버지는 식사를 마치면 손님들과 함께 토론했고, 보어 형제는 조용히 그 옆에서 경청할 수 있었습니다. 훗날 보어가 철학 논쟁을 좋아하게 된 이유는 그때의 경험 때문임이 분명합니다.

대학교 졸업 학기였던 1907년에 보어는 졸업 시험을 준비하면서도 덴마크왕립과학및문학학회Kongelige Danske Videnskabernes Selskab에 '물의 표면 장력'에 관해 쓴 논문을 제출했습니다. 꼼꼼하게 실험하고 결과를 정리한 그 논문으로 보어는 금메달을 받습니다. 사실 보어는 자칫하면 학회가 정한 논문 마감일을 맞추지 못할 뻔했습니다. 하랄이 원고를 대필한 것도 그 이유 가운데 하나인데, 보어의 회고록을 보면, 보어는 너무 바빠서 자기가 쓴 원고를 깨끗하게 정서할 시간이 없었던 것 같습니다.

왕립과학학회 수상 논문을 쓸 때 보어는 물줄기 표면에서 발생하는 진동을 정확하게 측정했습니다. 실험할 때마다 보어는 직접 지름이 1밀리미터도 되지 않는 물줄기를 만들었습니다. 유리로 만든 노즐을 직접 입에 대고 불었고, 일정한 시간 간격을 두고 물줄기의 같은 지점을 끊고 사진을 찍어 물줄기가 잘린 부분의 길이를 측정함으로써 물줄기의 속도를 쟀습니다. 물줄기 표면에서 발생하는 진동도 사진을 찍어 측정했습니다. 외부에서 오는 진동을 최소화하고자 대부분 차량이 가장 적게 움직이는 이른 아침에 실험했습니다.

1909년이 되면 보어는 박사 논문을 쓰기 시작합니다. 논문 제목은 「금속의 전자론An Investigation into the Electron Theory of Metals」이었습니다. 전자는 러더퍼드의 상사이자 영국 물리학자였던 케임브리지의 조지프 존 톰슨이 십여 년 전에 발견했습니다(6장 참고). 톰슨의 실험으로 전자는 음전하를 띠며, 전자의 질량은 가장 가벼운 원소인 수소보다도 수천 배 가볍다는 사실이 알려졌습니다. 톰슨은 원자는 양전하를 띤 '케이크'에 음전하를 띤 전자가 곳곳에 박혀 있어 전체적으로는 중성을 띤다는 '건포도 푸딩' 원자모형을 발전시켰습니다.

그때까지 과학자들은 금속의 자기 현상 등을 설명할 때는 톰슨의 원자모형을 수정해 설명했습니다. 양전하를 띤 이온 격자 안에 전자 기체가 있다고 말입니다. 하지만 보어는 박사 논문에서 그런 금속 전자설은 적절하지 않다고 했습니다. 이 문제를 피해갈 수 있는 가장 확실한 방법은 전자의 존재 자체에 의문을 제기하는 것입니다. 하지만 보어는 전혀 다른 방법으로 문제를 해결했습니다. 보어에게는 엄청나게 독창적으로 문제를 해결하는 굉장한 능력이 있음을 보여주면서 말입니다.

보어는 금속을 전기장에 놓으면 금속의 전자설이 전혀 성립하지 않는다고 주장하면서, 아원자 세계sub-atomic world를 설명할 때는 기존 물리학과는 전혀 다른 새로운 물리학이 필요하다고 했습니다. 보어는 박사 학위 논문에서 새로운 이론을 제시하지는 않았지만, 주장을 뒷받침하는 계산 결과가 확실하고 논리적이었으므로 1911년에 박사 학위를 받을 수 있었습니다. 1년 동안 해외에 나가 공부할 수 있는 카를스베르 장학금을 받은 보어는 전자를 발견한 톰슨 밑에서 배우려고 케임브리지에 있는 캐번디시연구소로 갔습니다.

하지만 안타깝게도 케임브리지에서의 생활은 보어의 생각처럼 흘러가지 않았습니다. 톰슨은 유명한 연구소로 찾아온 박사 후 연구원들을 만날 시간이 거의 없었습니다. 게다가 보어의 영어는 형편없어서 톰슨은 제대로 용어도 구사하지 못하고 말까지 더듬는 보어를 참지 못하고, 이내 흥미를 잃고 말았습니다. 예를 들어 보어는 전기를 주제로 토론할 때 "전하를 띤다."라고 말하지 않고 "전기를 탑재한다."라고 말했는데, 톰슨은 덴마크 젊은이가 하는 말을 제대로 이해하려고 자신의 시간을 내주거나 인내심을 발휘할 마음이 전혀 없었습니다. 무엇보다도 곤란했던 건 톰슨이 보어의 말을 막고 보어의 생각은 쓰레기라고 무시해버린 뒤에, 제대로 된 용어로 처음부터 다시 이야기해보라고 재촉하는 것이었습니다.

영국에서 보어는 요령 있게 행동하는 법도 배워야 했습니다. 대학 시절에 교재에서 잘못된 부분을 찾던 버릇을 버리지 못하고 보어는 위대한 톰슨이 진행한 연구도 지적했습니다. 보어는 틀린 지적은 하지 않았지만, 그 정도가 너무 심해서 톰슨이 화를 낼 정도였으므로 결국 보어는 다른 갈 곳을 찾아야 할 정도였습니다. 하지만 보어는 계속 영국에 머물고 싶었습니다. 결단력에서 또 보어를 따를 사람은 없었습니다. 보어는 영어·덴마크어 사전을 옆에 끼고 찰스 디킨스의 작품을 직접 영어로 읽으면서 영어 실력을 향상해 나갔습니다.

1911년 10월에 보어는 캐번디시연구소에서 여는 연례 만찬에 참석했는데, 만찬이 끝난 뒤에는 어니스트 러더퍼드의 강연을 들었습니다. 1911년에 러더퍼드는 맨체스터대학교Manchester University 물리학과 학장이 되었습니다. 보어는 러더퍼드의 강연에 깊은 감명을 받았고, 강연이 끝난 뒤에 보어와 대화를 나눈 러더퍼드는 보어의 열정과 활기에 깊은 인상을 받았습니다. 이 한 번의 대화로 러더퍼드는 보어가 엄청난 잠재력이 있는 청년임을 알아보았습니다. 러더퍼드는 그때 "이 덴마크 청년은 내가 만났던 그 어떤 사람보다도 똑똑하다."라고 했습니다.

그 무렵에 러더퍼드는 원자의 핵을 발견했고, 그 덕분에 톰슨의 건포도 푸딩 원자모형과는 전혀 다른 원자모형을 제시할 수 있었습니다 (6장 참고). 러더퍼드의 원자모형은 태양계와 비슷해서 '태양계 원자모형'이라고 부릅니다. 태양계 원자모형에서는 음전하를 띤 전자가 양전하를 띤 원자핵 주위를 도는데, 원자 한가운데 있는 작은 핵이 원자의 질량 대부분을 차지합니다. 러더퍼드의 원자모형에는 문제점이 하나 있는데, 바로 원자핵 주위를 돌면서 가속운동을 하는 전자는 결국 전자기파를 모두 방출하고 원자핵으로 떨어져야 한다는 것입니다.

러더퍼드는 보어를 맨체스터에 있는 연구소로 초대했는데, 케임브리지에서의 생활에 넌더리가 난 보어는 그 초대를 받아들입니다. 1912년에 보어는 짐을 싸고 이제 막 싹이 트기 시작하는 러더퍼드의 연구소로 가려고 북쪽으로 출발했습니다. 두 사람은 곧 친밀해졌고, 보어는 러더퍼드에게 자기가 전자궤도의 수수께끼를 풀어보고 싶다고 말합니다. 보어는 전자가 원자 중앙에 있는 핵에 충돌하지 않는 이유를 알고 싶었습니다. 러더퍼드는 그 문제는 너무나 어려워서 쉽게 풀리지는 않으리라고 생각했지만, 보어의 재능이 뛰어나다는 것을 알았으므로 이 젊은이가 어려운 문제를 어떤 식으로 풀어내는지 한번 지켜보기로 했습니다.

보어는 전자가 에너지를 밖으로 방출하지 않고도 전자궤도를 도는 방법을 찾아 나섰습니다. 물리학으로 학사 학위를 받은 보어였지만, 분광학(分光學, 빛의 스펙트럼을 해석하여 물질의 성질에 대해 연구하는 광학의 한 분야-옮긴이)에 관해서는 거의 아는 것이 없었습니다. 그때는 분광학이 전적으로 화학의 영역이었기 때문입니다. 1800년대 중반이 되면 과학자들은 원소는 저마다 독특한 스펙트럼을 나타낸다는 사실을 알게 됩니다. 염을 불꽃으로 태울 때 방출되는 빛이 분광기를 통과하면 원소에 따라 각기 다른 스펙트럼이 나타납니다. 헬륨 원소가 지구에도 있다는 것이 밝혀지기 훨씬 전에, 과학자들은 태양 빛을 분광기에 통과시키다가 우연히 헬륨을 발견했습니다(헬륨이라는 이름은 그리스어로 태양신을 뜻하는 '헬리오스Helios'에서 왔습니다).

보어는 직감적으로 원소마다 다르게 나타나는 스펙트럼이 원자의 구조에 관한 본질적인 정보를 제공해주리라는 것을 알았습니다. 그래서 분광학 문헌을 조사했습니다. 당시에 가장 잘 알려진 스펙트럼은 수소 스펙트럼이었습니다. 그리고 1885년에 스위스 교사 요한 발머(Johann Balmer, 1825~1898년)가 기존에 관측한 스펙트럼 결과에 꼭 들어맞는 실험식을 고안했습니다. 발머의 방정식은 관측 결과와 일치했지만, 왜 그런지 이유를 아는 사람은 아무도 없었습니다.

보어가 관습에 얽매이지 않고 자유롭게 생각하는 능력을 발휘한 것이 바로 이 지점입니다. 발머 방정식을 가지고 한동안 고민하던 보어는 플랑크가 흑체복사에서 광양자를 설명하고, 아인슈타인이 광전자 효과를 설명하려고 도입했던 상수 h를 사용하여 발머 방정식을 다시 쓸 수 있음을 깨달았습니다. 보어는 수소의 스펙트럼은 플랑크와 아인슈타인의 양자론과 관계가 있다고 생각했습니다.

보어가 그다음으로 할 일은 실제로 무슨 일이 일어나는지를 알아내는 것이었습니다. 고전물리학에 따르면 전자는 가속도가 일정하므로 오직 한 가지 주파수만을 방출해야 합니다. 하지만 실제로는 빨간빛을 방출할 때도 있고, 초록빛이나 파란빛을 방출할 때도 있습니다. 보어는 전자가 다른 궤도에서 원자핵 주위를 돌 수 있다면 어떤 궤도에 있느냐에 따라 다른 주파수를 방출할 수 있음을 깨달았습니다. 궤도 반지름이 크면 전자는 높은 주파수를 방출하므로 파란빛이 나오고, 궤도 반지름이 작으면 낮은 주파수를 방출하므로 빨간빛이 나옵니다. 보어는 그 관계를 재빨리 알아챘습니다. 수소 스펙트럼에 나타나는 선들은 다양한 전자궤도를 나타낼지도 모른다는 사실을 말입니다.

그렇다면 전자궤도는 무엇일까요? 전자궤도의 크기는 어떻게 결

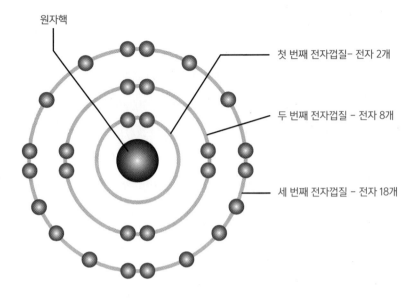

원자핵

첫 번째 전자껍질- 전자 2개

두 번째 전자껍질 - 전자 8개

세 번째 전자껍질 - 전자 18개

그림 8. 보어의 원자모형 모식도. 보어는 전자는 특정 궤도만을 차지할 수 있다고 주장했고, 뒤에는 어떠한 궤도에든 전자는 최대 2개만이 존재할 수 있다고 주장했다. 그 말은 첫 번째 전자껍질에는 전자가 최대 2개까지 들어갈 수 있고, 두 번째 전자껍질에는 전자가 최대 8개까지 들어갈 수 있다는 뜻이다(두 번째 전자껍질에는 궤도가 4개까지 있을 수 있다). 보어의 원자모형은 원자의 방출스펙트럼과 흡수스펙트럼을 설명할 수 있을 뿐 아니라 화학원소의 주기율표도 설명할 수 있다.

정할까요? 원운동을 하는 물체에는 각운동량(angular momentum, 회전운동을 하는 물체의 운동량으로, 물체의 운동량에 물체와 회전축 사이의 거리를 곱한 값이다-옮긴이)이 있습니다. 보어는 각운동량에 궤도의 원주와 플랑크 상수와 관계가 있는 특정한 값을 부여하면 어떤 일이 생기는지 알아보기로 했습니다. 보어가 생각했던 숫자들을 대입하자, 모든 것이 정확하게 들어맞았습니다. 보어는 전자는 보어 자신이 '허용된 상태allowed states'라고 부른 특정한 궤도에서만 원자핵 주위를 돌 수 있다는, 전혀 다른 전제로 발머 방정식을 이끌어 냈습니다. 보어는 빛은 양자화되어 방출되거나 흡수된다는 기존 개념을 확장해 원자의 구조도 양자화되어 있다고 주장했습니다.

1912년 여름이 끝나갈 무렵에 보어는 맨체스터를 떠나 덴마크로 돌아갔고, 그전 여름에 만난 마르그레테 뇌르룬Margarethe Nørlund이라는 학생과 결혼했습니다. 보어는 곧 코펜하겐대학교 부교수가 되었지만, 맨체스터 연구소와는 계속 가까운 관계를 유지하면서 떠오르는 생각들을 자주 러더퍼드에게 편지로 알렸습니다. 그는 전자궤도의 양자화에 관한 논문을 써나가기 시작했습니다. 그런데 보어는 지독할 정도로 천천히 글을 쓰는 사람이었습니다. 그는 만족할 때까지 초안만 수십 번 작성했습니다. 그리고 초안이 나올 때마다 러더퍼드에게 보내서, 결국 러더퍼드도 그 과정에서 인내심을 잃고 말았습니다.

1913년 3월에 보어는 러더퍼드에게 원고를 보냈습니다. 러더퍼드가 마지막이기를 바라는 원고를 말입니다. 한 줄 한 줄 꼼꼼하게 읽은 러더퍼드는 보어에게 답장을 썼습니다. "내가 내 판단에 따라 자네 논문에서 필요 없다고 생각하는 부분을 잘라내도 별다른 반대는 없으리라고 생각하네." 보어는 그 날로 코펜하겐에서 영국으로 출발하는 배를 잡아타고 맨체스터로 갔고, 다음날 낮부터 밤까지 자신의 논문을 방어했습니다. 보어는 맹렬하게 러더퍼드에게 의견을 피력하면서 자신이 쓴 문장이 왜 필요한지를 하나하나 설명해나갔습니다. 결국, 러더퍼드는 보어의 공격에 두 손을 들고, 논문을 처음 그대로 제출하는 데 동의했습니다. 논문은 《철학 잡지*Philosophical Magazine*》에 발표했고, 엄청난 반향을 불러일으켰습니다.

갑자기 보어는 물리학자 대부분에게는 말도 되지 않는 원자론을 발표한, 원자계의 제멋대로인 아이로 취급을 받았습니다. 광양자라는 개념을 받아들인 물리학자는 별로 없었고, 광양자라는 개념을 원자의 구조에 적용한다는 생각에도 물리학자들은 심드렁했습니다. 많은 과학자가 양자는 플랑크와 아인슈타인이 만든 독일 발명품이라고 생각했고, 대부분은 상상의 산물이라고 무시했습니다. 심지어 독일 과학자도 양자라는 개념에 반대하는 사람이 많았습니다. 독일 이론물리학자 막스 폰 라우에(Max von Laue, 1879~1960년)는 보어의 생각에 반대하면서 "이 이론이 옳다면 난 물리학을 그만둘 거다."라고 말했습니다. 다행히 그런 과격한 행동은 하지 않았지만 말입니다.

많은 사람이 보어의 이론에 반대했는데, 그 이유는 보어가 각운동량 같은 고전물리학과 양자론을 결합했기 때문입니다. 하지만 보어의 원자모형은 수소의 스펙트럼에서 관찰되는 빨간색, 초록색, 파란색 선에 관한 발머 방정식을 설명할 수 있었고, 그것을 반박할 수 있는 사람은 거의 없었습니다. 그러니까 수소의 스펙트럼을 좀 더 자세히 관찰해 보어의 원자모형으로는 예측할 수 없는 특징들을 더 찾아내기 전까지는 말입니다.

수소 스펙트럼에 나타나는 빨간색, 초록색, 파란색 선은 단일한 선이 아니었습니다. 좀 더 해상도를 높이자 하나의 선으로 보였던 선들이 가까이 붙어 있는 여러 선으로 나누어졌습니다. 이는 보어의 원자모형으로는 설명할 수 없는 특징이었습니다. 양자론의 초기 지지자 가운데 한 명이었던 독일 물리학자 아르놀트 조머펠트(Arnold Sommerfeld, 1868~1951년)는 특수상대성이론을 전자의 궤도에 도입해서, 전자궤도가 반드시 원형일 이유는 없음을 밝혔습니다. 전자궤도는 타원형일 수도 있었습니다. 조머펠트는 여러 선이 나타나는 이유를 설명했고, 그 덕분에 보어의 원자모형은 살아남을 수 있었습니다.

하지만 많은 과학자가 궤도를 양자화한다는 생각에는 곤란해했습니다. 고전물리학과 양자론 사이에 존재하는 본질적 차이는 극복할 수 없는 것처럼 보였습니다. 더구나 보어와 조머펠트가 완성한 원자모형은 수소의 스펙트럼만을 예측할 수 있었을 뿐 다른 원소에는 들어맞지 않았습니다. 보어는 자신의 원자모형을 확장하려고 엄청나게 복잡한 계산을 해가면서 노력했지만, 도무지 진척이 없었습니다. 보어는 코펜하겐대학에서 학생도 가르쳐야 했으므로 매일매일 완전히 녹초가 되었습니다. 그 때문에 1914년에 러더퍼드가 맨체스터에서 강의는 맡지 않고 전적으로 연구만 할 수 있는 자리를 제안했을 때 보어는 재빨리 받아들였습니다.

보어가 맨체스터에서 근무하기 직전에 독일과 영국은 전쟁을 시작했습니다. 덴마크는 중립 지역이었지만, 독일과 영국 군함이 북해 영해권을 놓고 덴마크 해안에서 싸우고 있었습니다. 하지만 중립국 선박은 안전하게 통과할 수 있었으므로 보어는 여객선을 타고 영국으로 건너가 맨체스터로 갈 수 있었습니다. 하지만 항해는 쉽지 않았습니다. 보어와 그의 아내는 폭풍과 안개 때문에 먼 길을 돌아 간신히 스코틀랜드 해안에 도착했습니다.

전쟁 중이었지만 독일 과학자들의 소식이 맨체스터에 전해졌으므로 보어는 조머펠트를 비롯한 독일 과학자들이 자신의 원자모형으로 엄청난 이론적 예측들을 끌어냈음을 알았습니다. 보어의 원자모형은 여전히 의문으로 남아 있었지만, 그것이 원자에 관해 많은 것을 알려주며 실험 결과와 훌륭하게 일치한다는 사실은 보어의 원자모형을 폐기하면 안 된다는 뜻이었습니다. 보어는 조머펠트 연구팀이 끌어낸 이론적 예측에 신이 났고, 직접 예측을 검증하는 실험을 해보기로 마음먹습니다. 실험하려면 복잡한 장비가 필요하므로 보어는 러더퍼드에게 부탁해 실험 장비를 구했습니다. 하지만 안타깝게도 보어가 빌린 장비는 불에 타버렸고, 그 때문에 사람이 직접 불어서 만든 복잡한 장비는 깨진 유리 파편 더미로 변해버렸습니다.

다시 실험가가 되려고 했던 보어의 결심은 허무하게 끝이 났지만, 이론가로서 내놓은 보어의 연구 성과를 받아들이는 사람은 점점 더 늘어갔습니다. 덴마크 정부는 자국의 천재를 맨체스터에 빼앗길 수 없다고 생각했습니다. 코펜하겐대학은 당시 서른 살이었던 보어를 고국으로 돌아오게 하려고 교수직을 제안하고, 이론 연구를 할 수 있는 특별 연구소를 세울 기금도 마련해주겠다고 약속했습니다.

그래서 1916년에 보어와 아내는, 여전히 독일과 영국이 유틀란트 반도 해안에서 싸우는 동안 위험한 항해 끝에 코펜하겐으로 돌아왔습니다. 이 무렵, 보어의 아내 마르그레테는 임신하고 있었습니다. 코펜하겐에 돌아오고 몇 달 뒤에 첫째 아들이 태어났습니다. 보어는 그 아들의 이름을 러더퍼드를 만나기 몇 달 전에 죽은 자기 아버지 이름을 따서 크리스티안이라고 지었습니다. 효율적이면서도 행복했던 러더퍼드의 연구소에 깊은 감명을 받았던 보어는 러더퍼드의 연구소를 모델로 자기 연구소를 만들었습니다. 그리고 몇 년 안에 보어의 연구소는 양자론이 성장하는 지적 중심지가 되었습니다.

보어는 격식을 따지지 않는 사람이었습니다. 이 때문에 코펜하겐 대학교 교수가 되었을 때 난처한 일을 겪기도 했습니다. 새로 임명된 교수는 누구나 모닝코트를 입고 흰 장갑을 끼고 덴마크 국왕을 알현해야 했습니다. 보어를 만난 덴마크 왕은 보어와 악수를 나누면서 위대한 축구 선수를 만나 영광이라고 말했습니다. 그러자 보어는 자국 군주에게 덴마크를 위해 축구 시합에 나간 사람은 자기가 아니라 동생 하랄이라고 지적하는 만용을 부렸습니다. 예의가 없는 보어 때문에 덴마크 왕은 기가 막혔습니다. 왕은 다시 한 번 같은 말을 했고, 보어는 더 길게 국왕의 말을 정정했습니다. "저도 젊었을 때는 축구를 했습니다만, 위대한 축구 선수는 제가 아니라 저의 동생입니다, 폐하." 화가 난 왕은 "접견은 끝났소!Audiensen er jorbi!"라고 했고, 사람들은 보어를 데리고 왕

앞에서 물러나야 했습니다.

1918년에는 코펜하겐 이론물리학연구소Institut for Teoretisk Fysik가 문을 열었습니다. 이름은 이론물리학연구소였지만 보어가 좋아하는 맨체스터 연구소와 비슷한 시설을 갖춘 실험실이 있는 연구소였습니다. 초기 자금은 덴마크의 유명한 맥주 회사 카를스베르가 제공했지만, 보어는 1921년에야 모금이 끝난 추가 자금도 마련해야 했습니다. 코펜하겐 이론물리학연구소는 문을 열자마자 전 세계에서 뛰어난 이론물리학자를 끌어당겼습니다.

보어의 원자모형이 훌륭하게 예측한 또 한 가지는 새로운 원소가 존재할 수 있다는 것입니다. 더 나아가 보어는 원자에 전자가 더 들어가면 전자궤도가 채워지므로 무거운 원소에는 전자껍질이 더 많다고 주장했습니다. 그는 또한 한 원소의 화학 특성을 결정하는 요소는 오직 하나, 가장 바깥쪽에 있는 전자껍질(최외각 전자껍질)에 들어 있는 전자의 개수라고 했습니다. 지금은 당연하게 받아들이는 최외각 전자에 대한 지식을 제시한 사람이 보어였던 것입니다. 이 같은 원자모형을 근거로 보어는 아직 찾지 못한 72번 원소가 있다고 주장했고, 원소주기율표에서 최외각 전자의 개수를 근거로 그 원소의 화학 성질을 추정했습니다.

보어의 코펜하겐 연구소는 스펙트럼 분석법을 사용해 72번 원소를 찾았고, 그 원소의 이름을 코펜하겐의 라틴어 이름을 따서 '하프늄hafnium'이라고 지었습니다. 새로운 원소를 예측하고 발견한 일 덕분에 많은 이론물리학자가 보어의 원자모형을 인정하게 되었지만, 흥미로운 발견은 곧 난관에 부딪혔습니다. 하프늄을 처음 발견한 공로를 두고 일흔여섯 살이었던 아일랜드 실험가 아서 스콧Arthur Scott과 논쟁을 벌여야 했기 때문입니다. 스콧은 보어의 연구소보다 9년 먼저 72번 원소를 발견했고, 그 원소에 '셀튬celtium'이라는 이름을 붙였다고 주장했습니다.

언론은 이 논쟁을 주목했고, 결국 이 논쟁은 국가 간 자존심 문제로 번졌습니다. 보어에게는 치명적인 사건이었습니다. 새로 문을 연 연구소가 다른 사람의 업적을 가로챘다는 오명을 쓰게 될 판이었기 때문입니다. 스콧은 셀튬이 담긴 시험관을 들고 대중 앞에 섰습니다. 논쟁이 끝이 날 기미를 보이지 않자 러더퍼드가 중재에 나섰습니다. 그는 주저하는 스콧을 설득해 셀튬 표본을 코펜하겐에 보내 분광기로 분석하게 했습니다. 표본에서는 셀튬이 나타나지 않았고, 그 뒤로는 셀튬에 대한 이야기는 더는 들려오지 않았습니다.

같은 해 말에 보어는 노벨상이라는, 물리학계 최고상을 받습니다. 플랑크는 1918년에 에너지양자라는 개념을 제안한 공로로 노벨상을 받았고, 아인슈타인은 플랑크가 제안한 광양자 개념을 이용해 광전자 효과를 설명한 공로로 7장에서 본 것처럼 1921년에 마침내 노벨상을 받았습니다(실제 수상은 1922년에 했습니다). 1922년에 보어가 노벨상을 받은 이유는 '원자의 구조를 연구하고 원자가 방출하는 복사선을 연구한 공로' 덕분이었습니다.

보어의 업적은 공식적으로 인정받지만, 보어의 원자모형을 이루는 기반은 여전히 불안정했습니다. 원자모형으로 많은 현상을 설명할 수 있었고, 많은 예측도 실험으로 입증할 수 있었지만, 여전히 고전물리학과 원자의 양자 모형 사이에는 분명히 모순이 있었고, 그 모순을 해결할 방법은 없었습니다. 양자적 관점에서는 높은 궤도에 있던 전자가 낮은 궤도로 뛰어내릴 때 원자는 복사선을 방출합니다. 전자가 특정 궤도에서 움직일 때는 복사선을 방출하지 않습니다. 이것은 고전물리학의 관점에 어긋납니다. 세상을 보는 두 관점이 대립하는 것입니다. 모순되는 두 관점이 모두 옳을 수는 없었습니다.

하지만 보어는 원자는 고전물리학과 양자론을 모두 따른다고 믿었습니다. 그는 양자도약은 고전역학을 따르는 전자궤도와 관계가 있다고 생각했습니다. 실제로 보어는 주파수가 낮을 때는 (즉, 에너지가 낮을 때는) 양자론과 고전물리학이 정확하게 같은 결과를 낸다는 사실을 알아냈습니다. 이를 보어는 '대응원리correspondence principle'라고 했습니다. 충분히 에너지가 낮을 때는 양자론과 고전역학이 같아진다는 원리입니다. 물론 대응원리가 해답을 제시하지는 않습니다. 대응원리는 그저 양자론과 고전물리학은 일치할 수 있음을 알려줄 뿐입니다. 임시방편으로 만든 모형에 존재하는 불일치는 보어를 곤란하게 했지만, 그는 결국에는 해결되리라고 믿었습니다.

1920년대가 되면 물리학계에서 가장 뛰어난 인재는 대부분 양자론을 연구했고, 보어의 코펜하겐 연구소는 양자론 연구의 중심지가 됩니다. 양자론 연구에서 한 자리를 차지하는 사람들이 보어와 함께 연구했습니다. 스위스에서는 볼프강 파울리(Wolfgang Pauli, 1900~1958년)가, 영국에서는 폴 디랙이(9장 참고), 독일에서는 베르너 하이젠베르크

(1901~1976년)와 에어빈 슈뢰딩거(1887~1961년)가, 러시아에서는 레프 란다우(Lev Landau, 1908~1968년)가 보어를 찾아왔습니다. 어느 때가 되면 양자론을 연구하는 사람들은 거의 모두 보어의 연구소를 거쳐 가는 시점이 옵니다.

양자론은 10년 가운데 상당 기간을 추락하지 않은 것만으로도 다행인 상태로 버텨야 했습니다. 믿을 수 없이 복잡한 그림 조각들은 한데 맞춰졌지만, 카드로 만든 집의 내부 구조를 제대로 아는 사람은 아무도 없었습니다. 그러다가 1924년에 볼프강 파울리가 아주 큰 문제를 풀었습니다. 파울리는 전자는 스핀spin이라는 성질을 갖는다고 생각했습니다. 실제로 회전하는 것은 아니지만, 회전하는 행성과 몇 가지 비슷한 성질이 있다고 말입니다. 그는 정확하게 같은 양자 상태를 갖는 두 전자는 없다고 했습니다. 이는 전자는 업(위)이나 다운(아래)이라는 스핀값을 갖는데, 각 전자궤도에는 같은 스핀값을 갖는 전자는 동시에 존재할 수 없다는 뜻입니다. 원자핵과 가장 가까운 전자껍질에는 전자궤도가 단 한 개뿐이므로 첫 번째 전자껍질에 들어갈 수 있는 전자는 오직 두 개뿐입니다. 두 번째 전자껍질에는 전자궤도가 네 개 있으므로 두 번째 전자껍질에는 최대 여덟 개까지 전자가 들어갈 수 있습니다. 파울리는 이를 '배타원리exclusion principle'라고 불렀습니다.

파울리의 배타원리는 원자에 들어 있는 전자들이 모두 첫 번째 전자껍질에 쌓이지 않는 이유는 물론이고 주기율표에 관해서도 설명해주었습니다. 예를 들어, 수소 다음에 있는 기체는 비활성기체인 헬륨입니다. 비활성기체란 다른 원소와 쉽게 결합하지 않는다는 뜻입니다. 파울리는 헬륨이 다른 원소와 결합하지 않는 이유는 이미 전자껍질에 들어갈 수 있는 전자가 모두 찼으므로 다른 원소와 결합해 최외각 껍질에 전자를 채울 필요가 없기 때문이라고 설명했습니다.

주기율표에서 헬륨 다음에 있는 원소는 리튬입니다. 전자가 세 개인 리튬은 다른 원소와 활발하게 반응합니다. 파울리는 리튬은 세 번째 전자가 두 번째 전자껍질에 혼자 들어 있으므로, 다른 원소와 결합해 혼자 있는 전자를 건네주려 한다고 했습니다. 첫 번째 전자껍질은 전자가 두 개면 채워지고, 두 번째 전자껍질은 전자가 여덟 개면 채워집니다. 따라서 안쪽에 있는 두 전자껍질을 모두 채우려면 전자가 열 개 필요합니다. 주기율표에서 열 번째 있는 원소는 헬륨처럼 비활성기체인 네온입니다. 파울리의 배타원리는 헬륨과 네온이 비슷한 화학 성질을 갖는 이유를 설명해줍니다.

보어가 파울리와 함께 논문을 쓰지는 않았지만, 정말 중요한 역할을 한 것은 분명합니다. 보어는 많은 시간을 들여서 코펜하겐 연구소를 찾아온 파울리와 이야기를 나누었습니다. 파울리가 배타원리를 정립하려고 애쓰는 몇 달 동안 두 사람은 편지를 자주 주고받았습니다. 보어는 양자물리학을 연구하는 파울리 같은 젊은 학자에게 학문의 아버지가 되어주었고, 중요한 영감을 불어넣어 주었습니다. 젊은 학자들과 보어의 생각이 늘 일치하는 것은 아니었지만, 보어는 정말로 엉뚱한 생각도 마음껏 토론할 수 있도록 코펜하겐 연구소의 분위기를 늘 자유롭게 유지했습니다.

그다음 해에는, 또다시 굉장한 도약이 이루어졌습니다. 베르너 하이젠베르크가 《물리학지Zeitschrift für Physik》 편집자에게 「운동학과 역학 관계에 대한 양자이론적 재해석On a Quantum-Theoretical Reinterpretation of Kinematics and Mechanical Relations」이라는 논문을 제출한 것입니다. 그때 하이젠베르크는 스물세 살밖에 되지 않았지만, 이미 양자물리학의 대가였습니다. 1922년 6월에 하이젠베르크는 보어가 괴팅겐대학에서 진행했던 일련의 강연회에 참석했습니다. 그리고 정확하게 단어를 선택해 발언하는 보어에게 깊은 감명을 받았습니다. 하이젠베르크는 뒤에 "신중하게 생각하고 고른 문장 하나하나가, 암시는 하지만 결코 완벽하게는 모습을 드러내지 않는, 그분의 철학을 반영하는 근원적 생각의 긴 사슬임을 알 수 있었다."라고 말했습니다. 보어가 세 번째로 강연할 때 하이젠베르크는 보어의 논문에서 자신이 찬성하지 않는 부분을 지적해 보어를 기쁘게 했습니다.

사람들이 강연장을 떠나자 보어는 하이젠베르크에게 그날 오후에 함께 산책하자고 했습니다. 산책하면서 물리학에 관해 토론하는 것이 보어가 선호하는 동료 과학자와의 교류 방식이었습니다. 두 사람은 근처에 있는 산을 세 시간 동안 돌았는데, 훗날 하이젠베르크는 이렇게 썼습니다. "진정한 과학자로서의 내 삶은 그날 오후에 시작됐다." 보어는 하이젠베르크에게 한 학기 동안 코펜하겐에 와 있으라고 제안했고, 하이젠베르크는 그 기회를 덥석 잡았습니다.

1924년 3월 15일에 하이젠베르크는 신新고전 양식으로 지은 3층짜리 건물 앞에 섰습니다. 건물로 들어선 하이젠베르크는 그 건물이 절반은 물리학을 위해, 나머지 절반은 숙소로 활용하려고 지은 건물임을 알았습니다. 보어와 보어의 가족은 그 건물 1층 전체에 우아한 가구를 들여놓고 생활했습니다. 3층에는 숙식을 함께하는 고용인과 손님을 위한 방이 있었습니다. 하이젠베르크가 보어의 집에 왔을 때는 고용인이 세명, 손님이 십여 명 있었습니다. 당연히 연구할 수 있는 공간은 아주 부족했습니다.

코펜하겐 연구소가 문을 연 지 3년밖에 되지 않았지만, 보어는 이미 건물을 확장할 계획을 세우고 있었습니다. 그 뒤 2년 동안 보어는 이웃한 땅을 사들이고, 건물을 두 채 더 지어 연구소 규모를 두 배로 늘렸습니다. 보어와 보어의 가족은 연구소 옆에 특별히 만든 주택으로 이사하고, 원래 있던 건물에는 더 많은 사무 공간과 식당을 마련하고, 주방과 침실이 딸린 독립 주거 공간도 세 채 만들었습니다. 코펜하겐 연구소를 자주 방문했던 파울리와 하이젠베르크도 이때 만든 주거 공간에서 머물렀습니다.

첫 방문 때는 한 달밖에 머물지 않았지만, 하이젠베르크는 그해 9월에 다시 코펜하겐으로 돌아왔습니다. 훗날 하이젠베르크는 "나는 조머펠트 선생님께 낙천주의와 괴팅겐 수학을 배웠고, 보어 선생님께는 물리학을 배웠다."라고 했습니다. 그다음 일곱 달 동안 하이젠베르크는 코펜하겐 연구소의 자유로운 분위기 속에서 성장했고, 보어가 양자물리학을 괴롭히는 문제를 풀려고 애쓰는 모습을 직접 목격했습니다. 하이젠베르크는 보어가 쓸데없는 말은 하나도 하지 않는다는 걸 알았습니다. 보어는 하이젠베르크에게 자신이 아는 모든 것을 가르쳤고, 이 젊은 과학자가 양자역학의 문제를 푸는 데 도움이 되리라는 커다란 희망을 품게 되었습니다. 그 기대를 하이젠베르크는 행렬역학matrix mechanics이라는 역작으로 갚았습니다. 행렬역학은 양자물리학의 결과를 예측하는 방법인데, 관찰한 값만을 연구하려고 시각화할 수 있는 모형을 포기했습니다.

행렬역학은 확실히 한 걸음 앞으로 나간 것이 분명했지만, 보어는 행렬역학이 물리 모형으로서 아원자 세계를 다루는 방식이 마음에 들지 않았습니다. 더구나 행렬은 물리학자들에게는 완벽하게 낯선 이상한 수학이었습니다. 하이젠베르크 자신도 "심지어 행렬이 뭔지도 모르겠다."라고 할 정도였습니다. 많은 물리학자가 행렬역학이 아닌 다른 방식으로 양자 세계를 설명하기를 바랐습니다. 그리고 그 바람은 얼마 되지 않아 이루어졌습니다. 몇 달 뒤, 오스트리아 이론물리학자 에어빈 슈뢰딩거가 아원자 세계를 설명하면서도 행렬역학과는 완벽하게 다른 방법을 제시했습니다. 이번에는 물리학자들도 그 즉시 슈뢰딩거의 제안을 받아들였습니다.

슈뢰딩거는 자신이 제시한 방법을 '파동역학wave mechanics'이라고 불렀습니다. 한쪽을 고정한 줄넘기 줄에서 생기는 파동처럼 앞으로 진행하지 않고 수직으로만 진동하는 정상파standing wave 개념을 차용해 전자 궤도를 묘사한 파동방정식을 제시한 것입니다. 슈뢰딩거가 파동역학을 발표하는 자리에는 하이젠베르크가 있었습니다. 그 뒤로 코펜하겐을 방문한 하이젠베르크는 자신이 들은 슈뢰딩거의 이론을 보어에게 자세히 설명했고, 보어는 슈뢰딩거를 코펜하겐 연구소로 초대했습니다. 보어는 코펜하겐 기차역에 내리는 슈뢰딩거를 직접 마중하러 나갔고, 의례적인 안부 인사를 주고받자마자 곧바로 토론을 시작했습니다. 하이젠베르크에 따르면 두 사람은 "매일같이 이른 아침부터 늦은 저녁까지" 토론했습니다. 보어는 슈뢰딩거와 되도록 많은 시간을 함께하려고 자기 집에 있는 손님방에 슈뢰딩거를 묵게 했습니다. 그리고는 일분일초도 쉬지 않고 슈뢰딩거에게 파동방정식이 틀렸음을 깨닫게 하려고 했습니다.

한 번은 열띤 토론을 하던 끝에 슈뢰딩거가 말했습니다. "양자도약이라는 생각은 전적으로 상상의 산물일 뿐입니다." 그러자 보어는 즉시 반론했습니다. "하지만 양자도약이 없다는 증거도 없지 않소?" 계속해서 보어는 입증할 수 있는 것은 '우리가 양자도약을 상상할 수 없다는 것뿐'이라고 했습니다.

정말로 약이 오른 슈뢰딩거는 결국 버럭 화를 내면서 "그 망할 양자도약이 정말로 있다면, 전 정말로 양자론에 관여한 걸 유감으로 생각할 겁니다."라고 했습니다.

보어는 화가 난 슈뢰딩거를 달래주려고 이렇게 말했습니다. "하지만 우리는 선생이 해준 일에 정말로 감사하고 있소. 선생이 만든 파동역학은 수학적으로 정말 명료합니다. 그리고 아주 단순하지요. 파동역학은 기존의 모든 양자역학 형태를 뛰어넘는 엄청난 발전이에요."

취리히로 돌아간 슈뢰딩거는 빌헬름 빈(Wilhelm Wien, 1864~1928년)에게 편지를 썼습니다. "보어는 언어를 일반적인 의미로 이해하는 건 불가능하다고 전적으로 확신하더군요."

슈뢰딩거가 코펜하겐을 다녀간 뒤로 몇 달 동안 보어는 양자역학을 해석할 방법을 찾는 일에 몰두했습니다. 당연히 그 무렵에는 코펜하겐에서 보어의 조수로 근무했던 하이젠베르크는 보어에게서는 하루 내내 양자역학을 해석하는 방법에 관한 이야기만을 들을 수 있었습니다. 보어를 가장 괴롭힌 문제는 파동·입자 이중성이었습니다. 훗날 하이젠베르크가 말한 것처럼 두 사람은 "특정한 용액에서 독약을 추출해 농축하려고 하는 화학자처럼 우리는 파동·입자 이중성이라는 역설에서 독약을 농축하려고" 애썼습니다.

보어는 경쟁 관계에 있지만 두 이론 모두 너무나도 수학적인 파동역학과 행렬역학 뒤에 숨은 물리학을 알아내야겠다고 마음먹었습니다. 그는 파동·입자 이중성 뒤에 있는 실재를 붙잡고 싶었습니다. 보어는 때로는 파동처럼 행동하고 때로는 입자처럼 행동하는, 미립자에 대해 대립하는 두 개념을 해결하면 양자역학의 수수께끼를 풀 수 있다고 생각했습니다. 보어를 괴롭힌 가장 큰 문제는 실재는 하나뿐인데, 양자론을 기술하는 수학은 두 개라는 점이었습니다.

이 특별한 문제는 9장에 나오는 영국 이론물리학자 폴 디랙이 풉니다. 디랙은 1926년 9월에 보어의 코펜하겐 연구소를 찾아와 6개월 동안 머뭅니다. 그해 가을, 디랙은 행렬역학과 파동역학이 같은 수학임을 밝힙니다. 그 때문에 보어는 양자론을 물리적으로 해석할 방법을 반드시 찾아내야겠다는 결심을 더욱더 굳히게 됩니다.

몇 달 동안 밤늦게까지 하이젠베르크와 함께 토론하는 데 지친 보어는 4주 동안 노르웨이로 스키 여행을 떠나기로 합니다. 보어가 떠난 사이에 하이젠베르크는 고전역학과 양자역학의 본질적 차이를 밝히는

'불확정성 원리uncertainty principle'를 생각해냅니다. 불확정성 원리에 따르면 한 입자의 위치와 운동량을 동시에 정확하게 알 수는 없습니다.

코펜하겐으로 돌아온 보어는 휴가를 떠났던 동안 쌓인 행정 업무를 모두 처리한 뒤에야 하이젠베르크가 책상에 두고 간 '불확정성 원리'에 관한 논문을 읽었습니다. 꼼꼼하게 논문을 읽고 하이젠베르크를 만난 보어는 하이젠베르크를 어리둥절하게 했습니다. 불확정성 원리가 "전혀 옳지 않다."라고 말했기 때문입니다. 보어는 하이젠베르크가 불확정성 원리를 입증하려고 고안한 사고실험에 문제가 있음을 지적했습니다. 더 나아가 보어는 하이젠베르크가 논문에서 제시한 불확정성 관계는 하이젠베르크의 입자 모형보다는 전자의 파동 모형을 사용해야 유도할 수 있음을 보여주었습니다.

보어는 하이젠베르크가 논문을 출간하지 않도록 설득하려고 했습니다. 그 일을 하이젠베르크는 훗날 이렇게 회상했습니다. "결국, 내 눈에서는 눈물이 터져 나오고 말았다. 보어 선생이 가하는 압력을 도저히 참을 수가 없었기 때문이다." 하지만 뒤로 물러난 것은 보어였고, 하이젠베르크는 1927년 3월 22일에 불확정성 원리에 관한 논문을 발표했습니다. 「양자 이론적 운동학과 역학의 지각 내용에 관하여On the Perceptual Content of Quantum Theoretical Kinematics and Mechanics」라는 논문이었습니다.

하이젠베르크가 불확정성 원리를 생각하는 동안 보어도 놀고만 있었던 것은 아닙니다. 노르웨이에서 스키를 타면서 보어는 '상보성complementarity 원리'를 생각해냅니다. 보어에게 '상보성'은 양자론을 가동하는 기본 원리입니다. 보어는 상보성 원리라면 파동·입자 이중성이 갖는 역설을 해결할 수 있다고 믿었습니다. 상보성 원리란 전자와 광자 그리고 물질과 복사선이 갖는 파동으로서의 특성과 입자로서의 특성은 상호 배타적이지만 사실은 같은 특성의 상보적 측면이라는 설명입니다. 파동과 입자는 동전의 양면과 같습니다. 두 특성 모두 한 실재가 갖는 특성이지만, 동시에 볼 수는 없는 특성이기 때문입니다. 보어는 한 실재를 파동이나 입자 가운데 하나로 설명하는 것은 불완전하다고 주장했습니다. 양자 세계를 완전히 설명하려면 두 특성을 모두 설명해야 한다고 말입니다. '관찰자는 입자의 에너지를 알면서 동시에 입자의 운동량을 정확하게 알 수는 없다.'라는 하이젠베르크의 불확정성 원리를 보았을 때, 보어는 불확정성 원리가 상보성 원리를 뒷받침한다는 사실을 깨달았습니다.

에너지와 운동량은 입자와 관계가 있는 특성이고, 진동수와 파장은 파동과 관계가 있는 특성입니다. 플랑크 방정식 $E=hf$과 프랑스의 루이 드브로이의 방정식($p=h/\lambda$, p는 운동량, λ는 파장)은 각각 에너지와 진동수, 그리고 운동량과 파장이 서로 관계가 있음을 보여줍니다. 보어가 잘 알고 있었던 두 방정식은 입자와 관계가 있는 물리량과 파동과 관계가 있는 물리량을 모두 포함합니다. 두 방정식 모두 파동과 입자의 특성이 동시에 있다는 사실은 보어를 괴롭혔습니다. 그래서 보어는 하이젠베르크의 불확정성 원리에 관한 논문을 읽으면서, 불확정성이 생기는 이유는 관찰자가 측정할 수 있는 입자나 파동 혹은 운동량과 위치 같은 고전물리학의 개념들이 상보적이면서도 상호 배타적이기 때문임을 알았습니다.

1927년 9월에 이탈리아 코모Como에서 국제물리학학회International Physics Congress가 열렸습니다. 알레산드로 볼타의 서거 100주년을 기념하는 학회였습니다. 보어도 학회에 논문을 제출해야 했는데, 강연하는 당일이 되어서야 간신히 논문을 끝냈습니다. 독일 이론물리학자 막스 보른(Max Born, 1882~1970년)을 비롯해 드브로이, 하이젠베르크, 파울리, 플랑크, 조머펠트 같은 쟁쟁한 과학자가 보어의 강연을 기대에 차서 기다렸습니다. 그 강연에서 보어는 처음으로 상보성 원리를 발표했고, 하이젠베르크의 불확정성 원리를 논의했으며, 양자론에서 관찰이 하는 역할을 이야기했습니다. 보어는 이 모든 요소를 한데 섞고, 거기에 보른이 제시한 슈뢰딩거의 파동함수에 대한 확률적 해석을 첨가했습니다. 보어의 목표는 양자역학을 새롭게 이해하는 기초를 만드는 것이었는데, 훗날 사람들은 이 해석을 '코펜하겐 해석Copenhagen interpretation'이라고 부릅니다.

과학자들은 언제나 실험할 때 자신을 수동적 관찰자라고 가정합니다. 관찰하는 대상과 관찰되는 대상은 분명히 차이가 있습니다. '코펜하겐 해석'은 이 차이를 제거하고, 측정하는 행위가 '양자 상태를 붕괴해' 알 수 없는 양이 측정할 수 있는 양으로 바뀐다고 주장합니다. 보어의 관점으로 보면 측정하지 않으면 실재는 존재하지 않습니다. 전자를 측정하기 전까지 전자에게는 위치도 속도도 없습니다. 전자가 갖는 것은 확률뿐입니다. 측정하는 행위만이 전자를 '진짜'로 만듭니다. 아인슈타인은 이런 보어의 생각을 받아들일 수가 없었고, 그 뒤로 수십 년 동안 두 사람은 양자물리학을 놓고 논쟁을 벌입니다.

1931년 12월에 덴마크왕립과학및문학학회는 보어를 맥주회사 카를스베르에서 지은 장원 주택인 에레스보리그(Aeresbolig, 명예의 집)의 새 입주자로 선정했습니다. 카를스베르는 또한 보어에게 평생 라거 맥주를 무제한으로 공급하겠다고 약속합니다. 이 무렵에 보어는 원자의 핵을 이해하려고 애썼고, 1930년대 말에는 핵물리학 실험에서 나온 대립하는 다양한 주장들을 융합하려고 원자핵의 이론적 모형을 제시했습니다. 보어는 짧은 거리에서 작용하는 힘이 원자핵을 구성하는 여러 입자를 한데 묶는다고 생각했습니다. 액체 방울로 분자들을 한데 묶는 것과 비슷한 힘이 말입니다.

보어는 또한 커다란 원자핵이 좀 더 작은 원자핵으로 나누어지는 핵분열이 일어날 때 벌어지는 일을 처음 언급한 사람이기도 합니다. 핵분열은 1939년에 독일 물리학자 오토 한(Otto Hahn, 1879~1968년)과 한의 동료 리제 마이트너(Lise Meitner, 1878~1968년)가 발견했습니다. 하지만 한창 연구를 진행하던 중에 유대인이었던 마이트너는 나치를 피해 스웨덴으로 도망가야 했습니다. 한은 핵분열이 일어났음을 보여주는 실험 결과를 몰래 마이트너에게 보냈고, 마이트너는 그 소식을 가까운 코펜하겐에 있는 보어에게 전했습니다. 마이트너가 보여준 실험 결과를 본 즉시 보어는 원자핵이 쪼개질 때는 엄청난 양의 에너지가 방출된다는 사실을 알아챘습니다. 그해 말에 미국을 방문한 보어는 아인슈타인에게 독일이 이론적으로는 원자폭탄을 만들 수 있는 단계에 도달했음을 알렸습니다.

1940년이 되면 독일이 덴마크를 사실상 통치하게 됩니다. 나치의 간섭에도 보어는 최선을 다해 고결함을 잃지 않았고, 비밀리에 영국 과학자들과 연락하며 지냈습니다. 1941년에는 하이젠베르크가 보어를 찾아왔습니다. 그 무렵에는 두 사람의 관계가 상당히 소원했습니다. 하이젠베르크는 독일을 떠나지 않은 몇 명 되지 않는 일류 물리학자로서 독일 원자폭탄 프로젝트를 이끌고 있었습니다. 보어를 만나러 온 하이젠베르크는 나치가 원자폭탄 프로젝트를 어디까지 진행했는지를 보여주는 도표를 전달했습니다. 훗날 하이젠베르크는 보어에게 그 도표를 보여준 이유는 그렇게 파괴적인 전쟁 도구를 전쟁 당사자들이 모두 포기할 수 있도록 과학자들이 협력하자는 의도였다고 했지만, 보어의 전기를 쓴 폴 스트레턴Paul Strathern에 따르면 보어는 명확하지 않았던 하이젠베르크의 의도를 전혀 다르게 해석했다고 합니다.

1943년 9월에 보어는 나치의 덴마크 점령에 반대한다는 이유로 나치가 자신을 체포하려 한다는 소식을 듣습니다. 보어와 보어의 가족은 코펜하겐 교외에 있는 집으로 옮겨 갔다가, 저녁에 조용히 벌판을 가로질러 아무도 없는 해변으로 갔습니다. 그곳에서 낚싯배를 타고 25킬로미터를 항해해 중립국 스웨덴에 도착한 보어는 곧바로 스톡홀름으로 갔습니다. 자신을 영국으로 데려가려고 기다리는, 국적을 표시하지 않은 모스키토Mosquito 폭격기가 있는 곳으로 말입니다.

텅 빈 폭탄투하실에 보어를 숨긴 모스키토 폭격기는 밤의 어둠을 타고 영국으로 출발했습니다. 나치가 점령한 노르웨이 상공을 날 때는 독일 폭격기를 피해야 했고, 노르웨이를 지나서는 북해를 날아야 했습니다. 그때 쉰일곱 살이었던 보어는 거의 얼어 죽을 뻔했습니다. 모스키토 폭격기가 영국에 안전하게 착륙했을 때는 저체온증과 산소 결핍으로 보어는 거의 의식이 없었습니다. 영국에 도착한 보어는 루스벨트 대통령이 원자폭탄을 만들려고 일급비밀로 진행하던 맨해튼 프로젝트 Manhattan Project에 합류하려고 미국 로스앨러모스Los Alamos로 건너갔고, 그곳에서 원자폭탄 개발에 핵심적인 역할을 했습니다.

전쟁이 끝나고 사랑하는 코펜하겐 연구실로 돌아온 보어는 계속해서 연구소 소장으로 일했습니다. 그런 보어를 도와서 함께 연구한 사람은 보어가 1930년대에 시작했던 원자핵 액체 방울 모형을 연구한 공로로 노벨상을 받은, 보어의 아들 오게(Aage Bohr, 1922~2009년)였습니다.

1955년에 아인슈타인이 세상을 떠나자 보어는 가장 위대한 현존 과학자라는 명칭을 얻었고, 여생을 핵분열 연구 결과를 지구촌 사람들이 모두 나누어 가질 수 있도록 애쓰면서 보냈습니다. 보어는 1962년에 일흔일곱 살의 나이로 세상을 떠났습니다. 보어는 오랜 시간을 과학자로 살면서 원자의 양자 혁명을 시작했을 뿐 아니라 자연을 이해하는 방법을 바꾼 수많은 이론물리학자가 성장하도록 도왔습니다. 그런 물리학자 가운데 한 명이 9장에 나오는 영국 이론물리학자 폴 디랙입니다.

9장

폴 디랙

양자역학의 새로운 발판을 만든 괴짜 물리학자

Paul Dirac

위대한 물리학자 톱10에서 마지막 순위를 차지한 사람은 폴 디랙이다. 폴 디랙은 물리학계 밖으로는 거의 알려지지 않았지만, 이 사람이야말로 아인슈타인의 말에 따르면 "천재와 미치광이 사이에 놓인 아찔한 길 위에서 놀라울 정도로 균형을 잘 잡은 사람"이다. 현재 디랙은 자폐였을지도 모른다는 평가를 받는다. 사람들과 대화를 나눌 때 기이할 정도로 오래 침묵을 지키거나 단답형으로 말을 끊거나 아주 이상한 말을 하는 것으로 유명했기 때문이다. 예를 들어, 디랙은 아내를 소개할 때도 아내라는 말 대신에 "위그너의 동생입니다."라는 말을 자주 했다(디랙의 아내는 헝가리 물리학자 유진 위그너의 동생이었다).

폴 에이드리언 모리스 디랙Paul Adrien Maurice Dirac은 자신이 비참한 어린 시절을 보냈다고 주장했는데, 그 비난을 받아야 했던 상대는 대부분 아버지였습니다. 스위스에서 온 에미그레(émigré, 이주자)였던 디랙의 아버지 찰스 디랙Charles Dirac은 나이가 20대 초반이었을 때 영국으로 건너왔고, 브리스틀Bristol에 정착하기 전에 많은 학교를 돌아다니면서 언어를 가르쳤습니다. 브리스틀에 온 찰스 디랙은 1896년에 머천트벤

처러스학교Merchant Venturers' School 현대언어학과 학과장이 되었습니다. 찰스는 브리스틀 시립 도서관에서 자기 아내이자 디랙의 어머니가 될, 자신보다 열두 살 어린 플로렌스 홀튼Florence Holten을 만났습니다. 두 사람 사이에서 1901년에는 첫째 아들 필릭스Felix가 태어났고, 1902년에는 폴이 태어났습니다. 막내 베티Betty는 1906년에 태어났습니다.

형제가 아주 어렸을 때부터 찰스는 아이들은 집에서 가르쳐야 한다고 생각했는데, 아이들에게는 프랑스어만을, 아내에게는 영어만을 쓰게 했습니다(그 때문에 어린 폴은 남자와 여자는 서로 다른 언어를 쓴다고 믿었다고 합니다). 훗날 디랙은 어린 시절은 감정이 없는 아버지와 차가운 관계를 맺어야 했던 불행한 시절이었다고 회상합니다(그런데 이상한 점이 있습니다. 어린 시절 디랙의 삶을 알려주는 유품에는 찰스가 회의에 참가하려고 집을 떠나 있을 때 아이들에게 보낸 편지가 있습니다. 찰스는 아이들에게 영어로 편지를 썼고, 아이들은 분명히 애정을 담아 아버지에게 답장을 보냈습니다).

디랙은 자신이 단란하지 못했던 가정에서 자라야 했음을 입증하는 예로 부모님이 함께 식사한 적이 거의 없었다는 점을 들었습니다. 디랙은 보통 아버지와 함께 밥을 먹었고, 다른 두 아이는 부엌에서 어머니와 함께 밥을 먹었다고 했습니다. 디랙이 사회생활을 하면서 보인 기괴한 행동은 이런 성장 환경 때문이라고 설명하는 사람들도 있습니다. 한 번은 디랙이 이런 글을 썼습니다. "자신이 아닌 다른 사람을 좋아하는 사람은 한 명도 알지 못했다. 나는 그런 일은 소설에서만 일어나는 일이라고 생각했다."

학교에서 디랙은 자신이 지닌 잠재력을 완전히 발휘하지는 않는 몽

상가 취급을 받았고, 다른 아이들과도 거의 말하지 않았습니다. 초등학교를 다닐 때도, 아버지가 근무하는 중등학교에 다닐 때도 일반적으로 디랙은 예의 바른 학생이었습니다. 디랙을 가르친 물리 교사는 디랙이 다른 아이들보다 훨씬 뛰어나다는 것을 알고 수업 시간이면 그저 도서관에 가서 책을 읽게 했습니다. 디랙은 같은 학군에 있는 머천트벤처러스대학교Merchant Venturers' College에 진학해서, 남들보다 2년 앞선 열여섯 살에 공학 학사 학위를 취득했습니다. 대학생들이 집중하는 태도가 진지하게 열중하는 디랙의 성향에 더 잘 맞았던 것 같습니다.

디랙은 형 필릭스처럼 자신도 공학을 전공하는 것이 당연하다고 생각했지만, 얼마 못 가 공학은 디랙에게는 맞지 않는 학문임이 분명해졌습니다. 공학 수업은 너무나 실용적이고, 공학과에서 배우는 수학과 물리학은 너무나도 쉬웠으므로 디랙은 또다시 도서관에서 좀 더 많은 지식을 쌓을 수밖에 없었습니다. 졸업할 시기가 다가올수록 디랙의 마음을 사로잡은 것은 전기공학이 아니라 아인슈타인이 발표한 상대성에 관한 놀라운 연구 결과였습니다.

아버지에게 조언을 구한 디랙은 케임브리지로 가서 수학이나 물리학을 공부하겠다는 소망을 품지만, 케임브리지에서 공부하는데 드는 비용은 장학금을 받는다고 해도 디랙의 집안이 감당할 수 있는 수준이 아니었습니다. 디랙은 열아홉 살에 1등급 공학 학위를 받고 졸업했지만, 갈 곳이 없었습니다. 다행히 지도교수인 로널드 하세Ronald Hassé가 디랙이 브리스틀대학Bristol University에서 2년 동안 무료로 수학 강의를 듣게 해주었습니다. 디랙에게 수학 강의는 그다지 도전할 만한 어려운 과제가 아니었으므로 디랙은 물리학 강의도 함께 들었습니다. 그리고 처음으로 양자역학을 만났습니다.

브리스틀대학에서 2년 과정이 끝나갈 무렵에 하세는 케임브리지와 접촉해서, 디랙이 대학원생과 함께 상대성이론을 공부할 수 있도록 주선해주었습니다. 케임브리지에서 디랙을 지도한 교수는 그 자신이 상대성이론의 대가이자 양자물리학을 이끄는 주요 인물이었던 랠프 파울러(Ralph Fowler, 1889~1944년)였습니다. 1923년 10월에 디랙은 처음으로 브리스틀을 떠나 세인트존스칼리지로 갔습니다. 뉴턴이 다닌 트리니티칼리지와 나란히 붙어 있는 학교입니다. 그 시절에 디랙이 구사했던 강력한 브리스틀 사투리는 대부분 공립학교에서 교육을 받은 학생들에게는 정말 괴상하게 들렸습니다.

세인트존스칼리지는 강당에서 열리는 화려한 만찬으로 유명한 곳이었습니다(《해리 포터》 영화에 나오는 바로 그런 만찬 말입니다). 그러니 말이 없는 디랙은 난감한 평판을 얻을 수밖에 없었습니다. 온갖 주제로 이야기가 오가는 곳에서 디랙은 거의 입을 여는 법이 없었습니다. 디랙이 가장 오랫동안 말을 나눈 것으로 기록된 대화는 다음과 같습니다. 누군가 디랙에게 말했다고 합니다. "지금 비가 조금 오는 거 맞지?" 그 말을 들은 디랙은 문으로 걸어가서 바깥을 내다보고는 다시 돌아와 대답했다고 합니다. "지금 비 안 오는데."라고 말입니다.

디랙은 사교 생활에도 사교 모임에도 관심이 없었습니다. 브리스틀에서도 그랬던 것처럼 디랙은 밤이면 친구들과 술집에 가기보다는 도서관에서 책을 읽으며 지냈습니다. 디랙에게는 일요일 아침에 산책하러 나가는 것이 유일한 휴식이었습니다. 수학이 마음속으로 들어오지 않게 애쓰면서 시골길을 걷다가 돌아오면 다시 복잡한 월요일을 살아갈 힘을 얻었습니다.

케임브리지에서 디랙의 사고 체계는 다양한 영향을 받기 시작합니다. 파울러의 강의를 들으면서 디랙은 닐스 보어가 내세운 원자의 양자 모형을 알게 되었고, 그때부터 닐스 보어의 연구를 공부하기 시작했습니다(8장 참고). 엄밀하게 말해서 디랙은 수학자였지만, 정기적으로 러더퍼드(6장 참고)가 소장으로 있는 케임브리지 캐번디시연구소에서 개최하는 세미나와 뛰어난 물리학자가 모이는 물리학 모임에 나갔습니다. 그런 모임에서 디랙은 평생 몇 명 사귀지 않은 친구 가운데 두 명인 젊은 물리학자 패트릭 블래킷(Patrick Blackett, 1897~1974년)과 페테르 카피차(Peter Kapitza, 1894~1984년)를 만났습니다.

대학원에 다니는 동안 디랙은 꾸준히 연구 성과를 냈지만, 특별히 위대한 성과를 내지는 못했습니다. 인정받는 논문을 몇 편 썼는데, 형이 자살했다는 소식을 듣고 몇 달 동안 방황했을 때를 빼고는 늘 꾸준한 속도로 연구해 나갔습니다. 러더퍼드를 뉴질랜드에서 나올 수 있게 해준 대영 만국박람회 장학금을 디랙도 받아서 3년 더 연구할 자격은 얻었지만, 아직 떠오르는 별이라는 명성은 얻지 못했습니다. 하지만 디랙은 양자물리학에 점점 더 관심이 커졌고, 파울러도 그런 디랙을 격려했습니다. 디랙은 보어와 베르너 하이젠베르크의 강연을 모두 들었습니다. 하이젠베르크가 파울러에게 자신이 쓴 논문을 검토해달라며 교정지를 보냈을 때, 파울러는 당연히 디랙과 상의해야겠다고 생각합니다.

독일어로 쓴 하이젠베르크의 논문에는 행렬역학에 관한 내용이 실려 있었습니다. 처음에는 전자의 행동을 수학적으로 서술하려고 1차원에 있는 전자 한 개의 행동에 행렬역학을 적용했습니다. 8장에서 본 것처럼, 양자론과 씨름하는 물리학자 대부분과 달리 하이젠베르크는 자신의 연구를 실재 모형과 일치시키려는 노력은 하지 않았습니다. 행렬역학은 단순히 전자의 행동을 기술하는, 수들이 2차원으로 배열된, 일련의 행렬만을 제공합니다. 행렬역학은 A 곱하기 B는 B 곱하기 A와 다르다는 낯선 수학을 이용해 순수한 수를 처리합니다. 이전까지는 이와 비슷하기라도 한 수학이 없었으므로 행렬역학은 도무지 이해할 수가 없었습니다. 수학의 블랙박스라고 해야 할 정도로 말입니다.

그런데 결정적으로 행렬역학은 원자의 핵 주위를 둘러싼 궤도에 전자가 존재한다는 생각을 처리할 때, 관찰할 수 있는 값만을 사용해 전자가 두 상태 사이를 도약할 확률만을 계산해냈습니다. 그리고 이 방법은 효과가 있었습니다. 디랙이 보기에 행렬역학은 쓸데없이 복잡했습니다. 하지만 한 가지, 곱하는 순서를 바꾸면 다른 결과가 나온다는, 다시 말해서 연산의 교환법칙이 성립하지 않는다는 사실은 디랙의 마음을 끌었습니다. 하이젠베르크는 행렬역학이 교환법칙에 어긋난다는 사실에 무척 당황했지만, 디랙은 너무나도 신났습니다. 그 당시 물리학자는 대부분 행렬을 몰랐지만, 디랙에게 행렬은 너무나도 친숙한 수학이었습니다.

산책하러 나갔던 디랙은 두 곱셈식에 나타나는 차이로 무언가를 만들어낼 수도 있겠다는 생각이 들었습니다. 특히 기존에 존재하는 고전

물리학적 행동과 유사하게 보이는 수학 방정식을 만들고자 위치와 운동량이라는 개념을 조합하면 말입니다. 디랙의 방정식은 그 자체로는 추상적이었지만, 실제 세계에서 실험해볼 예측값을 구하는 데 사용할 수 있었습니다.

하이젠베르크는 디랙이 발견한 내용을 읽고 따뜻하게 반응했지만, 디랙의 논문에는 이미 알려진 내용이 여기저기 산재한 상태로 많이 있다는 사실도 지적해주었습니다. 하지만 그 논문 덕분에 디랙은 국제 과학계에 이름을 알릴 수 있었습니다. 1926년으로 접어드는 몇 달 동안 디랙은 양자역학을 수학으로 풀려는 시도를 계속했습니다. 그때까지 수학으로 양자역학을 푸는 방법은 보어의 원자모형으로 세운 초기 양자론의 예측을 뛰어넘는 유용한 예측은 하나도 제시하지 못하고 있었지만, 빠른 속도로 성장하는 분야임은 분명했습니다.

실재를 다룰 때 문제가 생기는 이유에는 많은 입자가 재빨리 움직인다는 것도 있는데, 이는 아인슈타인의 상대성이론을 이 문제에 적용해야 한다는 뜻이었습니다(7장 참고). 그때까지는 양자역학은 상대성이론의 효과를 무시하고 있었습니다. 상대성이론 덕분에 물리학을 사랑하게 된 디랙은 양자역학계의 이런 태도를 알았지만, 자신의 연구에는 상대성이론을 적용하려고 애썼습니다.

케임브리지에서의 생활이 정점에 이르던 1926년 5월과 6월에 디랙은 양자역학을 주제로 박사 학위 논문을 작성합니다. 하지만 시기가 좋지 않았습니다. 유럽 대륙에서 하이젠베르크의 행렬역학을 대체할 새로운 방법을 에어빈 슈뢰딩거가 발견했다는 소식이 들려왔던 것입니다.

양자 입자의 행동을 파동방정식으로 설명한 슈뢰딩거 방정식은 하이젠베르크의 삭막한 행렬방정식보다 훨씬 더 시각화하기 좋았습니다.

물리학자는 파동을 좋아했습니다. 물리학자는 파동을 배우며 자랐습니다. 더구나 슈뢰딩거의 방정식은 보어가 원자 내부에 있는 전자를 설명할 때 제안한 고정된 전자궤도도 설명할 수 있었습니다. 슈뢰딩거의 방정식에서 전자궤도는 반파장의 배수(倍數)로 이루어져 있습니다. 한쪽을 고정한 밧줄에서 생기는 파동이, 고정된 밧줄 때문에 움직임이 막혀 수많은 반파장을 생성하는 것처럼 말입니다.

파동이 무엇을 의미하는지는 분명하게 밝혀지지 않았지만, 파동방정식은 양자물리학에 좀 더 쉽게 접근하게 해주었습니다. 하지만 박사학위 논문 마감일을 얼마 앞두지 않았을 때 디랙은 슈뢰딩거 방정식은 신경 쓰지 않고 오직 하이젠베르크의 방정식만을 다룬 논문을 쓰기로 했습니다. 케임브리지대학교 물리학자들은 디랙의 논문에 환호했고, 당연히 디랙은 박사 학위를 받았습니다.

디랙은 격식을 따르지 않았으므로 슈뢰딩거의 파동방정식에 흔들리지 않고 자기 연구를 할 수 있었습니다. 디랙은 슈뢰딩거의 방정식을 일반화해 처음에는 정상상태(물질계의 상태가 시간에 의해 변화하지 않는 경우-옮긴이)일 때만 적용할 수 있었던 방정식을 많은 시간이 변하는 상태에도 적용할 수 있게 했습니다. 공교롭게도, 슈뢰딩거도 같은 결론에 도달했고, 디랙보다 앞서 논문을 발표했습니다. 하지만 디랙은 곧 독특한 방식으로 물리학에 공헌합니다.

디랙은 파동방정식을 양자 입자 무리에 적용할 방법을 고민했습니다. 양자 입자는 뚜렷하게 구분되는 두 종류로 나뉩니다. 현재 그 입자들은 각각 페르미온fermion과 보손이라고 부릅니다. 광자 같은 보손은 무리 짓기를 좋아합니다. 보손은 양자 상태가 같은, 예를 들어 위치가 같은 보손을 원하는 만큼 한데 모을 수 있습니다. 하지만 전자 같은 페르미온은 파울리의 배타원리를 따르므로 정확하게 양자 상태가 같은 입자가 동시에 두 개는 있을 수 없습니다. 예를 들어, 원자 주위를 도는 전자는 한 전자궤도에 있을 수 있는 모든 상태의 전자가 들어 있다면, 즉 자신과 동일한 상태의 전자가 있다면 그 궤도에 들어가지 못하고 다른 궤도로 옮겨 가야 합니다.

디랙은 페르미온들이 서로 위치를 바꾸면 파동방정식에 변화가 생기지만, 보손은 그렇지 않음을 알아냈습니다. 아주 평범한 진술처럼 들리지만 이 발견은 플랑크 방정식을 좀 더 분명하게 이해할 수 있게 해주는, 아주 중요한 발견입니다. 플랑크는 물체가 빛을 방출하는 이유를 설명하려고 빛의 양자화라는 개념을 처음 도입했지만, 그때까지는 그저 실용적인 해결 방법이었을 뿐입니다. 플랑크 방정식은 분명히 성립하지만, 왜 성립하는지 그 이유를 아는 사람은 없었습니다. 디랙이 슈뢰딩거의 방정식을 입자의 교환에 적용하면서 양자역학으로 플랑크의 방정식을 유도할 방법이 생겼습니다. 이탈리아 물리학자 엔리코 페르미(Enrico Fermi, 1901~1954년)가 몇 달 전에 다른 방법으로 비슷한 결과를 얻었지만, 그렇다고 해서 디랙의 업적이 줄어들지는 않습니다.

1926년도 가을 학기가 시작되었을 때 디랙은 보어가 있는 코펜하겐 연구소에서 6개월을 머물려고 친숙한 영국 땅을 떠나 덴마크로 갔습니다. 코펜하겐 연구소에서 디랙과 양자론을 연구하는 몇몇 물리학자는 막스 보른이 발표한 논문이 지시하는 내용이 '슈뢰딩거의 방정식은, 정확하게는 슈뢰딩거의 방정식으로 산출한 결과의 제곱은 특정한 위치에 있는 양자 입자를 찾을 확률을 의미한다.'라는 것을 깨닫습니다. 이런 깨달음에 과학자들은 안도합니다. 처음에 슈뢰딩거의 방정식에서 제시하는 '입자의 위치를 다루는 공식'은 왠지 입자는 널리 퍼져 나간다고 주장하는 것 같았기 때문입니다. 분명히 입자는 그런 식으로 행동하지 않는데도 말입니다.

디랙과 보어는 정말 확연하게 다른 사람들이었는데도, 두 사람은 정말 잘 지냈습니다. 보어는 문화에 깊은 관심이 있고, 언어를 아주 중요하게 생각하는 사람이었습니다. 반면에 디랙은 물리학을 최고의 수학이라고 생각하고, 과학 이외의 일은 그 어떤 것도 중요하게 여기지 않았습니다. 두 사람은 보어가 디랙에게 논문 쓰는 일을 도와달라고 부탁하지만 않는다면, 언제나 즐겁게 잘 지냈습니다. 두 사람이 보어의 논문을 쓸 때 즐겁지 않은 이유는 어쩌면 디랙의 필체가 엉망이었기 때문인지도 모릅니다. 논문을 쓸 때는 몇 번이고 표현을 고치면서 받아 적게 하는 보어는 디랙보다는 다른 학자들이 조수 역할을 해주기를 바랐습니다. 다른 젊은 과학자들은 보어의 필사자가 되는 일을 즐겁게 여겼지만, 디랙은 몇 분만 지나면 손을 놓고 나오면서 이렇게 말했습니다. "학교에 다닐 때 배우기를, 마지막 문장을 쓸 방법을 모르면 시작도 하지 말라고 했단 말입니다."

오랫동안 코펜하겐 연구소에서 단독으로 연구하면서 디랙은 하이젠베르크의 양자론과 슈뢰딩거의 양자론이 전혀 충돌하지 않는다는 사실을 깨달았습니다. 오히려 디랙이 보기에는 두 이론은 서로 변환할 수 있는, 같은 현상에 대한 서로 다른 두 수학적 표현일 뿐이었습니다. 디랙이 양자물리학에서 찾아낸 많은 위대한 발견이 그렇듯이 이번에도 비슷한 결론을 낸 사람이 있었습니다. 그 사람은 바로 독일 과학자 파스쿠알 요르단(Pascual Jordan, 1902~1980년)입니다.

하지만 오래지 않아 디랙은 요르단에게 진 신세를 갚았습니다. 요르단은 양자론을 맥스웰이 제안한 고전적인 이론인 전자기학에 적용하려고 했습니다. 특히 요르단은 전자를 생산하고 흡수하는 일반적인 전자기 과정을 설명하려고 했습니다. 8장에서 본 것처럼 전자가 낮은 궤도로 떨어지면 전자는 광자라는 형태로 에너지를 방출합니다. 반대로 전자가 광자를 흡수하면 전자의 에너지는 증가합니다.

디랙은 전자기장에서 상호작용을 하면서 광자가 생성되고 소멸될 때 일어나는 일을 양자론으로 설명했습니다. 그리고 광자는 그저 전자기장에서 '나타났다가 금방 사라지는 신호'로 간주했습니다. 복사선을 양자론으로 설명한 것입니다. 디랙은 1926년 크리스마스를 보어 가족과 함께 보냈습니다. 디랙으로서는 집에서 지내지 않은 첫 번째 크리스마스였는데, 이때 디랙은 활기찬 보어 가족은 격식만 차리는 디랙 가족과는 전혀 다르다는 사실을 알게 됩니다.

1927년에 디랙은 괴팅겐으로 옮겨 갑니다. 하이젠베르크의 고향에서 6개월을 지내게 된 것입니다. 이곳에는 막스 보른의 지도를 받을 때 디랙과 논쟁하면서 서로 정신을 단련했던 파스쿠알 요르단과 젊은 미국 물리학자 로버트 오펜하이머(Robert Oppenheimer, 1904~1967년)가 있었습니다.

여러 가지 이유로 디랙은 코펜하겐보다는 괴팅겐을 더 좋아했습니다. 일요일마다 아름답기로 유명한 시골길을 걸을 수 있다는 것도 큰 이유였을 것입니다. 하지만 지적으로는, 맹렬하게 연구할 수밖에 없었던 보어의 연구소와 달리 훨씬 온건한 분위기였던 괴팅겐 연구소는 디랙에게 그다지 효율적이지는 못했던 것 같습니다. 괴팅겐에서 디랙은 빛의 산란 현상을 양자역학으로 설명할 방법을 찾기는 했지만, 이렇다할 큰 업적은 세우지 못했습니다(태양에서 나온 빛이 지구의 대기에서 흩어져 하늘이 파랗게 되는 현상도 산란 현상입니다).

디랙답지 않게 그는 휴가를 지내기로 마음먹습니다. 양자론의 압박을 받으러 돌아가기 전에, 그러니까 양자론의 가장 기이한 특징 가운데 하나를 밝히는 일에 전념하기 전에, 여름휴가를 지내기로 한 것입니다. 양자 입자는 스핀이라는 양자화된 특성이 있다는 개념은 자전축을 중심으로 회전하는 물체에 관한 일반적인 개념과는 닮은 점이 분명히 전혀 없습니다. 그런데 실제로 디랙의 휴가란 1년 만에 처음으로 부모님 집으로 돌아와 여름 내내 침실에서 나오지 않는 걸 의미했습니다. 연구는 했지만, 그다지 연구에 도움은 되지 않는 환경에서 말입니다.

그해 여름에 디랙은 별 다른 연구 성과를 내지 못합니다. 아버지와도 분명히 화해하지 못했습니다. 세인트존스칼리지의 연구 장학생으로 케임브리지에 돌아온 1927년 10월에야 디랙은 상대성을 양자의 영역으로 훌륭하게 운반하는 엄청난 일을 해냅니다. 이번에는 전자의 행동에 관한 양자역학적 설명과 특수상대성이론을 결합해 빠르게 움직이는 입자와 다른 기준틀frames of reference에 어긋나지 않는 이론을 세웠습니다.

가구도 거의 없는 대학교 숙소에서 디랙은 쉬지 않고 연구하며, 직접은 유도할 수 없는 즐거운 영감을 떠올리면서 방정식을 만들어내려고 노력했습니다. 학기 말로 다가가면서 교정 분위기가 사뭇 달라지고, 많은 사람이 크리스마스 준비를 하고 있을 때, 디랙 자신도 결국은 끝까지 정확하게는 설명하지 못한 어떤 과정을 거쳐 엄청난 무언가가 튀어나왔습니다. 그것은 바로 네 가지 성분으로 이루어진 방정식이었습니다. 이 방정식은 물리학자들이 풀어야 했던 스핀 문제를 해결했을 뿐 아니라 관찰 결과에 정확하게 일치하는, 전자의 행동이 갖는 다른 측면을 예측할 수 있었습니다. 그리고 전자가 천천히 움직일 때 기존 양자론이 비상대론적 예측으로 붕괴하는 문제도 해결했습니다. 물리학자들에게 가장 위대한 방정식 열 가지를 뽑으라고 하면 디랙의 방정식은 반드시 들어갈 것입니다(그 방정식들 이야기를 하려면 책을 또 한 권 써야 합니다).

이론물리학자는 누구보다 먼저 이론을 발표해야 한다는 강박에 사로잡히기 마련이지만, 디랙에게는 자신이 발견한 방정식을 서둘러 발표해야 한다는 생각이 없었던 것 같습니다. 크리스마스 휴가를 보내려고 브리스틀로 떠나기 전에 젊은 물리학자 찰스 다윈(진화론으로 유명한 할아버지와 이름이 같은 손자입니다)에게 지나가는 말로 자신의 연구 결과를 언급한 적은 있지만, 논문은 1928년 초가 되어서야 왕립학회에 보냈습니다. 2월에 디랙 방정식이 발표되었을 때, 물리학계는 충격에 휩싸였습니다. 방정식을 지탱하는 수학이 정말 견고하다는 것도 놀랍고, 디랙이 그토록 어려운 문제를 풀어냈다는 사실도 놀라웠기 때문입니다.

하지만 모든 것이 다 좋기만 한 것은 아니었습니다. 누구나 경탄할 정도로 디랙의 방정식은 막강한 힘을 발휘했지만, 동시에 너무나도 기이한 예측을 하고 있었습니다. 방정식대로라면 전자는 양의 에너지만이 아니라 음의 에너지도 가질 수 있었습니다. 디랙의 방정식은 전자가 연속적으로 양자도약을 해 에너지가 0인 상태를 지나 훨씬 밑에 있는 음의 에너지 상태로 떨어질 수 있다고 말합니다.

물리학계는 방정식은 유용한데 그에 따르는 결과가 불편하면, 불편한 결과는 무시해버리는 일에 익숙했습니다. 예를 들어 맥스웰의 방정식이 그런 경우입니다. 맥스웰 방정식은 빛은 전자파라는 전통적인 견해와 시간이 지나면 수용체에서 광원으로 빛이 다시 돌아온다는 비전통적인 견해를 동시에 예측합니다. 물리학자들은 비전통적 견해는 무시했습니다. 디랙의 방정식에서도 음의 에너지만 무시하면, 방정식 자체는 경이로운 업적이 될 수 있을 터였습니다.

처음으로 러시아까지 방문하면서 유럽 여행을 즐긴 여름이 끝난 뒤에, 디랙은 1928년 가을 학기에 맞춰 케임브리지로 돌아왔습니다. 거의 말이 없는 디랙이었지만, 많은 이야기를 하라고 강요받지만 않는다면 다른 과학자들과 함께 있는 시간을 즐겼습니다. 여름휴가를 보내고 온 뒤로 디랙은 활기까지 되찾았습니다. 하지만 기운을 되찾으려는 디랙의 노력은 그의 방정식에는 적용되지 않았습니다. 그다음 해에 디랙은 대학 교재를 집필하면서 많은 시간을 보냈습니다. 1930년 3월이 되어도 디랙에게는 어려운 음의 에너지 문제를 해결할 방법이 떠오르지 않았습니다. 그런 상태로 디랙은 미국으로 장기 여행을 떠났습니다.

디랙은 거의 기차를 타고 다니면서 미국을 횡단했습니다. 뉴욕에서 출발해, 프린스턴과 시카고를 들렀고, 마침내 위스콘신 주에 있는 매디슨Madison으로 갔습니다. 바로 이곳에서 디랙의 단순, 명쾌한 퉁명스러움이 아주 효과적으로 널리 알려졌습니다. 매디슨대학교에서 강연하고 질문을 받는 시간이 됐을 때, 한 청중이 디랙에게 물었습니다. "저기 칠판 오른쪽 모퉁이 위에 적으신 방정식을 이해할 수가 없습니다."

그 질문에 디랙은 아무 대답도 하지 않았습니다. 잠시 어색한 침묵이 흘렀고, 대답해달라는 요청을 받은 뒤에야 디랙은 이렇게 말했습니다. "그건 질문이 아닙니다. 논평이죠."

위스콘신을 떠난 뒤에는 여러 대학교를 방문하거나 그랜드캐니언이나 요세미티(Yosemite, 미국 시에라네바다산맥 중앙부에 있는 계곡. 암벽 등반의 메카다—옮긴이) 같은 멋진 장소에서 걷기도 하면서 디랙은 미국 여행을 계속했습니다. 여행이 끝나가던 8월에는 하이젠베르크도 디랙과 함께했습니다. 캘리포니아대학교에서 강연을 마친 뒤에 두 사람은 증기선을 타고 일본으로 건너갔습니다. 일본에서 유명 인사 대접을 받은 두 사람은 그 뒤로는 각자 헤어졌는데, 디랙은 시베리아 횡단 열차를 타고 모스크바로 간 다음에 비행기를 타고 베를린으로 갔다가 영국으로 돌아갔습니다(그때만 해도 비행기는 생소한 교통수단이었습니다).

어느 정도는 안도하면서 다시 반쯤은 수도사 같은 삶으로 돌아온 디랙은 다시 음의 에너지 문제에 집중했습니다. 그해 초에 과학계는 음의 에너지를 기현상이라고 치부하고 그저 무시해버리면 디랙의 방정식을 사용할 수 없다는 사실을 분명하게 깨달았습니다. 음의 방정식은 디랙 방정식의 성패를 좌우할 열쇠였습니다. 그리고 디랙은 마침내 해결책을 찾았습니다. 그런데 이 해법에는 양자학자들조차도 눈썹을 치켜세울 요소가 포함되어 있었습니다.

디랙은 음의 에너지 상태가 존재할 수 있지만, 관찰은 할 수 없는 환경이 있음을 깨달았습니다. 그는 무한히 많은 전자를 포함한 우주를 상상했습니다. '진짜' 전자가 출현하기 전에 완전히 음의 에너지로 채운, 무한한 전자의 바다로 이루어진 우주를 말입니다. 관찰되는 전자들이 양의 에너지를 갖는 이유는 당연히 양의 에너지가 뛰어들어 갈 비어 있는 음의 에너지 공간이 없기 때문입니다.

무한한 전자 바다라는 생각은 터무니없어 보였는데, 디랙의 생각이 타당한 근거가 있는 이론이라면 그 근거는 흔적을 남겨야 하고 실험할 수 있어야 합니다. 디랙의 이론은 이론적으로는 실험할 수 있었습니다. 왜냐하면, 음의 에너지 바다에서는 전자가 자주 생성되는데, 그때마다 우주라는 직물에는 음의 에너지가 남긴 구멍이 생겨야 하기 때문입니다. 평범한 전자라면 그 구멍에 가까이 왔다가 구멍 속으로 풍덩 빠지게 됩니다. 전자가 구멍에 빠질 때는 전자기 복사선, 즉 광자가 방출됩니다.

실험물리학자라면 그 과정에서 관찰되는 음의 에너지 구멍을 사진으로 찍을 수 있을 것입니다. 그런 구멍은 음의 전하로 대전된, 음의 에너지를 띠는 전자가 사라짐을 뜻합니다. 이 구멍은 정확히 양의 전하를 띤, 양의 에너지 입자처럼 행동해야 합니다. 평범한 전자와 같지만 양의 전하를 띤, 어느 정도는 양성자와 같은 입자처럼 행동하는 것입니다. 이것이 초기에 디랙이 생각했던 음의 에너지를 가진 전자가 만드는 구멍의 모습이었습니다. 하지만 이 가설로는 양성자가 전자보다 훨씬 무거운 이유를 설명하지 못했습니다.

곧 음의 에너지가 남긴 구멍을 양성자로는 해석할 수 없음이 분명해졌습니다. 음의 에너지 구멍이 양성자라면 원자는 안정한 상태를 유지하고 못하고, 전자가 음의 에너지를 갖는 양성자에 충돌해 붕괴하고 말 테니까요. 1929년이 끝나고 1930년이 될 무렵에 디랙은 상당히 잘 작동하지만 여전히 토대는 미심쩍은 이론을 하나 생각해냅니다. 어쨌거나 이 이론은 몇 달 동안 지속됐던 암흑에서 빛을 밝히는 역할을 했습니다. 1930년 2월에 디랙은 기록적으로 젊은 나이에 왕립학회 회원으로 선출되었습니다.

왕립학회 회원으로 선출된 뒤로 자부심이 높아져서이겠지만, 디랙은 일요일뿐만 아니라 주말 내내 푹 쉬면서 산책하려고 새로 산 차를 타고 시골로 달려갔습니다. 그 덕분에 디랙은 훨씬 효율적으로 생각할 수 있었지만, 여전히 음의 에너지 구멍 문제는 풀리지 않았습니다. 잠시 러시아로 건너가 여름휴가를 즐긴 뒤에 디랙은 다시 이 짜증 나는 가상의 우주 구성 성분을 고심하는 일로 돌아왔습니다. 문제는 풀리지 않았지만, 디랙의 마음을 풀어줄 일은 있었습니다. 디랙이 쓴 대학 교재 『양자역학의 원리The Principles of Quantum Mechanics』가 출간된 것입니다.

디랙의 교재는 그다지 이해하기 쉬운 책도 아니고, 도표도 없이 빽

빽하게 글로만 채워진 책입니다. 하지만 디랙의 강연 형식과 아주 비슷하게 쓰인 이 책은 곧 가장 확실한 양자역학 교재가 되었습니다(그러니까 이 책을 끝까지 다 읽은 사람들에게는 말입니다). 물리학자들은 디랙의 교재에 열광했고, 심지어 아인슈타인까지도 찬사를 보냈습니다. 하지만 1931년이 되어서도 디랙으로서는 존재한다는 분명한 확신이 있지만, 양성자는 아니라는 것 외에 음의 에너지 구멍에 관해 밝혀진 것은 아무것도 없었습니다.

잠시 머리를 식히려고 디랙은 다른 곳으로 관심을 돌렸습니다. 다시 전자기의 원리로 돌아온 디랙은 전하가 고정된 단위로만 움직이는 이유를 고민했습니다. 전자나 양성자의 전하 크기를 말입니다. 디랙은 양자론과 고전적인 전자기학을 결합해 자하(자기의 전하)는 양자화되어야 하며, 이론적으로는 개별적으로 존재하는 자기의 극, 다시 말해서 아직 아무도 관찰하지는 못했지만 자석의 N극이나 S극 가운데 어느 한쪽만 존재하는 '홀극monopole'이 있을 수 있음을 보여주었습니다. 그는 또한 자기의 양극 사이에 존재하는 인력이 전기의 양극 사이에 존재하는 인력보다 훨씬 세다는 사실을 발견하고, 그 사실을 이용해 자극이 항상 쌍으로 존재하는 이유를 깔끔하게 설명했습니다.

가장 놀라운 결과는 (이 결과가 놀라운 이유 가운데 하나는 지금까지 자기 홀극은 잠재적으로 실험으로 발견될 가능성이 아주 높아서인데) 만약 자기 홀극이 존재한다면, 즉 단 한 번이라도 발견된다면 전하는 양자 단위로 양자화되어 있음을 의미한다는 것입니다. 그 의미 외에는 다른 의미가 있을 수가 없습니다.

자기 홀극의 존재 여부는 아직 확인되지 않고 있지만, 자기 홀극이라는 개념 덕분에 디랙은 음의 에너지 구멍을 마음껏 생각할 수 있게 되었습니다. 이 무렵에는 기본 입자는 오직 두 가지밖에 알려지지 않았습니다. 전자와 양성자입니다(빛의 광자를 고려하지 않는다면 말입니다). 하지만 자기 홀극이 존재한다면, 다른 입자가 존재하지 않을 이유가 없었습니다. 예를 들어, 정확하게 구멍을 반영하는 입자, 전자의 분신 doppelgänger이지만 양의 전하를 띤 입자가 존재하지 않을 이유가 없는 것입니다.

디랙은 이렇게 썼습니다. "구멍은, 만약에 존재한다면, 새로운 입자일 가능성이 있다. 실험물리학에서는 밝혀내지 못했지만, 전자와 질량은 같고 전하만 반대인 입자 말이다. 그런 입자는 '반전자anti-election'라고 부를 수 있을 것이다." 디랙은 반전자는 찾기가 쉽지 않은데, 그 이유는 반전자는 전자를 만나 자연스럽게 사라지기 때문이라고 했습니다. 이 과정을 지금은 '소멸annihilation'이라고 부릅니다. 하지만 반입자는 실험으로 생성할 수 있으리라고 예측했습니다. 그는 또한 반양성자도 있을 거라고 했습니다.

실험 증거는 디랙의 생각을 진지하게 검토하려는 물리학자들에게서 교묘하게 비껴 나갔습니다. 그런데 1931년이 끝나갈 무렵에 미국 물리학자 로버트 밀리컨이 특별히 사랑하는 주제인 '우주선cosmic ray'에 관한 세미나를 하려고 케임브리지로 왔습니다. 밀리컨은 세미나에서 자신이 지도하는 박사 과정 학생 칼 앤더슨(Carl Anderson, 1905~1991년)이 우주선의 경로를 추적한 사진을 보여주었습니다. 실제로 우주선은 저 멀리 우주에서 날아와 지구의 대기에 부딪치는 고에너지 입자로, 심지어 아직도 실험실에서 만들 수 있는 그 어떤 입자가속기보다도 더 강력한 천연 입자가속기 역할을 합니다.

앤더슨은 고에너지 충돌이 일어나면 흔히 전자와 전자에 상응하는 양의 전하를 띤 입자가 생성된다고 했습니다. 우주선의 경로를 추적하려면, 수증기가 과포화 상태로 들어 있는 안개상자cloud chamber로 우주선을 쏘아 우주선이 수증기 입자를 밀어내면서 만든 뚜렷한 흔적을 살펴보면 됩니다. 밀리컨의 권고대로 앤더슨은 전하를 띤 입자들이 전하의 종류에 따라 다른 방향으로 굴절될 수 있도록 안개상자 안에 강력한 자기장을 만들었습니다. 전하가 굴절되는 정도를 측정하면 입자의 운동량도 측정할 수 있습니다.

앤더슨이 촬영한 사진 몇 장에서 전자는 거의 비슷한 시기에 같은 장소에서 양의 전하를 띤 입자와 함께 쌍으로 생성되었습니다. 케임브리지에서 밀리컨이 세미나를 열고 있을 때, 디랙은 안식년을 맞아 프린스턴으로 와 있었으므로 자신이 예언한 반전자가 있음을 입증하는 첫 번째 실험 증거를 보지 못했습니다(디랙이 반전자라고 부른 양전자는 현재 포지트론positron이라고도 부릅니다). 그런데 세상에 모습을 드러내려 하는 입자는 양전자만이 아니었습니다.

1932년이 시작될 무렵에 캐번디시연구소의 제임스 채드윅이 러더퍼드가 예언한 입자가 존재한다는 증거를 발견했습니다. 이 입자는 양성자와 질량은 비슷했지만 전하는 띠지 않았습니다. 바로 중성자입니다(6장 참고). 1932년 봄에 캐번디시연구소는 또 다른 놀라운 발견을 합니다. 존 코크로프트(John Cockroft, 1897~1967년)와 어니스트 월턴(Ernest Walton, 1903~1995년)이 양성자를 빠르게 쏘아 리튬을 쪼갠 것입니다.

이제는 실험물리학자들이 앞서 나가고 디랙이 따라잡아야 할 것 같은 양상이었습니다. 하지만 다시 한 번, 막강한 학계 인사들은 디랙을 믿는다는 신호를 보내줍니다. 루커스 석좌교수 조지프 라모(Joseph Larmor, 1857~1942년)가 일흔다섯 살의 나이로 은퇴했을 때, 학계는 디랙을 그 후임자로 결정합니다. 아이작 뉴턴은 스물아홉 살에 루커스 석좌교수가 되었는데, 디랙도 비슷한 나이에 같은 자리에 오른 것입니다. 디랙에게 나이는 정말 중요한 문제였습니다. 그는 위대한 물리학자는 대부분 서른이 되기 전에 최고 업적을 낸다는 사실을 잘 알았습니다. 서른이 되었을 때 디랙은 하이젠베르크에게 자신은 "더는 물리학자가 아닙니다."라고 농담할 정도였습니다.

그해 여름에 디랙은 크림 반도 해안 지방에서 휴가를 보내려고 또다시 러시아로 여행을 떠났습니다. 디랙이 러시아에서 휴가를 즐기는 동안 앤더슨은 마침내 우주선이 만드는 양전하를 띤 입자의 경로를 충분히 추적할 수 있는 뚜렷한 안개상자 사진을 찍었습니다. 그리고 이 양전하를 띤 입자가 양의 전하를 띤 전자처럼 행동하는데, 전자석의 극 위치를 바꾼 사람이 아무도 없다는 사실을 알고 깜짝 놀랐습니다. 한 달이 지나기 전에 앤더슨은 '양전자'의 궤적을 두 개 더 찾아냈습니다.

하지만 앤더슨은 자신이 디랙의 이론을 입증할 증거를 찾았다고는 생각하지 않았습니다. 디랙의 이론은 앤더슨의 머리에 떠오르지도 않았습니다. 그는 그저 실험 결과를 무시해버렸습니다. 앤더슨이 발견한 현상이 디랙의 반전자를 입증할 증거일 수도 있음을 찾아낸 사람은 물리학자가 아닌 관찰력이 예리한 수학자 루돌프 랑게르(Rudolph Langer, 1894~1968년)였습니다. 하지만 랑게르의 의견도 곧바로 무시됐습니다. 심지어 1932년 가을에 캐번디시연구소에서 훨씬 더 좋은 안개상자로 실험했을 때도 나온 증거를 무시했습니다.

안개상자로 실험할 때 발생하는 한 가지 문제점은 사진에 찍히는 것은 대부분 텅 빈 곳이라는 점입니다. 캐번디시연구소의 패트릭 블래킷과 동료 주세페 오키알리니Giuseppe Occhialini는 실험할 때 안개상자 양쪽 끝에 가이거계수기를 설치하기로 했습니다. 그러자 우주선이 통과할 때만 사진을 찍을 수 있어서, 훨씬 효율적으로 실험할 수 있었습니다. 두 사람도 양전하를 띤 전자를 찍을 수 있었고, 그 사실을 디랙이 참석한 세미나에서 발표했습니다. 그 자리에서 디랙은 아무 말도 하지 않았습니다.

그 무렵에 디랙은 움직이는 물체와 그 물체의 움직임이 만드는, 이동할 수 있는 여러 경로를 결정하는 고전물리학 기술을 적용하는 일에 몰두하고 있었습니다. 위치에너지와 운동에너지 차의 합이 이동 경로를 결정한다는 고전물리학의 기술을 말입니다. 10장에서 살펴보겠지만, 이런 디랙의 작업은 리처드 파인먼이 전자의 양자적 행동을 설명할 때 영감을 줍니다. 하지만 이때 디랙은 자신이 흠모하던 정치 체제였던 소련과의 연대를 과시하려고 연구 결과를 소련에서 새로 발간한 잡지에 발표했습니다. 그 때문에 디랙의 이론은 상당히 많은 부분이 몇 년 동안 과학계에서 사라지고 말았습니다.

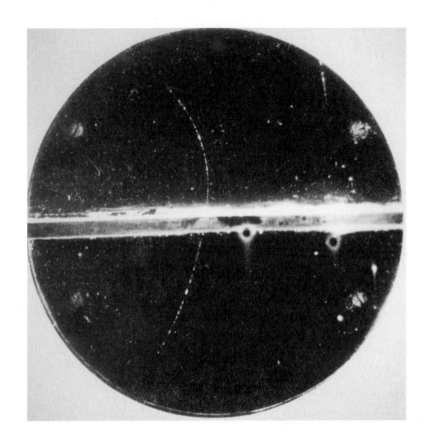

그림 9. 칼 앤더슨이 1932년에 세계 최초로 양전자를 찍은 안개상자 사진. 사진에서 양전자는 사진 중간 부분에서 생성되어 납판을 6밀리미터 정도 가로지르는 아주 긴 곡선 궤적을 남겼다.

1933년이 시작될 무렵이 되면 반전자에 대한 실험 증거가 너무나도 많이 나와서 도저히 더는 무시할 수가 없게 됩니다. 디랙은 우주선 입자가 대기에 있는 기체와 충돌할 때 발생하는 에너지는 한 쌍의 입자로 전환된다고 가정하고, 전자와 양전자의 생성이 특수상대성이론(7장 참고)에서 예기한 질량과 에너지의 관계를 입증하는 증거인지를 밝히는 계산을 했습니다. 하지만 과학계가 양전자의 존재를 인정하려면 1년이라는 시간이 더 흘러야 했습니다. 심지어 물리학자 대부분이 디랙의 이론을 인정할 때도 양전자가 존재한다는 디랙의 이론을 인정하지 않으려는 사람들도 있었습니다. 하지만 돌아갈 길은 없었습니다.

1933년 말이 되면 디랙은 드디어 과학의 역사에서 한 자리를 차지해도 된다는 분명한 인정을 받습니다. 1933년도 노벨 물리학상을 슈뢰딩거와 공동 수상하게 된 것입니다(1932년 수상자인 하이젠베르크도 1년 늦게 두 사람과 함께 노벨 물리학상을 받았습니다). 디랙은 노벨상위원회에서 주는 여행 경비를 받아 어머니와 함께 스톡홀름으로 갔습니다. 여행하는 동안 디랙은 거의 말을 하지 않았지만, 디랙의 어머니는 두 사람 몫을 충분히 해냈습니다. 디랙의 어머니는 기회가 있을 때마다 디랙의 아버지는 독재자였고, 아들은 "젊은 아가씨들에게는 전혀 관심이 없다."라는 것을 강조했습니다. 당연히 그런 어머니의 태도는 디랙의 성 정체성에 대해 점점 커지던 의심을 잠재우는 데는 전혀 도움이 되지 않았습니다.

노벨상 수상 기념 강연에서 디랙은 우주에는 물질이 존재하는 만큼 반물질이 존재할 수도 있으며, 우리 태양계가 전적으로 순수한 물질로 이루어진 것은 우연일 뿐이라고 했습니다. 노벨상을 받으면서 디랙은 아주 높은 곳으로 올라갔습니다. 하지만 이론물리학에서 높게 쌓인 더미 위에 올라앉는다는 것은 언제라도 미끄러져 내려올 수 있다는 뜻이었습니다. 디랙이 노벨상을 받은 지 얼마 되지 않아 이제는 캘리포니아로 돌아가 연구하던 오펜하이머와 그의 연구팀이 양자장quantum field 이론을 발표했습니다. 오펜하이머는 양자장 이론에 양전자 개념은 유지했지만, 음의 에너지 바다라는 개념은 폐기했습니다. 파울리도 디랙이 반입자가 존재할 수 없다고 했던 가상의 스핀 제로 입자spin zero particle가 실제로 존재한다면 반입자도 있음을 보여주었습니다. 모두 디랙의 이론에 결함이 있음을 보여주는 증거들이었습니다.

디랙이 처음 제안한 양자장 이론을 적용할 때면 정기적으로 무한대가 튀어나온다는 것도 디랙을 더욱 곤란하게 했습니다. 무한대는 처음에는 필요하다고 생각해서 설정한 개념이지만, 끊임없이 디랙의 이론을 괴롭혔습니다. 결국 디랙은 자신이 2년 동안 시간을 낭비했다고 생각하고, 처음으로 다른 물리학자와 협력해 연구할 생각을 합니다. 친구인 실험물리학자 페테르 카피차와 함께 말입니다. 두 사람의 초기 연구는 이렇다 할 성과를 내지 못했지만, 디랙은 원소 시료를 나선으로 회전시켜 동위원소를 분리해내는 독창적인 방법을 고안해냈습니다. 디랙은 고압으로 회전하는 기체의 배기가스가 100도℃ 정도 차이가 나는 온도에서 두 기체 줄기로 갈라진다는 사실에 매혹됐습니다. 실험을 무시했던 과학자가 실험의 중요함을 깨닫게 된 것입니다.

그리고 얼마 지나지 않아, 디랙을 따라다니던 오명 하나도 사라졌습니다. 안식년을 맞아 프린스턴으로 간 디랙은 역시 프린스턴에서 안식년을 보내던 헝가리 양자물리학자 유진 위그너를 만났습니다. 위그너는 디랙과 점심을 먹는 자리에 사람들에게 맨시Manci라고 알려질 여동생 마르기트Margit를 데리고 왔습니다. 사교적이고 활기차고 말이 많은 맨시는 디랙과는 정반대인 사람이었습니다. 그러니까 디랙이 늘 함께 지내는 데 문제가 없었던 외향적인 사람이었던 것입니다. 두 사람이 서로 끌리는 데는 분명히 많은 시간이 필요하지 않았습니다.

프린스턴에서 디랙은 대학 교재를 수정하고, 전자에 관한 디랙 방정식을 다른 방식으로 유도하는 방법을 찾는 데 주력했습니다. 맨시와 점점 더 깊은 사이가 되는 동안, 디랙은 자신이 그동안 발을 들여본 적이 없는 전혀 새로운 세계로 들어가 새로운 활동을 시작했습니다. 국적이 러시아인 친구 페테르 카피차가 러시아를 방문한 뒤로 출국 허가를 받지 못하고 있었기 때문입니다. 소련 당국은 조지 가모(Goerge Gamow, 1904~1968년) 같은 러시아 거물급 과학자들이 다른 나라로 망명한 뒤부터는 다른 과학자의 이탈을 막고 있었습니다. 케임브리지의 러더퍼드와 디랙은 카피차를 가족의 품으로 돌려달라는 탄원 운동을 이끌었습니다.

맨시가 헝가리로 돌아가자, 싹이 트던 두 사람의 로맨스는 위기를 맞았습니다. 글이라고는 간결하게 쓰는 것밖에 모르는 디랙 때문이었습니다. 한 번은 맨시가 디랙의 편지가 너무 퉁명하다고 불평하자, 디랙은 맨시가 편지로 질문한 내용을 표로 만들어서, 각 질문에 짤막한 답을 달아 보냈습니다. 분명히 장거리 사랑을 이어갈 좋은 방법은 아니었습니다.

안식년이 끝난 1935년 6월에 디랙은 러시아로 갔습니다. 카피차가 영국으로 돌아올 수 있게 러시아 당국을 설득해볼 생각이었습니다. 하지만 디랙의 노력과 러더퍼드가 보낸 사람들의 노력은 아무 효과가 없었습니다. 러시아는 카피차를 잘 대우했지만, 출국을 허락하지는 않았습니다. 돌아오는 길에 디랙은 맨시와 아흐레 동안 함께 지냈으니까, 디랙에게 이 여행이 아주 무익하지만은 않았지만 말입니다.

영국으로 돌아오고 새 학기가 시작됐지만, 디랙의 연구는 여전히 거의 진척이 없었습니다. 전 세계 대학교에 있는 몇 명 안 되는 친구는 새로운 연구에 몰두하느라 디랙을 도와줄 수가 없었습니다. 맨시와 사귈 때에도 디랙은 그 어떤 것이든 자신의 일상을 방해하는 일은 참아내지 못했습니다. 한 번은 밤에 맨시가 디랙에게 장거리 전화를 걸었습니다. 당연히 기뻐해야 할 일일 텐데도, 디랙은 맨시가 사생활을 방해했다며 버럭 화를 냈습니다. 의사소통도 제대로 되지 않는 연애였는데도 두 사람의 장거리 연애는 꾸준히 발전하긴 했지만, 디랙은 계속해서 자신만의 일상을 살아갔습니다.

디랙의 일상을 흐트러뜨린 단 한 가지 일은, 1936년 6월에 등산을 가는 휴일을 포기하고 브리스틀로 돌아간 것입니다. 아버지가 아팠기 때문입니다. 디랙의 아버지 찰스는 아들이 도착하기 직전에 세상을 떠나며, 아들에게 여러 가지 복잡한 감정을 남겼습니다. 곧 다시 휴일마다 등산하는 나날로 돌아온 디랙은 오르기 힘든 옐브루스El'brus 산으로 갔습니다. 등산을 마친 디랙은 러시아로 가서 카피차를 만났고, 맨시와 보어도 만나러 갔습니다. 아마도 이 세 사람이 디랙의 인생에서는 가장 중요한 사람들일 것입니다.

케임브리지로 돌아온 디랙은 지금까지와는 전혀 다른 규모의 연구로 관심을 돌렸습니다. 양자론을 연구하던 디랙이 우주론으로 눈길을 돌린 것입니다(결국은 양자물리학과 강하게 얽히게 되는 우주론으로 말입니다). 오빠를 만나려고 미국으로 가는 길에 맨시는 영국에 들러 디랙을 만나러 나왔는데, 디랙은 마침내 결정을 내려야 할 때라고 생각합니다. 맨시를 자동차에 태우고 런던으로 향하던 디랙은 맨시에게 결혼해달라고 말합니다.

하지만 완벽해 보였던 두 사람의 로맨스는 곧 혼란에 빠지고 맙니다. 디랙의 어머니가 런던에서 맨시와 몇 분 정도 단둘이 있었는데, 그 뒤에 디랙의 어머니는 아들에게 아주 놀라운 이야기를 들었다며 편지를 썼습니다. 맨시가 결혼하면 "디랙을 제 침실에 들어오지 못하게 할 거예요."라고 했다는 것입니다. 그럴 거면 결혼을 왜 하느냐는 말에는 "그 사람을 아주 좋아하니까요. 전 집도 있었으면 좋겠어요."라고 대답했다고 말입니다.

어머니의 편지를 받고 디랙은 마음이 심란해졌습니다. 그런 결혼이 가능할까요? 하지만 살아오는 동안 대부분 이성을 따랐던 남자가 이번에는 가슴에 지고 말았습니다. 디랙과 맨시는 며칠 뒤에 결혼식을 올렸습니다.

맨시는 부다페스트로 돌아가 런던으로 건너올 준비를 하고, 디랙은 케임브리지로 돌아가 함께 살 집을 구하는 동안, 이제는 마침내 디랙도 맨시에게 보낼 편지에 사랑의 감정을 표현할 수 있게 된 것 같았습니다. 디랙의 어머니가 미래의 며느리가 하는 말을 오해했거나 아들을 결혼시키지 않으려고 일부러 그랬던 것인지, 맨시가 시어머니가 될 사람을 놀렸던 것인지는 알 수 없지만, 그런 일이 있은 뒤에도 두 사람의 연애 감정은 다시 돌아왔고, 두 사람의 결혼은 앞으로 행복하게 되리라는 징후로 가득했습니다. 첫 번째 결혼에서 낳은 두 아이와 함께 영국으로 건너온 맨시는 맨시가 없었다면 분명히 지루했을 디랙의 인생에 활기와 에너지를 불어넣으면서 거물의 아내 역할을 훌륭히 해냈습니다.

일에서 보자면, 디랙은 우주론 분야에서 지구를 뒤흔들 만한 엄청난 업적을 세우지는 못했지만, 앞으로 대중 과학 소설에서 인기 있게 다룰 주제를 표면에 떠오르게 했습니다(그런데 디랙은 대중 과학 소설을 아주 싫어했습니다). 몇 가지 안 되는 중요한 수가 우주의 본질에 커다란 영향을 미치는 방법 등을 논의하는 태도, 특히 아주 커다란 이런 수들이 (예를 들어 관찰할 수 있는 우주에 존재하는 전체 양성자의 수 같은 수들이) 어떤 방법으로 연결되어 있는지 같은 문제들을 논의하는 태도에 대해서 말입니다. 하지만 디랙은 그런 주장은 추상적인 허튼소리라는 거친 비난을 받아야 했습니다.

디랙은 결국 화가 났고, 새로운 주제에 두었던 관심을 거둬들이고 말았습니다. 얼마 못 가 러더퍼드가 세상을 떠났고, 캐번디시에 새로 온 소장은 연구 방향을 이전과는 다른 쪽으로 돌렸습니다. 그 사이에 양자장 이론은 수렁에 빠져버렸습니다. 디랙은 양자장 이론을 괴롭히는 무한대 가운데 하나인 전자의 자체 에너지self-energy 문제를 조금씩 풀어나가고 싶었습니다. 전자는 차원이 없는 점 입자로 전자장의 세기는 거리의 제곱에 반비례해서 증가합니다. 따라서 거리가 0에 가까워지면 전자장의 세기는 무한대에 가까워져야 합니다. 디랙은 자신이 기반으로 삼은 맥스웰의 전자기론에 틀린 점이 있는지 고민했습니다. 몇 달 동안 이 문제를 놓고 씨름했지만, 이렇다 할 성과는 나오지 않았습니다.

제2차 세계대전의 위협이 어렴풋하게 나타나고 있을 때, 디랙의 연구는 거의 진척이 없었고, 맨시는 경직된 케임브리지의 분위기에 불만을 터트리기 시작했습니다. 하지만 곧 아기가 태어날 예정이어서 계속 생활해 나갈 수밖에 없었습니다. 두 사람의 딸 메리Mary는 1940년 2월에 태어났습니다. 비교적 가벼운 폭격이 케임브리지를 비켜서 갔고, 브리스틀은 훨씬 강한 공격을 받았지만, 디랙의 가족은 전쟁 때문에 큰 피해가 있지는 않았습니다. 불행하게도 1941년 말에 어머니가 뇌졸중으로 돌아가셨지만 말입니다. 디랙은 1940년 말에 동위원소를 분리하는 실험에 조언하기는 했지만, 암호 해독을 연구해달라는 요청은 거절했고, 저명한 과학자 대부분이 내린 선택과 달리 전쟁에 깊이 개입하지는 않았습니다. 디랙의 동위원소 분리 방법은 실용화만 된다면 원자폭탄 제조 경쟁에서 엄청나게 유용하게 쓰일 것이 분명했습니다. 진귀한 235우라늄 동위원소는 평범한 238우라늄에서 분리해내야 했기 때문입니다.

1941년에 디랙은 온도 기울기temperature gradient나 원심분리처럼 동위원소의 다양한 농도 분포를 이용해 동위원소 혼합물을 분리하는 모든 방법을 통합한 일반 이론을 산출했습니다. 그다음 해에 디랙은 독일

군의 암호를 해독하는 프로젝트를 진행하던 블레츨리파크Bletchley Park
에 합류하라는 요청을 받습니다. 하지만 맨시가 또 임신한 상태였으므
로 디랙은 케임브리지를 떠나는 것을 망설였습니다. 하지만 결국 영국
원자폭탄 개발 프로젝트에는 더욱 깊이 관여하게 되었습니다. 동위원소
를 분리하는 방법을 더욱더 열심히 연구했고, 그 결과 마침내 업계 표준
이 될 원심분리법을 개발했기 때문입니다. 그때는 디랙의 연구를 활용하
는 사람이 없었는데, 디랙의 연구는 이제 곧 (즉, 1942년과 1943년 사이에)
235우라늄 덩어리가 연쇄반응을 일으킬 것을 예언하고 있었습니다.

디랙은 디랙답게, 많은 사람이 한 팀을 이뤄 맹렬하게 원자폭탄을
개발하는 맨해튼 프로젝트에 참여해 연구하지 않고, 혼자서 케임브리
지에서 연구했습니다. 이제 디랙의 가족은 여섯 명이 되었습니다. 디
랙과 맨시, 맨시가 첫 결혼에서 얻은 두 아이, 그리고 새로 태어난 두
딸 메리와 플로렌스 말입니다. 1942년 2월에 태어난 둘째 딸 플로렌스
는 디랙의 어머니를 따라 이름을 지었지만, 보통은 중간 이름인 모니카
Monica라고 불렀습니다.

디랙은 다시 한 번 케임브리지를 떠나 전시 체제에 협력해달라는 요
청을 받지만 거절합니다. 1943년 말에 영국과 미국이 각기 진행하던 원
자폭탄 프로젝트를 병합하기로 하면서 영국 과학자들이 맨해튼 프로
젝트로 옮겨 갔을 때도 디랙은 정말 놀랍게도 미국 로스앨러모스로 가
기를 거부합니다. 디랙에게는 그래야 했던 이유가 여러 가지 있었던 것
같습니다. 가족이 생기기 전까지는 외국 여행도 했던 디랙이지만, 어린
시절 삭막했던 가정을 싫어했던 디랙은 자신의 아이들에게는 아버지가

늘 곁에 있는 따뜻한 가정을 꾸려주고 싶었습니다. 더구나 그는 팀 단위로 연구하는 걸 싫어했으므로 자신은 로스앨러모스에 맞지 않는다고 생각했을 겁니다(아마도 그 추측은 옳았을 겁니다). 또한, 디랙은 맨해튼 프로젝트에 윤리적 타당성이 결여되어 있다는 생각을 점점 더 강하게 하게 된 것 같습니다. 1944년이 되면 디랙은 맨해튼 프로젝트와는 완전히 손을 끊습니다.

전쟁이 끝나가면서 디랙이 물리학에 한 가장 큰 공헌은 자신이 쓴 양자역학의 성서를 개정한 것입니다.『양자역학의 원리』를 개정하면서 디랙은 몇 년 동안 자신이 직접 사용했고, 이제는 양자론의 핵심이 되는 표기법을 소개했습니다. 디랙이 소개한 표기법은 〈A|B〉처럼 한 쌍의 상보적인 양자 상태를 나타내는데, 이 표기법을 '브라·켓bra-ket 표기법'이라고 합니다. '브라'는 양자의 '시작 상태'를 나타내고 '켓'은 '끝 상태'를 나타냅니다. 진짜인지는 모르겠지만, 세인트존스칼리지 세미나에 주빈으로 참석해 토론할 때 디랙이 "제가 '브라'를 만들었습니다."라고 하는 바람에 모인 사람들이 경악했다는 이야기가 있습니다.

전쟁이 끝나고 케임브리지는 일상으로 돌아오고 디랙도 쾌적한 환경을 만끽할 수 있었지만, 물리학은 디랙에게서 멀리 떨어져 버린 것 같았습니다. 지난 몇 년 사이에 양자 세계의 중심은 미국으로 건너갔고, 리처드 파인먼(10장 참고)과 줄리언 슈윙거(Julian Schwinger, 1918~1994년), 영국의 프리먼 다이슨(Freeman Dyson, 1923년~)이 함께 (일본 물리학자 도모나가 신이치로(朝永 振一郎, 1906~1979년)가 거의 동시에 개발하고 있던) 양자전기역학quantum electrodynamics, QED이라는, 빛과 물질의 상호작용을 기술하는 이론을 정립했습니다. 그때 디랙은 이렇게 말했습니다. "그 새로운 생각이 그렇게까지 추악하지만 않았다면 나는 그 생각이 옳다고 여겼을 것이다." 그는 특히 끝없이 상승하는 수를 양자전기역학에서 관측한 수로 대치해, 당혹스러운 무한대를 제거해버리는 '재규격화 renormalization' 문제를 싫어했습니다.

물리학계에는 새로운 세대가 등장하고, 디랙은 물리학에 더는 중요한 공헌을 하지 못합니다. 1947년부터 1948년까지 안식년에 디랙은 프린스턴 고등연구소로 건너가 자기 홀극 이론을 계속 연구하고 양자장 이론을 다듬었지만, 더는 '제2의 디랙 방정식'은 나오지 않았습니다.

말년의 아인슈타인처럼 디랙도 물리학 문제를 새로운 방식으로 들여다보는 몇 가지 흥미로운 시도를 했고, 어느 순간에는 에테르라는 개념을 다시 도입하기도 했습니다. 이런 디랙의 생각은 창의적이었지만, 큰 업적으로 이어지지는 않았습니다. 아인슈타인과 달리, 디랙의 명성은 점점 더 사그라졌습니다. 그 이유는 디랙 자신에게도 있었습니다. 디랙이 노벨상 수상자로 결정되었을 때, 디랙의 친구들은 노벨상을 받지 않으면 노벨상을 받을 때보다 더 유명해질 거라는 말로 디랙이 노벨상을 받도록 설득해야 했습니다. 1953년 영국 왕실은 디랙에게 기사 작위를 내렸지만 디랙은 거절했고, 당연히 맨시는 무척 화를 냈습니다.

은퇴할 시기가 다가오면서, 디랙은 케임브리지에서는 거의 머물지 않았습니다. 새로 신설한 응용수학과와 이론물리학과를 싫어했기 때문입니다. 그리고 무엇보다도 자신이 정말로 좋아했던 주차 장소가 사라졌기 때문입니다. 디랙의 공식 근무지는 마지막까지 케임브리지였지만, 디랙은 남은 시간을 대부분 프린스턴 고등연구소에서 보냈습니다.

1968년에 의붓딸 주디Judy가 차를 두고 실종되었는데 결국 찾지 못한 끔찍한 일이 벌어진 뒤로 디랙은 1969년 9월에 루커스 석좌교수직을 그만두고, 1971년에 플로리다주립대학Florida State University 객원 정교수가 됩니다. 그 덕분에 맨시는 늘 싫어했던 케임브리지 날씨와 젠체하는 학계 사람들에게서 탈출할 수 있었습니다.

디랙은 결코 사랑하는 물리학계를 떠나지 않았습니다. 계속해서 강연했고, 중요한 변화를 끌어내지는 못했지만 계속해서 새로운 아이디어를 물리학계에 제시했습니다. 1973년에 그는 잠시 영국으로 돌아와, 기사 작위보다는 더 명예롭지만 작위는 붙지 않는 '공로 훈장Order of Merit'을 받았습니다(죽을 때까지 디랙은 그저 '디랙 씨'로 불리는 것을 좋아했습니다). 디랙은 여든두 살의 나이로 1984년 10월 20일에 죽었습니다.

디랙은 전자의 행동을 상대성의 관점에서 생각할 발판을 만들어준 디랙 방정식을 고안했지만, 결코 전기양자역학의 재규격화 문제는 받아들이지 못했습니다. 재규격화 문제를 푼 사람은 디랙의 연구를 이어받아 전기양자역학을 만든 사람 가운데 한 명이며, 다음 장에서 소개할 리처드 파인먼입니다.

10장

리처드 파인먼

언제나 활기차고 익살맞았던 천재 물리학자

Richard Feynman

위대한 물리학자 톱10에서 8위를 차지한 사람은 리처드 파인먼으로, 《뉴욕타임스》가 '아마도 틀림없이 제2차 세계대전이 끝난 뒤에 활동한 이론물리학자 가운데 가장 영리하고 영향력 있는 인습 파괴자'라고 묘사한 사람이다. 위대한 물리학자 톱10 가운데 가장 늦게 태어난 사람이며, 제2차 세계대전이 끝난 뒤에 노벨상을 받은 유일한 사람이다.

물리학자에게 파인먼 이야기를 하면 대부분 빙그레 웃을 것입니다. 물리학자들은 파인먼을 기발한 사람이라고 생각할 뿐 아니라, 자신이 가장 좋아하는 물리학자라는 사실을 강조할 겁니다. 뛰어난 과학자 대부분과 달리, 파인먼은 아주 우수한 선생이기도 했습니다. 인터넷으로 파인먼이 남긴 강의 동영상을 보면, 파인먼에게는 자신이 어렸을 때부터 마음을 빼앗겼던 학문을 향한 경이와 이해하기 어려운 내용을 쉽게 전달하는 능력이 있음을 알 수 있습니다. 파인먼은 복잡한 생각을 간단하게 설명하는 능력이 있었는데, 말투도 아주 매력적이어서 물리학자가 아니라 마치 영화배우 토니 커티스Tony Curtis가 이야기하는 것처럼 들립니다.

현재 살아 있는 물리학자 가운데 파인먼의 강의를 직접 들은 사람은 그다지 많지 않습니다. 하지만 물리학을 메스로 해부한 것 같은 강연 모음집 『파인먼의 물리학 강의*The Feynman Lectures on Physics*』를 읽은 사람은 아주 많습니다. 『파인먼의 물리학 강의』는 출간 당시 책의 표지 색을 따서 보통 '빨간 책'이라고 부릅니다. 그리고 파인먼에 관한 아주 많은 이야기가 남아 있습니다. 심리학자들은 젊은 물리학자들이 기이할 정도로 외향적이던 파인먼의 행동을 따라 하고 금고를 털거나 봉고를 연주했던 지나친 행적까지 본뜨는 모습을 보면 일종의 영웅 숭배 현상이라고 진단을 내릴지도 모릅니다.

파인먼에 얽힌 이야기에는 분명히 진실인 이야기도 있을 것입니다. 하지만 과학의 역사에서는 이야기를 아름답게 각색하는 일이 잦다며 긴 시간을 슬퍼하며 보냈던 파인먼도 자기 이야기를 꾸미는 데는 탁월한 재주를 보였습니다. 물리학자 머리 겔만(Murray Gell-Mann, 1929년~)은 "파인먼은 자신을 신화라는 구름으로 감쌌고, 엄청난 시간과 에너지를 들여 자신에 관한 이야기를 만들어냈다."라고 했습니다. 그러니까 앞으로 소개할 파인먼의 이야기 가운데는 순전히 그의 풍부한 상상력이 만들어낸 이야기도 있을 가능성이 크다는 것입니다.

아무튼, 이야기는 1918년에 시작됩니다. 왠지 파인먼은 언제나 우리와 같은 시대를 사는 물리학자처럼 느껴지지만, 사실은 그렇게 오래 전에 태어난 사람입니다. 파인먼의 부모인 멜빌Melville과 루실Lucille은 5월 11일에 태어난 아들 때문에 무척 기뻤습니다. 특히 부친인 멜빌은 어린 리처드에게 왕립학회 구호인 "눌리스 인 베르바(nullis in verba, 대충 번역해보자면 '누구의 말도 그대로 믿지는 말라.'라는 뜻입니다)"를 연상시키는 태도를 길러주려고 온갖 노력을 다했습니다. 멜빌은 리처드가 표면에 붙어 있는 라벨이 아니라 관찰한 사물의 내면에 감춰진 진정한 본성을 볼 수 있도록 가르쳤습니다.

그런 아버지의 노력에 힘입어서인지, 그저 단순한 호기심 때문이었는지는 모르지만, 어린 리처드(그때는 리티Ritty라고 불렸습니다)는 라디오를 해체하는 것으로 과학 탐구에 첫발을 내디뎠습니다. 그때는 라디오 수신기를 밸브(진공 튜브)로 만들었으므로 현대식 인쇄 배선 라디오보다 분해하기도, 관찰하기도 쉬웠습니다. 리처드는 지금이라면 어린아이에게 절대로 갖고 놀지 않게 할 고압 장치를 원 없이 탐구했습니다. 그때 리처드는 파록어웨이Far Rockaway라는 뉴욕에 있는 퀸스 자치구의 롱아일랜드에서 튀어나와 있는 작은 지역에서 살았습니다. 그곳은 탐사할 자연환경과 인공환경이 아주 많은 장소였습니다.

어린 리처드가 얼마만큼의 자유를 누렸는지는 모르지만, 어렸을 때 아버지가 주변에 있는 모든 사물에 관심을 기울이도록 격려해준 덕분에, 파인먼은 특정한 분야에만 관심을 두는 시야가 좁은 현대 과학자 대부분과 달리 훨씬 넓은 시각을 가질 수 있었습니다. 예를 들어, 대학원생이었던 파인먼은 순전히 재미있다는 이유로 생물학 학부 수업을 들었습니다. 파인먼은 고양이 신경계에 대해 발표하면서 근육 이름을 하나씩 설명해나갔습니다. 생물학과 학생들이 자신들은 근육 이름을 외운다고 말하자 파인먼은 이렇게 대답했습니다. "이 근육 이름을 모두 외웠다니, 여러분이 4년 동안 공부한 생물학을 내가 이렇게 빨리 따라잡을 수 있는 게 전혀 이상한 일이 아니군요."라고 말입니다.

그 일화는 프린스턴에서 있었던 일입니다. 파인먼은 매사추세츠공과대학MIT, Massachusetts Institute of Technology에서 학사 학위를 받았습니다. 그는 매사추세츠공과대학과 컬럼비아대학 가운데 한 곳을 갈 수 있었는데, 파인먼이 대학에 입학했던 1935년에 엘리트들이 모이는 아이비리그의 컬럼비아대학은 이미 유대인 학생 정원이 꽉 차 있었습니다(신앙적으로 파인먼은 무신론자이지만, 인종적으로는 유대인이었습니다). 고등학교 때 지역 수학 대회에 나가 어려운 문제도 척척 풀었던 파인먼은 매사추세츠공과대학에서 가장 좋아하는 수학을 공부하며 대학 생활을 시작했습니다. 하지만 파인먼은 대학 수학은 너무나도 비실용적이라고 생각했습니다. 그래서 공학으로 전공을 바꾸었지만, 파인먼에게 공학은 너무나 단순했습니다. 결국, 파인먼은 물리학에서 골디락스(*Goldilocks*, 가장 이상적인 상황-옮긴이)의 선택을 찾아냅니다.

파인먼은 건방진 구석이 있었지만, 또한 소심하기도 해서 졸업한 대학을 떠나고 싶어 하지 않았습니다. 하지만 매사추세츠공과대학교 물리학과 학장이 파인먼은 프린스턴으로 가야 한다고 주장했습니다. 역시 아이비리그 대학으로, 옥스브리지(Oxbridge, 옥스퍼드대학과 케임브리지대학을 함께 일컫는 말-옮긴이)를 모델로 삼아 설립한 프린스턴대학교 측은 파인먼을 학생으로 받는 데 주저했습니다. 왜냐하면 파인먼은 물리학과 수학을 제외한 나머지 과목 점수가 끔찍했고(취리히 연방공과대학에 입학할 때 아인슈타인이 그랬던 것처럼 말입니다), 유대인이라는 사실이 미심쩍었기 때문입니다. 프린스턴대학교 물리학과 학장은 "파인먼이 유대인이란 말이지요? 우리 대학은 유대인을 분명하게 반대하지는 않습니다만, 우리 학과에서 유대인 학생의 비율은 상당히 낮게 유지해야 합니다. 숙소를 마련할 수가 없거든요."라고 했습니다. 그 시절에 유대인 학생은 다른 학생과 분리된 숙소에서 생활했습니다. 파인먼은 매사추세츠공과대학에서 그는 유대인처럼 보이지도 않고 유대인처럼 행동하지도 않는다는 보증을 해준 뒤에야 프린스턴대학에 입학할 수 있었습니다.

일류 물리학과가 있는 프린스턴대학에 들어간 뒤에 파인먼은 적당한 박사 학위 논문 주제를 찾아 헤맸고, 결국 양자역학을 선택했습니다. 하지만 그 선택은 곧 실수인 것처럼 느껴졌습니다. 파인먼은 아주 작은 것들을 연구하는 과학에 존재하는 복잡한 수학적 특성이 불편하게 느껴졌습니다. 그 주제를 파고들수록 앞으로 나갈 길을 찾을 수 있다는 희망은 점점 더 사라지는 것 같았습니다.

가장 큰 문제는 전자의 특성이었습니다. 1930년대에는 비교적 새로운 개념이었던 이 음의 전하를 띤 입자는 9장에서 살펴본 것처럼 차원이 없는 점 입자입니다. 그런 점 입자를 수학적으로 기술한다는 것은 산산조각이 날 수밖에 없다는 뜻이었습니다. 전자의 반지름이 0에 가까워지면, 다양한 특성(예를 들어, 전자의 전하가 그 자신에게 작용하므로 생기는 결과인 자체 에너지 같은 특성)은 무한대가 되어야 합니다. 폴 디랙이 『양자역학의 원리』를 집필할 때 쓴 것처럼 이 문제를 풀려면 "전적으로 새로운 물리 개념이 필요해" 보였습니다.

파인먼은 전자를 수학적으로 기술할 때도 닐스 보어가 전자를 원자 내부에 있는 고정된 궤도에 밀어 넣고 그곳에 머물라고 공표했을 때처럼(8장 참고) 확신에 차서 해결할 방법이 있는지 궁금했습니다. 단순히 전자가 자기 자신에게는 작용하지 않는 것일 수도 있지 않을까, 하는 생각도 해보았습니다. 하지만 그것은 충분한 이유가 될 수 없을 것 같았습니다. 그리고 파인먼이 지도교수 존 휠러John Wheeler와 함께 그 문제를 살펴볼 때 두 번째 가능성이 나타났습니다. 맥스웰의 전자기 방정식에서는 '앞선' 빛과 '뒤처진' 빛을 모두 허용하는데, 뒤처진 파동은 우리가 관찰하는 평범한 광자이고 앞선 파동은 어느 정도 시간이 지난 뒤에 수용체에서 송신기로 돌아온 광자입니다. 파인먼과 휠러는 앞선 파동이 존재하므로 자가 행동으로 무한대를 생산하는 전자라는 개념은 폐기해야 한다고 주장했습니다.

물론 두 사람의 주장은 어디까지나 추론에 불과했고, 물질과 빛이 상호작용을 할 때 일어나는 현상을 모두 밝히는 일은 여전히 어마어마하게 어려운 작업임이 분명했습니다. 그런데 뜻밖에도 디랙의 논문이 파인먼에게 직관을 뛰어넘는 통찰력을 제공하면서 파인먼이 가야 할 길을 밝혀주었습니다.

파인먼은 양자 입자를 직접 눈으로 볼 방법을 고안했습니다. 그는 세계선world line이라는 개념으로 시작했습니다(공간좌표와 시간좌표를 한꺼번에 나타내는 점을 세계점world point이라고 하고, 이 세계점이 그리는 궤적을 세계선이라고 한다-옮긴이). 세계선은 시간에 대한 한 입자의 위치를 나타내는 도표입니다. 도표의 한 축은 시간을 나타내고 다른 축은 공간을 나타냅니다(그리기 쉽게 3차원인 공간은 하나의 차원으로 줄였습니다). 세계 선은 상대성을 연구할 때 정말 중요합니다.

파인먼은 불가능한 것을 상상했습니다. 파인먼도 공과 같은 물체 와 달리 양자 입자의 경로는 A에서 B라는 식으로 정확하게 추적할 수 없고, 가능한 모든 경로를 고려해야 하며, 입자가 지나갈 경로의 확률도 모두 다르다는 (그리고 그 확률은 너무나도 자주 0에 가깝다는) 사실을 잘 알 았습니다. 그는 가능한 모든 경로를 세계선으로 그린다고 상상했는데, 그러면 입자의 행동을 완벽하게 묘사할 수 있으리라고 생각했습니다.

이동할 수 있는 모든 경로를 그린다는 것은 물리적으로는 불가능 하지만, 수학적으로는 무한을 향해 점점 작아지는 값으로 유한한 결과 를 산출하는 미적분이라는 잘 정립된 계산 방법을 이용할 수 있었습니 다. 또한, 파인먼은 많은 세계선이 서로 상쇄되기도 하고 전혀 있을 것 같지 않은데 존재하기도 하므로 무시할 수는 없다는 것도 알았습니다. 아직 세부적인 내용은 정립된 것이 없지만, 파인먼의 박사 학위 논문은 결국 성공할 수밖에 없는 길로 달려가는 것 같았습니다.

미국이 제2차 세계대전에 참전하면서 파인먼은 유수한 과학자가 모인 연구팀에 들어와 원자핵이 연쇄반응을 일으켜 폭발하는 폭탄을 만들어달라는 요청을 받았습니다. 처음에 파인먼은 그 제안을 거절했 습니다. 아인슈타인처럼 파인먼도 군대를 싫어했습니다. 하지만 독일 에는 엄청나게 뛰어난 양자물리학자가 많이 있었으므로 독일이 원자폭 탄을 먼저 개발할 수도 있었습니다. 독일 과학자들이 핵분열 반응의 원 리를 이미 알아냈음을 생각해보면(8장 참고) 충분히 있을 수 있는 일이었습니다. 결국 파인먼은 미군의 제안을 받아들입니다.

처음에 파인먼도 디랙이 235우라늄을 분리할 것을 제안한 정도로
만 원자폭탄 제조에 관여했습니다. 235우라늄을 분리하려면, 미소한
원자량 차이를 이용해 방사성동위원소인 235우라늄을 안정한 사촌 격
인 238우라늄에서 분리해내는 기술을 설계하고, 설계한 실험을 실제로
성공해내야 합니다. 우라늄 분리에 성공하는 일은 아주 중요한 첫 단계
였지만, 파인먼은 그 일에 깊게 관여하지는 않았으므로 가까스로 박사
학위 논문을 완성할 수 있었고, 1942년 6월에 박사 학위를 받았습니다.

전쟁이라는 위급한 상황에서 젊은 물리학자가 시험지에 정답을 표
시하고 있을 시간이 있었다니, 조금 이상한 소리처럼 들리지만, 사실
파인먼에게 박사 학위는 그저 원하던 것이 아니라 꼭 필요한 것이었습
니다. 대학원생에게 주는 연구 보조금은 결혼하지 않아야만 받을 수 있
었습니다. 하지만 파인먼은 알린 그린바움Arline Greenbaum과 약혼한 상
태였고, 되도록 빨리 결혼해야 할 이유도 있었습니다. 알린이 치료할
수 없는 림프샘결핵에 걸려, 매우 아팠기 때문입니다(처음에는 호지킨
병이라는 진단을 받는 바람에 제때에 치료하지 못해서 상황은 더욱 나빠졌습니
다). 파인먼이 박사 학위를 받을 무렵에는 알린에게 남은 시간은 1년 내
지 2년밖에 없었습니다.

파인먼의 부모님은 아들의 결혼을 반대했습니다. 아들이 결혼하기
에는 너무 어리고, 알린을 돌보는 동안 아들의 건강도 나빠질 테고, 결
국 알린은 세상을 떠날 테니 두 사람의 연애는 비극으로 끝날 수밖에 없
다고 생각했기 때문입니다. 하지만 파인먼은 물러날 생각이 전혀 없었

습니다. 알린은 프린스턴대학교 근처에 있는 병원으로 옮겼고, 파인먼이 직접 만든 구급차를 타고 결혼하러 갔습니다. 두 사람은 육체관계를 맺는 부부 생활은 하지 못했지만, 파인먼은 알린이 가능한 한 평범한 결혼 생활을 할 수 있도록 애썼습니다.

1942년 말이 되면 파인먼 박사는 정말 바빠집니다. 235우라늄을 분리하는 일이 몹시 어렵다는 걸 알게 된 미군 당국이 여러 팀을 각기 다른 방법으로 경쟁하게 했기 때문입니다. 파인먼은 가장 복잡한 일을 맡았습니다. 다양한 전기장을 이용해 우라늄 원자 빔^{beam}을 질량에 따라 나누는 방법이었습니다. 효과는 있었지만, 진행 속도는 매우 느렸습니다.

그때쯤에는 우라늄 기체를 작은 구멍이 나 있는 그물망에 통과시키는 간단한 방법이 가장 효과적임이 분명히 드러납니다. 결국 파인먼은 재능을 낭비하고 있었던 것입니다. 미군은 파인먼에게 뉴멕시코 남쪽에 있는, 원래는 목장 학교였던 로스앨러모스로 와서 가장 많은 인원이 원자폭탄 제조에 참여하고 있던 맨해튼 프로젝트에 직접 합류해달라고 요청합니다. 맨해튼 프로젝트라는 이름은 미국 육군 공병 본부가 있는 지역 이름을 딴 것인데, 프로젝트를 진행하는 동안 군대보다는 훨씬 자유롭고 느긋한 학계는 군 당국과 계속해서 불편한 관계를 유지했습니다.

파인먼은 알린을 만나러 프린스턴까지 왔다 갔다 할 수가 없었습니다. 그래서 맨해튼 프로젝트에 참여하게 된 파인먼은 근처에 있는 병원으로 알린을 옮기기로 했습니다. 하지만 안타깝게도 미군 당국이 로스앨러모스를 선택한 이유는 바로 로스앨러모스가 정말로 오지였기 때문입니다. 로스앨러모스에서 가장 가까운 곳에 있는 병원도 95킬로미터나 떨어진 앨버커키Albuquerque에 있었습니다. 하지만 파인먼에게는 다른 선택의 여지가 없었습니다.

파인먼은 대부분 일꾼들이 엄청난 집중력을 발휘하는 시설에서는 없어서는 안 될, 아주 중요한 팔방미인이라는 사실이 곧 입증됐습니다. 파인먼은 이론 연구에도 이바지했지만, 고장이 잘 나는 전자 기계식 계산기를 고치는 데도 탁월한 재능을 보였습니다. 전자 기계식 계산기는 엄청나게 큰 수를 아주 빠른 속도로 처리해 원자폭탄을 만들 수 있는지를 밝히는 데 사용하는 장비입니다.

파인먼은 곧 전자 기계식 계산기를 활용해 연구하는 이론계산팀 책임자가 되었습니다. 이론물리학 총책임자였던 한스 베테(Hans Bethe, 1906~2005년)는 파인먼이 새로운 의견을 실험할 수 있는 이상적인 사운딩보드(sounding board, 의견을 듣고 반응을 보이는 사람−옮긴이)가 되리라는 사실을 깨달았습니다. 보통 젊은 연구자들은 대부분 베테가 의견을 제시하면 그저 수용했지만, 파인먼은 질문하고 자기 의견을 마음껏 표현했습니다. 베테는 파인먼보다 나이가 많은 사람이 더 많은 부서를 책임지기에는 파인먼이 아직 어리긴 하지만, 그런 독립심과 본질을 향해 나아가는 능력이 있다면 충분히 책임자로서 역할을 해낼 수 있으리라고 믿었습니다.

파인먼은 당연히 열과 성을 다해 맡은 일을 해나갔습니다. 하지만 독일보다 앞서 제대로 작동하는 원자폭탄을 만들어내려고 온 힘을 다하는 중에도, 쉬는 시간은 있었습니다. 일주일 내내 종일 일할 수 있는 사람은 없는 법이니까요. 파인먼이 여가에 가장 즐겨 했던 일은 로스앨러모스 기지의 보안 체계를 점검하는 일이었습니다. 로스앨러모스의 경비는 삼엄한 것 같았지만, 사실 많은 곳이 허술하고 효율적이지 못했습니다. 권위 앞에서 조금도 주눅이 들지 않는 파인먼은 로스앨러모스 기지의 보안이 얼마나 허술한지 보여주려고 경비를 뚫고 나갈 수 있는 곳을 찾아냈습니다.

파인먼은 담장에 뚫린 구멍을 통과해 기지 밖으로 나간 뒤에 정문으로 다시 걸어 들어오고는 했는데, 그때마다 기지를 지키는 경비병들은 기지에 파인먼 박사가 여러 명이라는 사실에 깜짝 놀라고는 했습니다. 하지만 뭐니 뭐니 해도 파인먼이 세운 가장 커다란 업적은 비밀 창고에 보관한 기밀 서류를 마음대로 빼낸 것입니다. 로스앨러모스에서는 기밀문서를 평범한 서류 보관함에 넣고, 보관함을 통자물쇠로 잠가두었습니다. 파인먼은 그런 식으로 서류를 보관하는 방법이 우습다고 생각해서, 자물쇠를 따거나 서류함을 기울여 제일 밑에 있는 서랍이 열려 있는 것을 보여주는 방법으로 자기 생각을 입증해 보였습니다.

파인먼은 기밀 서류를 볼 필요가 있을 때는 열쇠 책임자에게 허락을 받는 대신 직접 서류함 자물쇠를 열고 서류를 본 뒤에 다시 넣어두고는 했습니다. 당연히 서류함 주인은 기겁할 수밖에 없었습니다. 맨해튼 프로젝트를 진행했던 군대는 유머 감각이 전혀 없기로 유명한 집단이었습니다. 그러니 끊임없이 기밀 서류함을 열어대는 파인먼이 신경에 거슬릴 수밖에 없었습니다. 군 당국은 보안장치를 달 수 있는 서류함을 마련했고, 서류함마다 세 가지 숫자를 입력해야만 문이 열리는 번호 자물쇠를 달았습니다.

처음에는 파인먼도 어쩔 수 없는 것처럼 보였습니다. 번호 자물쇠에는 열쇠를 따는 기술은 소용이 없었습니다. 사실 자물쇠의 날름쇠는 영화에서 자주 등장하는 것처럼 제자리에 맞춰도 딸깍하는 소리가 나지 않습니다. 하지만 몇 시간 동안 번호 자물쇠를 만지작거리던 파인먼은 자물쇠를 열두 가지 단서를 찾았습니다. 먼저 그는 번호 자물쇠는 비밀번호를 구성하는 숫자와 가장 가까운 숫자는 구분하지 못한다는 사실을 알아냈습니다. 따라서 기본 원리대로라면 세 수를 조합해서 만들 수 있는 비밀번호의 수는 100개가 넘어야 하지만, 번호 자물쇠는 가까이 있는 숫자 다섯 개에도 반응하므로 실제로 만들 수 있는 조합은 스무 개밖에 되지 않았습니다.

하지만 그렇다고 하더라도 세 가지 숫자로 만든 스무 개의 조합은 순서를 바꿀 수 있으므로 가능한 비밀번호는 $20 \times 20 \times 20$, 즉 8000이라는 어마어마한 수가 나옵니다. 8000개라니, 도저히 하나하나 대입해서 찾아낼 수 있는 수가 아닙니다. 하지만 파인먼은 자물쇠의 작동 원리에 기계 결함이 있음을 발견했습니다. 서랍이 열려 있을 때, 볼트에 손가락을 얹고 비밀번호의 두 번째 숫자나 세 번째 숫자를 누르면 볼트가 움직인다는 사실을 발견한 것입니다. 두 수를 알면 스무 번만 숫자를 조합하면 비밀번호를 알 수 있습니다. 그 때문에 파인먼에게는 어느 사무실에 들어가건 열려 있는 서랍이 있으면 서류 보관함 앞에서 한참을 서 있는 버릇이 생겼습니다. 그는 보지 않고도 볼트의 움직임을 느낄 수 있었고, 볼트가 움직이면 비밀번호 순서가 어떻게 되는지 살펴보는 방법으로 번호 자물쇠 다이얼을 조작할 수 있었습니다. 결국 '보안' 장치는 체계적이고 논리적인 파인먼 앞에 무릎을 꿇어야 했습니다.

원자폭탄 개발이 절정에 도달할 무렵, 알린은 건강이 급속도로 나빠졌습니다. 파인먼은 매주 주말이면 차를 타고 앨버커키로 달려가고 계속해서 수많은 편지를 썼지만, 알린의 건강을 돌이킬 방법은 없었습니다. 결국, 알린은 1945년 6월에 세상을 떠났습니다.

몇 주 뒤에 파인먼은 로스앨러모스에서 "아기가 곧 태어난다." 라는 전갈과 함께 돌아오라는 요청을 받았습니다. 파인먼은 남쪽으로 320킬로미터를 달려 제시간에 첫 실험이 진행되는 앨라모고도 Alamogordo에 도착했습니다. 그곳에는 사막 한가운데 설치한 34미터 높이의 탑 위에 플루토늄으로 만든 폭탄이 놓여 있었습니다.

암호명이 트리니티Trinity였던 첫 번째 원자폭탄 실험은 1945년 7월 16일에 진행했습니다. 플루토늄으로 만든 폭탄이 열세 시간 동안 탑 위에서 기다리는 동안 연구팀은 9킬로미터 떨어진 곳에 있는 콘크리트 벙커에 들어가 있었습니다. 기다리는 동안 과학자들은 엄청난 폭풍 때문에 벼락이 쳐서 기계 장비가 망가지는 것은 아닌지 걱정해야 했습니다. 하지만 전혀 할 필요가 없는 걱정이었습니다. 첫 번째 원자폭탄 실험은 거침없이 진행됐습니다. 그 자리에 있었던 물리학자 오토 프리슈(Otto Frisch, 1904~1979년)는 다음과 같은 기록을 남겼습니다.

지평선 위로 아주 작은 태양 같은 형체가 생겨났는데, 너무 눈이 부셔서 쳐다볼 수가 없었다. …… 정말 무시무시한 장면이었다. 원자폭탄이 폭발하는 모습을 한 번이라도 본 사람은 절대로 그 모습을 잊을 수가 없을 것이다. 모두 완벽하게 침묵을 지켰다. 그리고 몇 분 뒤에 폭발음이 들렸다. 그 소리는 너무나도 커서 나는 귀를 막았는데도 들릴 정도였다. 그리고 오랫동안 아주 멀리서 수많은 차가 지나가는 것처럼 우르릉거리는 소리가 들려왔다.

그리고 한 달도 채 지나기 전에 원자폭탄이 히로시마와 나가사키에 떨어졌습니다.

맨해튼 프로젝트가 끝났을 때 파인먼의 감정은 복잡했을 것입니다. 프로젝트는 성공했고, 그 덕분에 전쟁을 끝낼 수 있었지만, 너무나도 많은 인명이 희생됐습니다. 파인먼은 다시 기초 과학 연구를 시작할 수 있었지만, 이제는 알린과 함께 했던 추억은 잊어야만 했습니다. 결국 파인먼은 뉴욕 주에 있는 코넬대학Cornell University으로 돌아간 한스 베테와 함께하기로 마음먹습니다.

코넬대학으로 옮긴 첫해에 파인먼은 어려운 시기를 보내야 했습니다. 특히 1946년에 있었던 아버지의 죽음은 파인먼을 무척 힘들게 했습니다. 하지만 점차 물리학을 좇는 재미가 돌아왔습니다. 박사 학위 논문을 쓰면서 파인먼은 정신을 쏙 빼놓을 정도로 어리둥절하고, 결국 그 덕분에 노벨상을 공동 수상하게 한 이론을 발전시키는 데 이바지합니다. 보통은 줄여서 QEDquantum electrodynamics라고 부르는 양자전기역학을 만든 것입니다. 초기 양자전기역학을 두고 젊은 영국 물리학자 프리먼 다이슨은 "양자전기역학은 모든 것을 설명하거나 하나도 설명할 수 없는 통합 이론"이라고 했습니다.

맨해튼 프로젝트가 진행되는 동안 현대물리학을 연구하는 방법은 위대한 인물들의 뒤를 따라가며 혼자서 연구하던 방식에서 점점 더 멀리 벗어났습니다(사실 뉴턴조차도, 그가 인정하건 하지 않건 간에 다른 사람이 이룩한 업적을 아주 많이 이용하기는 했습니다만). 양자 단계에서 빛과 물질의 상호작용을 기술하는 양자전기역학은 파인먼 혼자서 세운 이론이 아닙니다. 기본 구조는 폴 디랙이 세웠으며, 파인먼 외에도 다른 두 사람(줄리언 슈윙거와 도모나가 신이치로)이 각기 다른 방법으로 양자전기역학을 효율적으로 발전시켰습니다. 슈윙거와 신이치로는 파인먼과 함께 노벨 물리학상을 공동 수상했습니다.

세 사람이 각기 독자적으로 내놓은 양자전기역학을 하나로 통합할 수 있다는 사실을 제일 먼저 알아낸 사람은, 양자전기역학은 모든 것과 아무것도 아닌 것 사이에서 균형을 맞추고 있다는 사실을 처음으로 깨달은 프리먼 다이슨입니다. 다이슨은 베테의 후원을 받는 또 다른 물리학자였습니다. 양자전기역학에 관한 세 가지 방법은 모두 저마다 장점이 있었지만, 가장 쉬운 방법은 누가 뭐라 해도 파인먼이 제시했습니다. 그 방법을 흔히 파인먼 다이어그램Feynman diagram이라고 합니다.

전자기적 상호작용을 다루는 양자전기역학은 우리가 일상에서 경험하는 수많은 물리현상을 설명합니다. 파인먼이 말했던 것처럼 "양자전기역학은 물리학의 거의 모든 것"이라고 할 수 있습니다. 많은 면에서 양자전기역학은 놀라운 성공을 거두었습니다. 물리학 이론이 대부분 관측 결과와 가까운 결과를 내는 모형을 이용하긴 하지만, 양자전기역학은 측정값과 놀라울 정도로 아주 가까운 모형을 이용합니다. 그

것은 파인먼이 다른 말로 표현했던 것처럼 런던에서 뉴욕까지의 거리를 예측하는 기술이 있는데, 그 기술을 사용하면 오차가 사람의 머리카락 두께만큼일 정도로 정확한 결과를 얻는다는 뜻입니다.

양자전기역학에서 예측은 절대로 직관이 아닙니다. 양자전기역학은 A에서 B라는 경로를 갈 때 입자는, 우주 전체를 한 바퀴 돌아가는 경로를 포함해, 모든 가능한 경로를 다 지나간다는 양자 세계를 기술합니다. 파인먼은 어안이 벙벙할 정도로 어려운 이 개념을 쉽고 유용하게 활용할 수 있는 다이어그램을 만들었습니다. 파인먼의 다이어그램에서 각 입자는 시간이 흐르면 시곗바늘처럼 돌아가는 화살표와 함께 그릴 수 있습니다. 화살표의 방향은 '위상phase'이라고 부르는 입자의 상태를 나타내고, 화살표의 길이는 입자가 그 경로를 택할 가능성을 나타냅니다.

파인먼의 양자전기역학은 모두 그림으로 이루어져 있을 것 같지만, 사실 여전히 수학 요소가 들어 있습니다. 파인먼은 경로적분path integral을 이용해 입자가 지나갈 수 있는 모든 경로의 합을 구했습니다. 가능한 모든 경로를 지나가는 입자의 화살표를 모두 더하면 많은 화살표가 상쇄되어 사라지므로 그 결과 예측할 수 있는 경로는 하나만 남습니다. A에서 B까지 입자는 직선 경로로 움직이는 것입니다.

파인먼 다이어그램으로 할 수 있는 일이 입자의 경로를 그리는 일뿐이라면, 파인먼 다이어그램은 단순한 결과를 얻는 극히 복잡한 방법이라고 해야 할 것입니다. 하지만 파인먼 다이어그램으로 할 수 있는 일은 그뿐만이 아닙니다. 반사와 굴절 같은, 물질과 상호작용을 한 빛에 나타나는 모든 행동을 설명할 수 있습니다. 파인먼 다이어그램은 전하를 띤 입자가 상호작용을 할 때 생기는 일도 표현할 수 있습니다. 무엇보다도 놀라운 점은 특정한 환경에서 생기는 정말로 이상한 일도 예측할 수 있다는 점입니다. 전통적인 물리학에서는 불가능하다고 간주했던 일들도 말입니다.

쉽게 이해할 수 있는 예를 두 가지 들어봅시다. 밤에 불이 켜진 방에서 유리로 된 창을 보면 유리에 비친 내 모습을 볼 수 있습니다. 그런데 그 창문 밖에 서 있는 사람도 집 안에 있는 사람을 볼 수 있습니다. 빛이 유리를 통과해 밖으로 나갔기 때문입니다. 사실 빛은 거의 모두 유리를 통과해 밖으로 나갔지만, 일부가 나가지 못하고 반사되어 되돌아온 것입니다. 이때 양자전기역학은 빛이 유리에 반사되거나 유리를 통과할 가능성을 예측할 뿐 아니라 유리의 두께가 어떤 식으로 광자에 영향을 미쳐 유리에 반사되거나 통과하게 되는지를 설명할 수 있습니다.

마찬가지로 양자전기역학은 CD에서 음악이 나오는 부분인 은색 판처럼 이상하게 빛을 반사하는 표면도 설명할 수 있습니다. 빛의 광자가 거울처럼 빛을 반사하는 표면에 부딪히면 다시 튕겨 나오는데, 고전물리학은 빛의 광자가 직선으로 거울에 입사한 뒤에 입사한 각과 똑같은 각도인 직선으로 반사된다고 합니다(고등학교 물리 시간에는 기본적으로 이렇게 가르칩니다). 고전물리학에서 빛의 광자는 다른 곳으로 반사될 수가 없습니다. 만약 거울의 가운데 부분을 잘라내면 반사는 일어날 수 없습니다. 빛을 반사할 표면이 없기 때문입니다. 하지만 양자전기역학에서는 광자는 모든 경로를 다 지나간다고 설명합니다. 아주 얕은 각도로 입사한 광자도 아직 남아 있는 거울에 부딪힌 뒤에 아주 급한 반사각을 이루며 튕겨 나갈 수도 있는 것입니다. 현실에서 그렇게 이상하게 반사되는 광자를 보지 못하는 이유는 회전하는 화살표들이 반영하는 여러 위상이 상쇄되기 때문입니다. 하지만 거울을 일부 가려서 굴절 격자refraction grating를 만들면 몇 가지 위상을 제거할 수 있습니다. 그러면 빛은 또다시 전혀 예상하지 못했던 각도로 반사됩니다. 이런 예는 현실에서도 찾을 수 있습니다. CD 표면에서 반사된 빛이 무지갯빛을 띠는 이유는 은색 판 표면에 작은 홈이 파여 있기 때문입니다. 그 홈은 청각적으로 소리를 입력하려고 판 것인데, 시각적으로는 굴절 격자 역할을 합니다.

양자전기역학의 능력은 그저 이상 반사를 설명하는 데서 그치지 않습니다. 전자가 광자를 흡수하거나 방출할 때 빛과 물질이 상호작용을 하면서 일어나는 일을 설명할 때도 훨씬 현실적인 모형을 제시합니다. 우아한 파인먼 다이어그램으로 말입니다.

이 방법에도 문제는 있습니다. 여전히 물리학자가 원치 않는 무한대 문제가 생긴다는 것입니다. 즉, 오랜 시간 자기 탐구를 거친 뒤에는 결국 무한대가 나와서 디랙이 싫어했던 재규격화 과정을 거쳐야 한다는 문제가 생기는 것입니다(345쪽 참고). 전자의 광자 흡수와 방출에 관한 양자전기역학적 설명은 예측 결과와 관측 결과가 아주 정확하게 맞아떨어지지만, 재규격화 문제는 지금까지도 만족스럽게 풀리지 않은 미해결 문제로 남았습니다.

양자전기역학에 엄청난 확신이 있던 파인먼은 연구 환경을 바꿔야겠다고 마음먹습니다. 코넬대학은 물리학보다는 예술을 더 중시하는 학교였고, 파인먼에게 뉴욕은 절망적으로 추웠습니다. 원래는 남아메리카로 갈까 생각했지만, 결국 파인먼은 패서디나Pasadena에 있는 캘리포니아공과대학으로 옮겼습니다. 코넬대학에 있을 때 파인먼은 바람둥이로서의 면모를 유감없이 발휘했지만, 패서디나에 도착했을 때는 한 여인과 함께였습니다. 두 번째 아내인 메리 루 벨Mary Lou Bell로, 파인먼과 만났을 때 메리 루는 코넬대학교 역사학부 학생이었습니다.

메리 루는 왠지 의도적으로 알린과는 전혀 다른 사람을 만나려고 선택한 사람 같았습니다. 알린이 파인먼이 독자적인 길을 걷도록, 자기 자신으로 설 수 있도록 격려해주는 사람이었다면, 메리 루는 파인먼이 1950년대 초반에 학계에 형성되어 있던 단단한 사회구조 속으로 융합해 들어가기를 바랐습니다. 메리 루는 남편이 진짜 교수이기를 바랐지만, 자신으로서는 거의 흥미가 없었던 물리학만 주야장천 말하는 그런 교수를 원하지는 않았습니다.

무엇보다도 두 여인이 달랐던 점은 사교 모임에 참석했을 때 보이는 태도였습니다. 파인먼은 파티에 참석하면 옆에 맥주를 놓고 즉석에서 봉고를 연주하거나 과학에 흥미가 있는 영리한 젊은이들에게 둘러싸이는 걸 좋아했습니다. 그와 반대로 메리 루는 파인먼이 우아한 대화가 오가는 동안 방에 있는 유일한 과학자가 되어 견디어내는 것을 선호했습니다. 메리 루의 성격을 잘 알려주는 일화가 있습니다. 한 번은 메리 루가 혼자 있을 때 닐스 보어가 전화를 걸어 파인먼을 바꿔달라고 했습니다. 메리 루는 파인먼은 없다고 말하며 전화를 끊었고, 파인먼이 돌아왔을 때 '당신이 지루한 노인'과 만나지 않도록 자신이 남편을 구해 줬다고 말했습니다.

그 무렵에 파인먼은 물리학에서 양자적 기이함을 낳은 또 다른 측면으로 관심을 돌렸습니다. 좀 더 커다란 세상과 직접 관련이 있는 저온물리학ow-temperature physics으로 말입니다. 기온이 극단적으로 내려가면 양자적 효과를 더 직접적으로 관찰할 수 있는데, 그중에서도 점성viscosity이 완전히 사라져서 일단 움직이기 시작하면 영원히 멈추지 않는 초유체superfluid에서 양자적 효과는 가장 분명하게 나타납니다.

20세기 초반부터 과학자들은 초유체를 연구해왔지만, 본격적으로 연구를 시작한 것은 액화 헬륨을 대량으로 생산해 초유체의 본질을 연구할 수 있는 기반을 마련한 1930년대부터입니다.

9장에서 살펴본 것처럼 양자 입자는 크게 둘로 나눕니다. 스핀값으로 구분할 수 있는데, 전자 같은 입자는 페르미온이고, 광자 같은 입자는 보손입니다. 보손은 무리 지어 한데 뭉칠 수 있지만, 페르미입자는 한 계 안에는 상태가 같은 페르미온이 한 개 이상 들어갈 수 없습니다. 일반적으로 말해서 개별적인 '물질 입자'는 페르미온이지만, 그 입자가 결합해서 만든 입자는 보손이라고 할 수도 있습니다. 예를 들어, 4헬륨 동위원소는 구성 입자의 스핀 합이 정수이므로 보손이지만, 3헬륨은 페르미온입니다. 하지만 온도가 낮아지면 3헬륨 한 쌍이 짝을 지어 통합계unified system를 형성하면서 보손이 될 수도 있습니다.

물질 입자가 낮은 온도에서 서로 결합해 보손이 되면 통합된 단일 실재처럼 행동하는데, 이런 특이한 특성을 가진 물질을 '보스·아인슈타인응축Bose-Einstein condensate'이라고 부릅니다. 파인먼은 입자 단계에서 일어나는 일을 묘사하는 자신의 다이어그램을 활용해 초냉각한 액체 헬륨의 행동을 설명하는 논문을 많이 발표했습니다.

1956년이 되면 그전부터 쉽지는 않았던 파인먼의 결혼 생활은 결국 암초에 부딪혔고, 결국 파인먼과 메리 루는 이혼합니다. 그 뒤로 한동안 파인먼은 이성과 가까워지는 데 조심스러워하지만, 스위스를 방문한 뒤에 그런 태도는 바뀝니다. 스위스에서 파인먼은 열여섯 살 어린 영국 아가씨 기네스 하워드Gweneth Howard를 만났습니다. 두 사람은 곧 친해지지만, 파인먼은 기네스에게 데이트를 신청하지는 않았습니다. 그 대신에 자신과 함께 캘리포니아로 가서 가정부가 되어달라고 부탁합니다. 1958년도의 일입니다. 당연히 많은 사람이 그런 제안을 한 파인먼을 부적절하게 생각했습니다. 하지만 기네스는 독립적이고 대담한 여성이었습니다. 기네스는 세계 여행을 하려고 영국을 떠나왔지만, 사실 경비가 떨어져 가고 있었습니다. 몇 가지 걱정은 있었지만, 1959년 6월에 기네스는 파인먼의 가정부가 되어 캘리포니아 주 앨터디너Altadena에 있는 파인먼의 집으로 들어왔습니다.

그 무렵이면 파인먼에게는 여러 여성과 연달아 데이트를 즐기는 버릇이 돌아와 있었습니다. 기네스는 대체로 혼자서 지냈지만, 가끔 파인먼과 함께 저녁으로 외식하기도 했는데, 두 사람 모두에게 만족스러운 외식이었습니다. 파인먼이 기네스에게 청혼했을 때는, 정말로 깜짝 놀랐습니다. 두 사람은 1960년에 결혼했고, 기네스는 파인먼이 세상을 떠날 때까지 옆에 있었습니다. 기네스는 메리 루보다는 알린을 닮은 아내였던 것 같습니다. 다른 사람들이 어떻게 생각하든지 간에, 기네스에게는 파인먼이 자기 능력을 최대로 발휘할 수 있도록 자극을 주는 강인한 힘이 있었습니다.

이 시기가 되면 파인먼은 약한 핵력을 깊이 연구합니다. 약한 핵력이란 원자핵 안에 있는 중성자가 쪼개져 양성자로 변하고 전자와 반중성미자antineutrino를 방출하면서 베타붕괴beta-decay를 일으키지 못하게 막는 힘입니다(양성자의 수가 증가하면 원소의 종류도 바뀝니다). 베타붕괴를 제일 처음 기술하고, 그에 이름을 붙인 사람은 러더퍼드입니다(6장 참고).

그 무렵이면 파인먼은 젊은 신진 물리학자 무리를 이끄는 원로 관리직 물리학자가 되지만, 여전히 위대한 업적에 의문을 품고, 그 효과를 어느 정도나 받아들여야 하는가를 평가하는 능력은 간직하고 있었습니다. 그는 계속해서 약한 핵력이 조절하는 원자핵의 특성을 밝히려고 노력하고, 머리 겔만과 함께 베타붕괴의 원리를 다른 입자의 붕괴 과정에도 적용할 방법을 연구했습니다.

파인먼을 누구보다도 뛰어나게 한 것은 무엇보다도 자신의 좁은 전문 영역을 뛰어넘어 넓게 생각하는 능력이었습니다. 기네스와 결혼하기 직전에 파인먼은 미국물리학회American Physical Society에서, 나노기술nanotechnology에 관한 글을 쓰는 사람이라면 빠지지 않고 언급하는 강연을 했습니다. 제목이 '바닥에는 빈 방이 많다Plenty of room at the bottom'인 이 강연에서 파인먼은 서기 2000년이 되어 과거를 돌아보면 어째서 1960년이 될 때까지 나노기술을 개발하지 않은 건지 궁금해할 거라고 주

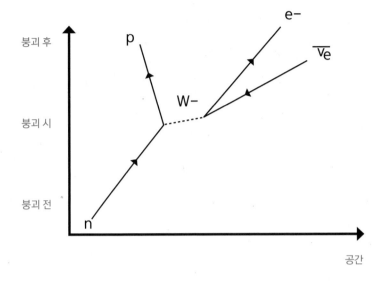

그림 10. 양자전기역학 문제를 수월하게 계산하도록 리처드 파인먼이 고안한 파인먼 다이어그램. 이 다이어그램에서 중성자(n)는 베타붕괴를 일으켜 양성자(p)와 전자(e-), 반중성미자로 나누어진다. 이 특별한 방사성 붕괴 현상은 약한 핵력을 매개하는 보손 가운데 하나인 더블유보손(w-boson)을 교환하기 때문에 생긴다.

장했습니다. 실제로 현재 우리가 나노기술을 좀 더 잘 알게 된 것은 분명하지만, 사실은 지금도 여전히 그 문제를 궁금해하고 있지만 말입니다.

파인먼은 초소형 기술을 개발할 때 사용할 아주 작은 기계를 건설할 작은 장치를 만들자고 제안했습니다. 나노미터 크기의 개별 분자들을 다룰 수 있는 물질을 조작할 때까지, 크기는 일정한 비율로 작아지지만 더 많이 조작할 수 있는 장치를 말입니다. 지금 우리는 파인먼의 그럴듯한 제안과 달리 나노기술은 개발하기가 훨씬 더 어렵다는 걸 압니다. 그렇게 작은 규모에서 작용하는 힘은 기존 공학 설계로는 구현할 수 없기 때문입니다. 나노기술을 실현하려면 생물의 작동 원리와 동일한 원리에 기반을 둔 공학 기술, 즉 '축축한 공학wet engineering'을 더 많이 활용해야 할지도 모릅니다. 어쨌거나 파인먼이 제시한 비전은 여전히 사람들의 영감을 불러일으킵니다. 그는 길이가 0.4밀리미터 이하인 전기모터를 가장 먼저 만드는 사람에게 1000달러를 주겠다고 제안한 적도 있습니다. 그 1000달러는 금세 사라졌습니다.

약한 핵력 연구를 끝낸 뒤로는 파인먼은 한동안 많은 물리학자를 생물학자로 전환하게 한 분자생물학을 연구했습니다. 파인먼은 DNA를 연구했는데, 곧 영국 케임브리지의 프랜시스 크릭Francis Crick과 제임스 왓슨James Watson으로 하여금 DNA 분자구조를 발견하도록 이끈 적절한 돌파구가 파인먼에게는 찾아오지 않았습니다.

1960년대가 되면 파인먼은 여러 차례 물리학 강연을 하면서 뛰어난 스승이라는 명성을 쌓아갑니다. 지금도 파인먼의 강연이야말로 대학 수준에서 물리학의 기본을 알려주는 궁극의 강의라고 생각하는 사람이 많습니다. 하지만 파인먼의 이야기가 언제나 그렇듯이, 이 신화 뒤에 숨은 진실은 훨씬 복잡합니다. 미국 과학기술 저술가 제임스 글릭James Gleick은 "사실 심지어 중위권 물리학자 중에서도 중요한 제자를 그렇게 조금밖에 길러내지 못하고, 일상적으로 해야 하는 강의 의무를 그렇게 필사적으로 피한 사람은 거의 없었다."라고 했습니다.

파인먼이 선생으로서 명성을 얻게 된 것은 대학원생을 길러내고 대학 학부생을 가르치는 학계의 일반적인 의무를 수행해서가 아니라, 인기를 끈 책 덕분이건 좀 더 전문적이었던 강의를 통해서이건 간에 훨씬 넓은 범위의 청중에게도 물리학을 전달할 수 있는 능력 덕분이었습니다(그리고 여기, 훨씬 더 강한 신화가 하나 있습니다. 파인먼은 결코 책을 쓴 적이 없습니다. 파인먼의 이름을 달고 나간 책들은 모두 파인먼이 강연할 때 한 말이나 강연 원고를 기반으로 출간한 것입니다). 파인먼은 세상에 도전하는 일이 아니라면 조금도 흥미를 느끼지 않았습니다. 파인먼의 인기가 높아지는 동안 파인먼 가족의 생활도 발전했습니다. 기네스와의 사이에서 파인먼이 정말로 원했던 아이들도 태어났습니다.

1980년대 중반이 되면 파인먼은 암에 걸리는데, 심장에도 문제가 있었으므로 건강이 아주 나빠집니다. 기네스가 파인먼이 지금까지 받은 대중의 관심을 훨씬 뛰어넘는 주목을 받게 될 역할을 맡으라고 설득한 것은 바로 이 때문입니다. 미국항공우주국NASA의 권력에 맞서 분연히 일어나는 역할을 말입니다.

미국항공우주국에서 우주선을 발사하는 일은 그때는 이미 신기한 일이 아니었습니다. 1982년에 비행 운용 프로그램Operational flight program

을 시작하고, 1986년 1월에 발사한 스물다섯 번째 우주 탐사 비행 계획이 대중의 흥미를 끈 유일한 이유는 챌린저호에 승선할 우주인 가운데 뉴햄프셔New Hampshire 주 콩코드고등학교Concord High School 교사인 크리스타 매콜리프Christa McAuliffe가 있다는 것뿐이었습니다. 크리스타는 미 항공우주국에서 진행하는 우주 탐사 비행 계획에 참가한 첫 번째 교사이자 첫 번째 여성이었습니다. 하지만 챌린저호가 발사된 뒤, 뉴스의 머리기사는 완전히 바뀝니다. 발사되고 73초가 지났을 때 챌린저호는 산산이 부서졌고, 탑승한 우주인 일곱 명은 모두 사망했기 때문입니다.

1960년대에 파인먼의 강연을 들은 적이 있는 미국항공우주국 총괄 책임자 윌리엄 그레이엄William Graham은 파인먼에게 챌린저호가 폭발한 이유를 찾는 조사팀에 합류해달라고 부탁했습니다. 파인먼은 우주산업에는 경험이 없었지만, 그레이엄은 파인먼의 통찰력이 엄청난 도움이 되리라고 믿었습니다. 하지만 그 정도 믿음으로 파인먼을 움직일 수는 없었습니다. 파인먼이 조사팀에 들어갈 마음을 먹은 이유는 기네스 때문이었습니다. 기네스는 파인먼의 격식에 얽매이지 않는 자유로운 접근 방법이 조사에 꼭 필요하다는 확신을 남편에게 심어주었습니다.

당연히 파인먼이 문제를 푸는 방식은 대부분 군인과 민간 전문가였던, 조사팀의 다른 구성원이 문제를 해결하는 방법과는 뚜렷하게 달랐습니다. 조사팀에 들어가고 얼마 지나지 않아 파인먼은 계속 진상 조사만 하면서 너무나도 느리게 진행하는 조사 과정에 좌절했습니다. 그래서 파인먼은 직접 조사에 나섰습니다. 우주선 기술자를 만나 직접 이야기를 나누어본 뒤에, 파인먼은 연료가 새지 않도록 챌린저호에 들어간 전동 모터의 이음새를 막으려고 설치한 커다란 고무 오링(O-ring, 물 따위가 새는 것을 막는 데 쓰는 원형 고리-옮긴이)이 챌린저호가 발사되면서 냉각된 온도 때문에 문제가 생겨서 사고가 발생했다는 사실을 알아냈습니다.

기득권을 가진 사람들은 잠재적 문제를 한동안은 비밀에 부치려는 경향이 있음을 깨달은 파인먼은 그때까지 발견한 내용을 그저 반복해서 발표하려고 마련한 텔레비전 조사위원회 회의에서 권위를 전복할 기회를 찾았습니다. 카메라가 돌아가고 발언권을 얻은 파인먼은 클램프로 고무 오링을 잡아 구부린 뒤에 얼음물이 담긴 유리잔에 넣었습니다. 회의에 참석한 사람들이 어리둥절해하는 동안 파인먼은 고무 오링을 유리잔에서 꺼낸 뒤에 클램프를 풀었습니다. 클램프를 푼 뒤에도 고무 오링은 곧바로 원래 형태로 돌아오지 못하고, 몇 초가 지난 뒤에야 다시 제 모양을 찾았습니다. 몇 초라는 시간은 실제로 작동하는 우주선 엔진이 가하는 압력 아래서는 치명적인 문제를 일으킬 것이 분명했습니다. 탄력이 사라진 고무 오링은 분명히 이음새를 막지 못해 연료가 유출될 테고, 그 결과는 끔찍할 수밖에 없습니다.

그다음 10년 동안 파인먼은 암과 싸우면서 보냈고, 탄누투바Tannu Tuva라는 잃어버린 나라에 가려고 애썼습니다. 파인먼은 1988년 2월 15일에 세상을 떠났습니다. 그가 죽기 몇 주 전에 영국공영방송국BBC은 파인먼과 탄누투바 이야기를 매우 극적으로 보여주는 다큐멘터리를 제작했습니다. 이 다큐멘터리는 파인먼과 파인먼의 친구 랠프 레이턴Ralph Leyton이 신나게 봉고를 연주하는 장면으로 끝을 맺습니다. 화면에서 파인먼은 신나게 노래를 부르다가 마지막에는 미친 듯이 웃어재낍니다. 파인먼은 끝까지 쇼맨이었고 장난꾸러기였습니다.

우주라는 직물의 신비를 밝혀낸 사람들

이제 위대한 물리학자 톱10으로 뽑힌 사람들을 모두 살펴보았으니, 다시 《옵저버》에 실린 목록으로 돌아가, 더 많은 물리학자가 동의할 사람들로 다시 순위를 매겨보자. 뉴턴, 아인슈타인, 갈릴레오, 맥스웰, 이 네 사람에게 이의를 제기할 물리학자는 전혀 없을 테지만, 다른 사람은 충분히 논쟁의 여지가 있다.

그럼 이제 누구를 더 추가해 적을지 고민해봅시다. 많은 사람이 양자역학의 선구자인 베르너 하이젠베르크와 에어빈 슈뢰딩거를 넣고 싶을 겁니다. 양자역학을 길들여 양자역학의 작동 원리를 예측할 수 있는 장치인 행렬역학과 파동역학을 제시한 두 사람 말입니다(8장 참고). 물론 그 예측 방법은 아인슈타인이 싫어했던 확률이지만 말입니다. 그리고 제대로 인정받을 때가 많지 않은 이탈리아 핵물리학자 엔리코 페르미도 있습니다. 페르미는 세계 최초로 원자로를 만들었을 뿐 아니라 중성미자neutrino의 존재를 예측하고, 자연의 기본 힘 가운데 하나인 약한 핵력을 실제로 발견했습니다.

마지막으로 스티븐 와인버그가 언급했던 사람을 추가해봅시다.

와인버그는 뉴턴과 거의 동시대에 살았고 뉴턴과 거의 같았던 크리스티안 하위헌스와 통계를 물리학에 적용해 열역학을 바꾸고 원자 무리를 분석하는 방법을 바꾼 루트비히 볼츠만을 높이 평가했습니다(4장 참고). 이 두 사람을 추가하면 위대한 물리학자는 모두 열다섯 명으로 늘어납니다. 이 사람들을 순위를 매기지 않고 적어봅시다.

- 아이작 뉴턴
- 닐스 보어
- 갈릴레오 갈릴레이
- 알베르트 아인슈타인
- 제임스 클라크 맥스웰
- 마이클 패러데이
- 마리 퀴리
- 리처드 파인먼
- 어니스트 러더퍼드
- 폴 디랙
- 베르너 하이젠베르크
- 에어빈 슈뢰딩거
- 엔리코 페르미
- 크리스티안 하위헌스
- 루트비히 볼츠만

와인버그는 위대한 물리학자 목록이 너무 영미권 중심이라고 했지만, 우리는 그런 이유로 특정 국가의 물리학자를 배제할 생각은 없습니다. 출신 국가가 아니라 물리학의 경계를 넓힌 업적을 가장 중요하게 생각하기 때문입니다. 바로 그 때문에 우리는 오히려 다양한 국적을 유지하지 못한다고 해도 마리 퀴리를 목록에서 지우기로 했습니다. 여성이 거의 없는 물리학계에서 마리 퀴리는 여성으로서 훌륭한 역할 모델을 해낼 테니, 목록에 함께하는 것은 정말 근사한 일입니다. 더구나 마리 퀴리는 노벨상을 받을 충분한 자격이 있습니다. 하지만 퀴리의 연구는 분명히 물리학보다는 화학과 관련이 깊고, 목록에 들어간 다른 사람들과 달리 퀴리는 물리학의 토대를 마련하는 근본적인 업적을 쌓지도 않았습니다.

스티븐 와인버그가 하위헌스와 볼츠만을 목록에 넣고 싶었던 이유는 충분히 이해하며, 두 사람이 굉장히 중요한 업적을 쌓은 것도 분명한 사실이지만, 두 사람이 물리학계 전체에 미친 영향력은 그리 크지 않습니다. 이제 그 세 명을 제외하고 다시 순위를 정해봅시다.

1. 아이작 뉴턴
2. 알베르트 아인슈타인
3. 갈릴레오 갈릴레이
4. 제임스 클라크 맥스웰
5. 닐스 보어
6. 마이클 패러데이

7. 어니스트 러더퍼드

8. 폴 디랙

9. 에어빈 슈뢰딩거

10. 엔리코 페르미

11. 베르너 하이젠베르크

12. 리처드 파인먼

그리고 밑에 있는 두 명을 빼면 톱10을 완성할 수 있습니다. 아마도 물리학자 대부분이 목록에서 파인먼이 빠지는 것에 안타까움을 느낄 것입니다. 하지만 그 이유는 파인먼의 공헌에 근거한 실질 평가가 아니라 일종의 영웅 숭배 심리 때문일 수도 있습니다.

1901년 이후로 노벨 물리학상을 받은 사람의 수를 생각해보면 우리가 수많은 물리학자를 고려조차 하지 않았다는 건 정말 흥미로운 일입니다. 그 이유는 부분적으로는 20세기가 되기 전까지는 물리학자가 사실상 혼자서 연구했다는 데 있습니다. 이전 물리학자들은 기본적으로 후대에 새길 자신의 위치를 혼자서 노력해서 개척했습니다. 하지만 1920년대가 되면 물리학자는 팀을 이루어 연구하기 시작합니다. 처음에는 비교적 적은 사람이 모여 함께 연구했지만, 지금은 많은 사람이 함께 연구합니다. 유럽원자핵공동연구소의 대형 입자가속기를 이용한 대형 과학 프로젝트 같은 경우에는 수백 명이 함께 연구하기도 합니다. 그 때문에 우주를 이해하는 우리의 방식을 바꿔준 핵심 인물이 누구인지를 알기가 힘들어졌습니다. 심지어 이론물리학자도 이제는 혼자서 연구하기보다는 함께 연구하는 경우가 더 많은 것 같습니다.

그렇다면 앞으로 100년 정도 시간이 지나면 물리학자 톱10 목록은 어떻게 바뀔까요? 그 사이에 또 다른 아인슈타인이 나타날 수도 있습니다. 우리가 풀어야 할 문제들을 전혀 다른 방식으로 생각해볼 수 있게 해줄 물리학자가 말입니다. 만약에 물리학의 본질을 완전히 새롭게 보는 방법을 제시하는 개인이 있다면, 즉 통합 중력 같은 힘을 찾아내거나 빅뱅 이론을 대신해 우주의 기원을 밝히는 새로운 이론을 제시하는 사람이 있다면, 분명히 그 사람은 톱10 목록에 오를 수 있는 경쟁자가 될 것입니다. 하지만 아직은 그런 사람이 나타나지 않았습니다. 한 사람이 뉴턴이나 아인슈타인, 갈릴레오와 같은 위치에 오르려면 본질적으로 그 사람이 제시하는 생각을 그전까지 다른 사람들은 그런 식으로 사고할 필요가 있다는 상상조차 하지 않아야 합니다. 그런 과학자들은 사람들이 생각하는 방향 자체를 바꾸기에 그토록 중요한 것입니다.

위대한 물리학자 톱10 목록을 보면, 시간이 흐름에 따라 또 한 가지 흥미로운 변화가 보입니다. 목록에서 앞선 시대에 살았던 물리학자는 모두 신앙심이 깊은 종교인이었습니다. 하지만 출생 연도가 최근으로 가까이 올수록 독실한 신앙심이 있는 물리학자 수는 극히 적어집니다. 이는 과학계 전체에서 나타나는 일반적인 경향을 반영합니다. 다른 과학 분야와 달리 수학과 물리학 분야에는 적지 않은 종교인이 있는데도 말입니다.

원래 목록에서 맥스웰부터 그 위로는 모두 신앙인이고, 그 밑으로는 불가지론자거나 무신론자입니다. 아인슈타인은 간결하고 함축적인 발언을 하면서 '신'이라는 말을 자주 썼는데, 그에게 신이란 신성을 가진 개별적인 존재가 아니라 '우주를 조직하는 경향'에 좀 더 가까웠습니다. 보어와 파인먼은 자신이 무신론자임을 공공연하게 말하고 다녔습니다. 디랙은 좀 더 복잡한 모습을 보였습니다. 중년이 될 때까지는 격렬하게 종교를 반대했지만, 말년에는 종교를 수용했습니다.

현실적으로 우리가 수정한 목록도 분명히 논쟁을 불러일으키고, 반대하는 사람이 있을 것입니다. 이 책을 읽는 독자인 여러분이 바로 그런 사람일지도 모르겠습니다. 그렇다면, 자유롭게 우리 트위터(@brianclegg와 @RhEvans41입니다)로 와서 의견을 들려주세요. 언제나 환영합니다. 위대한 물리학자 톱10 같은 목록은 지금까지 가장 재미있었던 코미디 프로그램 100위나 10파운드가 넘지 않는 좋은 포도주 열 개 목록보다 훨씬 중요합니다. 왜냐하면, 이런 목록은 논쟁거리를 제공하고 물리학자의 가치를 평가할 때는 어떤 조건을 생각해야 하는지를 알려주는 역할을 하기 때문입니다. 우리는 물리학자라는 직업이 지구에서 가장 중요한 직업 가운데 하나라고 믿습니다. 그러므로 물리학자를 위대하게 하는 요소를 곰곰이 따져보는 일은 분명히 의미가 있다고 생각합니다.

결국, 우리는 이 책에서 다른 사람들보다 훨씬 더 많은 전문 지식으로 우주라는 직물이 어떻게 짜여 있는지 신비를 밝혀주고 이해할 수 있게 도와준 사람들을 이야기한 것입니다.

물리학자의 발견을 이해하면 세상이 분명하게 보인다

이 책은 열 명의 위대한 물리학자의 삶과 업적을 다룬 책입니다. 그런데 무슨 기준으로 열 명만 고를 수 있겠습니까? 그래서 먼저 명단에 대한 이야기를 하지 않을 수 없습니다(사실 위대한 물리학자들을 순위에 놓고 올렸다 내렸다 하는 것은 제 주제를 넘는 일이라는 것을 잘 알지만, 한편으로는 나만의 순위를 만드는 일이 참으로 재미있었습니다). 이 책의 목록을 만든《옵저버》의 편집자 로빈 매키와 추천사를 쓴 스티븐 와인버그, 그리고 맺음말에서 목록을 수정한 저자들까지 모두 나름의 이유로 다양한 목록을 제안합니다. 저는 그 중에서 와인버그의 제안에 마음이 끌렸습니다. 왜냐하면《옵저버》의 목록에는 입자물리로 이어지는 양자역학을 연구한 물리학자들이 너무 많아서, 편중되었다는 느낌이 강했기 때문입니다. 그래서 슈뢰딩거와 엔리코 페르미, 하이젠베르크까지 추가하는 건 더욱 마음에 들지 않았습니다. 양자역학을 연구한 물리학자들이 명단에 이미 많은데, 플랑크 상수의 막스 플랑크가 거의 언급되지 않는 것도 이해하기 어려웠습니다. 그리고 생물, 화학, 나노, 전자공학과 밀접하게 연결되어 있는 응집물리학은 아예 언급되지도 않습니다.

그러면 권위에 기대지도 않고 주관적이지도 않은, 좀 더 객관적인 기준은 없을까요? 우선, 통상 우수한 학자를 가르는 기준인 논문의 인용횟수를 위대한 물리학자를 선정하는 기준으로 사용하기는 오히려 어렵습니다. E=mc²나 맥스웰 방정식을 사용할 때도 아인슈타인이나 맥스웰을 굳이 인용하지는 않습니다. 왜냐하면 그 공식들이 누구의 업적인지는 누구나 다 알기 때문입니다. 다른 방법으로는, 어떤 학자가 물리학 교과서에서 많은 비중을 차지하는지 살펴볼 수도 있겠습니다. 물리학 학부생은(학교마다 다소 차이가 있지만) 역학, 전자기학, 양자역학, 열·통계역학을 필수과목으로 배웁니다. 마리 퀴리와 리처드 파인먼을 제외한 나머지 8명의 업적은, 물리학 학부생을 위한 교과서에 기본으로 나옵니다. 그런데 이 8명은 역학, 전자기학, 양자역학을 주로 연구했고, 열·통계역학은 전자기학 교과서의 주인공인 맥스웰만 일부 관련이 있습니다. 열·통계역학 과목을 보강하기 위해, 열역학 방정식을 완성한 볼츠만을 위대한 물리학자 10인에 포함시키는 것이 좀 더 어울린다고 생각합니다. 그리고 아쉽게도 제외할 학자는 파인먼이라고 생각합니다.

과학혁명을 주도하고 역사를 바꾼 물리학자들

다시 처음으로 돌아가 보겠습니다. 이 책은 열 명의 위대한 물리학자의 삶과 업적을 다룬 책입니다. 새로운 발견은 종종 통념과 배치되기도 합니다. 기존의 생각과 배치된다는 것은 인간의 자연에 대한 인식의 확장을 의미하므로, 위대한 과학적 업적으로 연결되기도 합니다. 그런데 기존의 생각들은 기존 체제에서 서로를 공고하게 지탱합니다. 그래서 새로운 발견은 과학적 진실과는 무관하게 기존 체제에 위협이 되고, 발견자의 삶은 종종 고달파지기도 합니다. 그래서 물리학자의 삶과 업적을 자세히 살펴보면 그 시대의 역사적 맥락을 알 수 있습니다.

갈릴레이가 대표적인 인물입니다. 그는 단지 천체의 운행을 관찰하고 물체의 운동을 연구했지만, 플라톤 철학의 한 귀퉁이를 무너뜨리고 아리스토텔레스 과학의 근간을 뒤흔들었습니다. 그리고 철학과 과학을 시녀로 둔 기독교 신학의 권위를 손상시키는 결과를 낳았습니다. 비록 갈릴레이는 고난을 겪었지만, 사람들이 자연을 바라보는 인식의 지평은 점점 확장되어갔습니다. 그리고 뉴턴이 지상과 천상의 물체의 운동을 동일하게 설명하는 공식을 완성하면서, 중세 철학과 신학에 대한 과학혁명이 진행되었습니다.

과학혁명의 결과는 단지 위대한 과학적 업적에 머무르지 않고, 사람들의 생각의 근간을 바꾸어서 철학, 정치, 종교 등 유럽 사회 전반에 비가역적인 영향을 주었습니다. 근대 유럽에서 인본주의, 산업혁명, 자본주의가 발생한 배경에는 여러 가지 원인들이 복잡하게 작용했지만, 과학혁명도 주요한 원인 중의 하나라는 것은 부정하기 힘들 것입니다. 이전의 과학 연구는 영지를 소유한 귀족들 중에서 과학에 관심이 있는 사람들이 하거나, 그들에게 후원을 받아야지만 할 수 있었습니다. 그런데 산업혁명으로 전체 부의 총량이 증가한 유럽 사회는 과학자 집단을 부양할 수 있게 되었습니다. 그래서 뛰어난 연구자는 과학을 하면서 생계를 유지할 수 있었습니다.

18세기 유럽 사회 속에서 페러데이와 그의 멘토Mentor 데이비는 가난한 집안 출신임에도 과학사에 이름을 남기는 인물이 될 수 있었습니다. 이때 상인과 공인의 사회적 지위는 더 이상 하층민이 아니었습니다. 반면, 대륙 반대편 동쪽 끝에 자리한 조선은 수백 년 동안 철학자와 문인이 관료와 지배층이었고, 상인이나 공인들과 자리를 나누지 않았습니다(물론 장영실과 같은 예외가 있기는 합니다).

영국 빅토리아 여왕 시대(1837~1901년)에는, 인문학을 전공하는 학생도 학사 학위를 따려면 수학 시험을 필수로 통과해야 했습니다. 그리고 데이비와 패러데이가 했던 일반인을 위한 과학 강좌는, 요즘 한국에서 불고 있는 인문학 열풍이나 뮤지컬 같은 예술 공연의 인기와 비견될 수 있습니다. 당시 유럽 사회가 새로운 과학 지식에 얼마나 관심이 많았는지 잘 알 수 있습니다. 이러한 분위기 속에서 과학자에게 가난한 집안이나 대학 학위는 문제가 되지 않았습니다. 그의 연구 결과가 재현 가능하고 합리적이기만 하다면 말입니다.

패러데이는 과학 연구로 자신의 사회적 위치를 상승시켰던 인물입니다. 그의 업적에 집중해 보겠습니다. 전기현상은 관찰이 가능하지만, 그것의 원인은 눈에 보이지 않습니다. 현상을 세밀하게 관찰하고, 개념화하고, 모델을 세워서 현상을 설명하는 이론을 완성하는 능력은 훌륭한 과학자라면 반드시 갖추고 있기 마련입니다. 전기력선과 자기력선은 눈에 보이지 않습니다. 당시 기계론적 세계관이 지배하던 학계에서는 공간을 사이에 두고 상호작용하는 현상은 이해되지 않는 것이었습니다. 뉴턴의 만유인력의 법칙도 원격작용을 명확히 설명하지는 못했습니다. 그래서 눈에 보이지 않게 작은 무언가가 공간을 이동한다고 생각하는 것이 일반적이었습니다. 이런 상황에서 장의 개념으로 발전할 페러데이의 역선이라는 개념은 획기적인 것이었고 동시에 조심스러운 것이었습니다. 페러데이가 대학 교육을 받지 않은 것이 오히려 고정관념을 뛰어넘어 획기적 아이디어를 내는 데 도움이 되지 않았을까 생각해봅니다.

페러데이의 모델을 수학으로 치밀하게 설명한 사람이 맥스웰이었습니다. 그의 탁월함은 당시 수학의 발전에 기반한 것이었으며, 그가 맥스웰 방정식을 완성하자 19세기 사람들은 물리학이 완성되었다고 생각했습니다. 물론 이때는 열역학 문제도 해결되는 시기였습니다. 18세기 산업혁명을 이끌던 열기관의 문제를 열역학이 해결했다면, 19세기에 이루어진 전자기 연구는 장래 20세기 기술과 산업의 핵심이 됩니다. 19세기 말, 물리학자들은 거의 모든 물리학 문제가 해결되었으며 아주 사소한 문제들만 남았다고 생각했습니다. 그 사소한 문제들이란 빛의 속도에 관한 문제와 흑체복사에서 자외선 파탄의 문제, 그리고 자발적으로 신비한 빛과 에너지를 발산하는 물질에 관한 것이었습니다. 이 문제들은 점점 자라나서 각각 상대성이론, 양자역학, 방사성원소라는 거대한 이름으로 20세기 전체를 지배합니다.

21세기를 바꾼 20세기 물리학자들

19세기의 기술을 상상해 보면, 거대한 기계가 검은색 배기가스와 하얀

색 증기를 뿜어내는 이미지가 그려집니다. 이때 꽃피운 전자기 연구의 결실은 컴퓨터, 통신기기 등의 모습으로 20세기에 열립니다. 20세기 물리학의 연구 결과는 21세기에 어떤 모습으로 나타날까요? 그리고 인간 인식의 지평을 어디까지 확장시켜 줄까요? 21세기를 발전시킬 최첨단 물리학은 너무나 이해하기 어렵고, 설사 이해한다고 해도 대가大家가 아닌 이상 거대한 실체를 조망할 능력에 도달하기는 어렵습니다. 이럴 때는 문제가 미미했던 과거로 돌아가서 살펴보는 것도 방법입니다. 이것이 역사를 공부하는 이유 중의 하나겠지요.

마리 퀴리는 도전과 성공, 좌절과 극복 그리고 예정된 비극으로 이어지는 삶을 산 인물로, 알면 알수록 매력적인 인물입니다. 퀴리는 지적 능력이 매우 뛰어났지만, 연구 과정은 위험하고 힘든 육체노동의 연속이었습니다. 방사성 물질을 정제하기 위해서는 그것을 함유한 암석을 분쇄하여 가열한 산성용액에 넣고 장시간 휘젓는 일을 해야 합니다. 방사성원소의 위험성을 생각한다면, 퀴리가 이 신비한 물질의 비밀을 밝히기로 마음먹었을 때 퀴리와 남편의 비극은 예정된 일이었습니다. 퀴리의 연구노트는 오염이 너무 심하여 현재는 납 용기에 보관되어 있습니다.

방사성 물질의 위험성은 이미 80년 전에 퀴리 부부를 비롯한 연구자들이 직접 보여주었지만, 방사성 물질은 그것의 본질을 깨달은 사람들에 의하여 국가의 전략적 자산이 됩니다. 그리고 방사성 물질의 파괴력은 전쟁을 통해 확인되었습니다. 국가들은 전쟁 수행을 위하여 거대한 프로젝트에 과학자들을 동원했고, 파인먼의 경험에서 보듯이 과학자들의 연구 결과도 국가의 전략적 자산이 됩니다. 과학자들의 연구하는 방식도 이때부터 많이 달라졌습니다. 아인슈타인도 이 거대 프로젝트의 산파 역할을 했습니다.

아인슈타인이 가장 존경한 과학자는 맥스웰이었습니다. 그래서 그는 다른 사람들과는 달리 맥스웰 방정식에 보편성이 있다고 가정했습니다. 그 결과, 광속이 불변하고 시간과 공간이 변할 수 있다는 상대성이론을 만들 수 있었습니다. 시간과 공간이 변한다니, 당시 보통 사람들로서는 상상조차 하기 힘든 일이었을 것입니다. 그러나 상식을 뛰어넘는 발상을 한 아인슈타인도 양자역학의 기묘함에는 동의하기가 어려웠습니다. 사실 양자역학에 동의하기 어려워했던 학자는 아인슈타인뿐만이 아니었습니다. 과학을 통해 세상을 명확하게 볼 수 있다고 믿었던 사람들의 시야는, 상대성 이론과 양자역학으로 기묘하게 뒤틀리고 뒤죽박죽 꼬여들었습니다.

우주의 본질을 밝혀낸 양자역학

러더퍼드는 원자 내부 구조의 밑그림을 그려낸 인물입니다. 그는 영국 식민지 영토에서 농부의 아들로 태어났고, 재능을 인정받아 제국의 수도에 입성했습니다. 과학 연구의 중심지인 캠브리지 캐번디시연구소에서 일하지만, 주변인을 차별하는 분위기에 상심하고 떠납니다. 하지만 업적을 인정받아서 연구소의 소장으로 돌아옵니다. 러더퍼드의 연구는 맥스웰의 전자기파와 전자에 대한 것이었으며, 곧이어 마리 퀴리의 방사능 현상으로 옮겨갑니다. 방사성 물질의 붕괴할 때 나오는 알파선을 이용해 원자 내부의 구조를 알아냅니다. 그리고 최초의 핵반응을 성공시킵니다. 어떤 의미로는 뉴턴이 평생 비밀리에 노력해왔던 연금술을 러더퍼드가 처음으로 성공시켰다고 할 수도 있을 것입니다. 러더퍼드는 뛰어난 연구 성과로 자신의 탁월함을 증명했지만, 멘토의 자질도 훌륭했습니다. 러더퍼드의 자질은 양자역학의 기반을 만들어낸 닐스 보어에게 이어집니다.

　닐스 보어는 양자역학 연구의 중심을 영국에서 덴마크의 코펜하겐으로 옮겨갑니다. 양자역학의 난해함은 한두 명의 명석한 천재만으로는 풀어내기 어려웠습니다. 학자들은 기묘한 실험 결과에 당황했습니다. 연구자가 관찰하면 입자처럼 행동하고, 관찰하지 않으면 파동처럼 행동하는 이 자그마한 대상은, 어떤 지적 존재가 자신을 관찰하는 것을 알아채고 스스로 상태를 바꾸는 듯했습니다. 이는 비상식적이고 초현실적인 상황이었습니다. 보어는 연구를 이어가면서 이중성과 상보성, 불확실성이 우주의 본질이라는 사실에 고뇌하기 시작합니다. 보어는 코펜하겐에 있는 자신의 연구소에 모여든 여러 천재들과 교류하면서, 어렵게 양자역학의 의미를 해석해나갑니다. 이때 보어와 함께한 천재들이 슈뢰딩거, 하이젠베르크, 디랙 같은 인물들입니다. 걸출한 학자들의 연구 결과이기에 학계는 양자역학을 외면할 수도, 그렇다고 쉽게 받아들을 수도 없었습니다. 이런 상황에서 이미 물리학계의 거인이 된 아인슈타인과 보어는 양자역학을 주제로 여러 차례 논쟁합니다. 젊은 물리학자들은 거의 일방적으로 보어를 지지했습니다. 사람들이 세상을 보는 방식이 다시 한 번 바뀌는 순간이었습니다.

물리학에서는 이론이 먼저 나오고 나중에 현상이 관찰되어 이론의 올바름을 증명하는 경우가 가끔 있습니다. 대표적으로, 맥스웰 방정식에는 광속 불변이 내포되어 있었습니다. 아인슈타인은 그 광속 불변을 근거로 한 상대성 이론으로 시공간의 휘어짐을 예측했고, 이는 나중에 사실로 관측되었습니다. 마치 자그마한 뼈 조각을 발견한 고생물학자가 뛰어난 통찰력을 발휘하여 전체의 모습을 구성하였는데, 나중에 발견된 다른 부위의 조각이 예상한 것과 동일한 모습인 것을 확인한 것과 같습니다.

디랙도 같은 일을 해냈습니다. 미시세계의 운동을 기술하는 것이 양자역학입니다. 그런데 미시세계의 대상이 빛의 속도와 비교될 만큼 빠르게 운동하는 것은 흔한 일입니다. 그러면 미시세계의 운동을 상대론적으로 기술해야 할 필요가 생깁니다. 디랙은 이 일을 매우 훌륭하게 해냅니다. 너무나 훌륭하게 양전자라는 미지의 입자의 존재를 예측했습니다. 이와 함께 예측한 자기 홀극은 아직 발견되지 않았지만, 이 자기 홀극 문제는 우주론의 급팽창 이론과도 관련이 있습니다. 현재 양자역학은 원자 내부라는 미시세계에 머무르지 않고 입자를 매개로 하여 우주론으로 확장했습니다. 사람들이 세상을 보는 시야도 우주의 시작과 끝까지 확장되고 있습니다.

이쯤에서 마무리 하면 좋겠지만, 아직 파인먼이 남아있습니다. 파인먼은 노벨상을 수상한 연구 업적보다는, 인터넷으로 볼 수 있는 물리학 강의록으로 더욱 친숙합니다. 이전 시대 물리학자들과는 달리 거대 프로젝트에서 많은 일을 했습니다. 맨해튼 프로젝트에도 참여하고, 미국항공우주국을 위해서 일하기도 했습니다.

물리학은 세상을 이해하고 조망하는 길잡이

이제 물리학은 점점 더 거대한 프로젝트가 되어가고 있습니다. 유럽입자가속기연구소European Organization for Nuclear Research, 미국의 중력파 검출기, 일본의 거대한 중성미자 검출기, 미국항공우주국에서 운용하는 다양한 인공위성 망원경⋯⋯. 거대한 기관에서 자료를 얻지 못하면 우주의 본질을 연구하는 첨단 물리학 연구는 어렵습니다. 그리고 이런 곳에서는 그룹으로 연구를 진행하므로 물리학자 개인의 업적이 부각될 기회는 줄어듭니다. 하지만 물리학자 개개인의 능력은 더욱 훌륭해지고, 그들이 인류에게 제공하는 자연에 대한 지식도 더욱 수준이 높아지고 있습니다. 그럼에도 위대한 물리학자라고 불릴만한 사람은 아마 파인먼 이후에는 스티븐 호킹 박사 정도만 남을 듯합니다. 마치 프로야구가 전체적인 수준이 올라가면서 4할 타자는 없어진 것처럼 말이죠.

이 책에서는 열 명의 위대한 물리학자를 연대 순서로 살펴봅니다. 사실상 인물들을 통하여 과학의 역사를 조망합니다. 앞서 이야기했듯이, 역사를 살펴보는 이유 중 하나는 현재를 분명하게 이해하고 미래를 전망하기 위한 것입니다. 이 책이(특히 20세기와 최근의 과학적 지식이) 21세기를 살아가는 우리가 현실을 이해하고 미래를 전망하는 데 도움이 되었으면 좋겠습니다.

유민기

역자 후기

물리학은 어떤 사람들이 하는가

최근 몇 년 동안 문득 혼잣말을 하게 되는 질문이 하나 있다. '물리학을 연구하는 사람들은 도대체 어떤 사람들일까?' 물리학은 내가 제대로 배운 적도 없고 제대로 이해해본 적도 없는 학문이지만, 왠지 점점 더 호기심이 생기는 학문이기 때문인지, 근래에 부쩍 궁금해지는 사람들이 나에게는 바로 물리학자들이다. 그리고 지금까지 제대로 공부해보지 못했으니, 언젠가 한 번쯤은 제대로 읽고 배우고 알고 싶은 학문이 바로 물리학이다.

고등학교에 다닐 때, 고작 3개월 정도 배운 물리학은 나에게는 성적도 나쁘고 관심도 없었던 과목이었다. 너무나도 특수한 학문이었기 때문에 물리학을 제대로 이해할 수 있는 사람은 선택받은(혹은 저주받은) 소수뿐일 것만 같은 과목이었다. 다가갈 수도 없지만 다가갈 마음도 그다지 들지 않았던 난해한 학문, 그것이 바로 물리학이었다.

하지만 어느 순간, 나는 과학책을 번역하는 삶을 살게 되었고, 그때문에 물리학은 번역을 하는 동안 가장 많이 읽어야 하는 참고 자료가 되어버렸다. 하지만 아직 읽은 양이 많지 않은 것인지, 물리학은 지금도 제대로 이해할 수 없는, 아주 난해한 학문이다. 어쩌면 내 머리는 물리학을 이해하는 구조로는 변하지 않을지도 모른다는 생각까지 드는 학문이다. 하지만 너무나도 난해하다는 사실 때문에 오히려 읽으면 읽을수록 경이롭다고 느끼는 학문이기도 하다.

그래서인지, 그 어려운 학문을 일생의 연구 과제로 삼아 살아가는 사람들에게 호기심이 생긴다. 혹시라도 물리학자를 만난다면 이렇게 묻고 싶다. 도대체 당신들은 어떤 사람들이기에 물리학을 평생 연구할 분야로 택했나요? 도대체 어떤 뇌 구조를 지니고 있기에 물리학을 이해할 수 있나요? 도대체 어떤 성향을 지닌 사람들이기에 물리학을 사랑할 수 있나요, 하고 말이다.

어떤 한 분야를 연구하고 그 비밀을 푸는 일에 평생을 바친 사람의 평전을 읽는 행위는, 한 분야의 학문의 본질을 알고 이해하는 아주 좋은 방법이라고 한다. 그래서 몇 년 동안 물리학자들의 전기를 읽어오고 있다. 막스 플랑크, 아인슈타인, 스티븐 호킹 등등. 그런 독서를 통해 한 물리학자의 생애와 그가 이룩한 개별적인 업적을 조금씩은 알아가고 있다고 생각한다. 하지만 물리학의 보편적이고 본질적인 특성과 물리학자들의 특성을 알고 싶다는 소망은 웬일인지 쉽게 채워지지는 않았다.

그런 나에게 이 책이 왔다. 수많은 물리학자 가운데 딱 열 명뿐이긴 해도(사실 열 명과 교류를 했던 더 많은 물리학자들의 인생 이야기도 함께 들려주지만), 이 열 명의 삶과 학문을 들여다보는 동안 물리학이 지닌 본질과 물리학자의 보편적인 성향을 조금쯤은 엿볼 수 있었다고 생각한다.

본질적으로 물리학자들은 혁명가가 아닌가 싶다. 수십 년, 수백 년을 이어온 전통이 진리가 아니라고 생각할 때 과감하게 그 전통에 맞서고 새로운 길을 만들어낸 사람들. 이 책에 나오는 사람들은 단 한 명도 예외 없이 세상과 사람들의 편견에 과감하게 맞섰다. 그것도 자기만의 아집이 아니라 냉철한 이성과 탁월한 논리, 그리고 직접 관찰한 사실을 근거로 진리를 향해 나아갔다.

물리학자들은 무모할 정도로 용감하기도 하다. 목숨을 내어 놓아야 할지도 모르는 상황에서도 자신과 세상을 속이려 하지 않았고(갈릴레오), 타인의 애정을 잃을 수 있는 상황에서도 과학적 증거가 옳다고 말할 때는 소신을 굽히지 않았고(뉴턴과 디랙), 언제나 유머를 잃지 않았고(파인먼과 러더퍼드), 남들과 다른 스펙에 소심해지지 않았고(패러데이), 소수자라는 이유로 주눅 들지 않았고(퀴리), 서로 협동할 줄 알았다(자신의 자료를 다른 과학자와 과감하게 공유한 모든 물리학자들).

그리고 물리학자들은, 우리처럼 평범한 사람들이다. 자기가 발견한 업적을 누구보다도 먼저 발표하고 명성을 얻고 싶은 사람들이며, 동시에 자기가 발견한 업적 때문에 사람들의 비난을 사기 싫어서 일부러 알게 된 사실도 감추는 사람들이다.

이 책을 읽으면서 왠지 마음이 많이 갔던 사람은 뉴턴과 디랙이었다. 어딘지 모르게 어린애 같은 고집과 아집을 끝내 버리지 못했던 '보통 사람'이 그토록 어려운 성취를 해냈다는 사실이 왠지 짠하면서도 사랑스러웠다고 해야 하나(뉴턴은 왠지 사는 내내 '엄마 때문에 내가 불행해.'라고 투덜거리면서 심술을 부리는 것 같고, 디랙은 '아버지 때문에 저는 불행합니다.'라고 하면서 다른 사람들의 관심을 끌려고 노력하는 것 같았다. 여담이지만, 본문에서 뉴턴의 모친 한나를 역자가 계속해서 '어머니'가 아니라 '엄마'라고 지칭한 것은 뉴턴의 그런 성격을 반영하려고 했던 역자의 자그만 노력이었다).

물리학은 내가 잘 알지 못하는 분야이지만, 물리학을 접하면 접할수록 물리학은 종교와 철학의 또 다른 모습이 아닌가 하는 생각을 하게 된다. '우리가 왜 존재하는가?', '이 세상은 어떻게 이루어져 있나?', '현존하는 실재들의 본질은 무엇인가?'라는 질문을 자아 성찰에 빗대어 한다면 철학이고, 신앙으로 믿는다면 종교이고, 물질과 현상을 탐구한다면 물리가 되는 게 아닌가 하는 생각 말이다(이 생각이 옳은지를 알려면 종교, 철학, 물리학을 제대로 공부해봐야 할 거다. 인생은 짧고 해야 할 공부는 많다).

그리고 철학자와 종교인과 우리 일반인 들처럼 물리학자도 남들보다 앞서 뛰어난 업적을 세우려고 애쓰고, 자기보다 앞서 업적을 세운 사람을 질투하고, 초조해하고 사랑하고 살아간다. 아니, 오히려 다른 분야에 종사하는 사람들보다 더 예민하고 소심하고 섬세한지도 모르겠다. 그렇기 때문에 다른 사람은 보지 못하고 지나가는 미묘한 변화를, 현상을 제대로 관찰하고 고민한 뒤에 결국 세상을 보는 시각을 바꾸고, 결국 세상을 바꾸는 게 아닐까? 이 책은 그런 물리학자의 일상을 우리에게 보여준다.

이 책에는 당연히 각 인물이 밝혀낸 물리학 지식이 담겨 있다. 짧은 지면 때문에 농축해서 보여주는 과학 지식들은 기본 물리학 지식이 없는 나 같은 사람에게는 당연히 조금은 읽기에 버거웠다. 하지만 이 책을 읽는 독자들은 조금만 시간을 내어 꼼꼼하게 읽어보면 좋겠다. 역자의 오류도 잡아주고, 그 지식을 기반으로 좀 더 다양한 물리학 지식을 쌓게 해주는 책을 더 많이 읽어나간다면 이 세상을 관찰하고 판단하는 능력이 더욱 커질 거라고 믿는다.

흔히 수학은 생각하는 사고력을 길러주고 물리학은 세상을 관찰하는 관점과 시각을 바꾸어 주는 학문이라고 한다. 이 두 능력은 세상을 살아가는 사람 모두에게 필요한 기본 능력 아닐까? 물리학(을 포함한 과학)을 수학과 더불어 당당하게 포기하고도 조금도 아쉬워하지 않는 나 같은 일반인이 많다. 하지만 현대인이 누리는 많은 혜택 가운데 물리학의 영향을 벗어나 있는 것이 얼마나 있을까? 물리학이 현대 세상의 모습을 결정했다고 해도 과언이 아니다(현대 세상이 마음에 드는지, 들지 않는지는 논외로 해야겠지만). 물리학이 이 세상을 어떻게 바꾸어 왔고, 앞으로 어떻게 바꾸어 갈지를 조금이라도 아는 것, 그것이야말로 빠른 속도로 변해가는 세상에서 나라는 실재가 지닌 실존적 의미를 깨닫는 좋은 방법이 아닐까?

우주의 본질을 느끼고 만질 수 있는 실재적 존재로서 바라보면서, 우리가 실재를 보는 시각을 바꾼 사람들은 열 명이 됐건, 열두 명이 됐건, 수천 명이 됐건, 여전히 경이롭다. 그런 경이를 알게 해준 푸른지식 여러분에게 고맙다는 말씀을 드리면서 역자 후기를 마친다. 이 책을 읽는 모든 분들도 행복하시기를!

김소정

색인